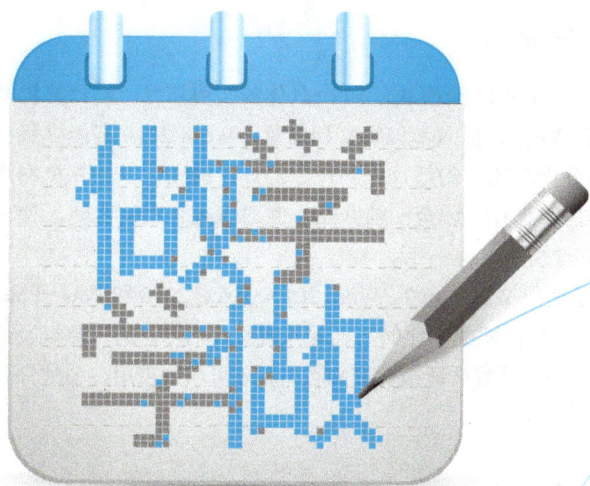

"做中学 学中做"系列教材

办公自动化案例教程
（Windows 7+Office 2010）

◎ 徐 津　张 龙　马传连　主　编
◎ 于志博　褟圆华　韩 忠　副主编

电子工业出版社
Publishing House of Electronics Industry
北京·BEIJING

内 容 简 介

　　本书是计算机常用办公软件的基础实用教程，通过 12 个模块、68 个具体的实用项目，对计算机基础知识、Windows 7 基本操作、Word 2010 的基本操作、插入和编辑文档对象、Word 2010 高级排版技术、Excel 2010 的基本操作、Excel 2010 的数据分析功能、幻灯片的制作、幻灯片的设计、计算机网络基础、Internet 的应用、计算机安全使用常识等内容进行了较全面的介绍，并通过综合案例实训，使读者通过本书轻松愉快地掌握常用办公软件的操作与技能。

　　本书以大量的图示、清晰的操作步骤，剖析了使用 Windows 7、Word 2010、Excel 2010 和 PowerPoint 2010 软件的过程，既可作为高职院校、中职学校计算机相关专业的基础课程教材，也可作为计算机及信息高新技术考试、计算机等级考试、计算机应用能力考试等认证培训班的教材，还可作为常用办公软件初学者的自学教程。

图书在版编目（CIP）数据

办公自动化案例教程：Windows 7+Office 2010 / 徐津，张龙，马传连主编. —北京：电子工业出版社，2016.3
"做中学 学中做"系列教材

ISBN 978-7-121-27905-8

Ⅰ. ①办… Ⅱ. ①徐… ②张… ③马… Ⅲ. ①办公自动化—中等专业学校—教材 Ⅳ. ①C931.4

中国版本图书馆 CIP 数据核字（2015）第 307512 号

策划编辑：杨　波
责任编辑：徐　萍
印　　刷：北京虎彩文化传播有限公司
装　　订：北京虎彩文化传播有限公司
出版发行：电子工业出版社
　　　　　北京市海淀区万寿路 173 信箱　邮编　100036
开　　本：787×1 092　1/16　印张：16.5　字数：422 千字
版　　次：2016 年 3 月第 1 版
印　　次：2024 年 9 月第 10 次印刷
定　　价：40.00 元

前　言

陶行知先生曾提出"教学做合一"的理论，该理论十分重视"做"在教学中的作用，认为"要想教得好，学得好，就须做得好"。这就是被广泛应用在教育领域的"做中学，学中做"理论，实践能力不是通过书本知识的传递来获得发展，而是通过学生自主地运用多样的活动方式和方法，尝试性地解决问题来获得发展的。从这个意义上看，综合实践活动的实施过程，就是学生围绕实际行动的活动任务进行方法实践的过程，是发展学生的实践能力和基本"职业能力"的内在驱动。

探索、完善和推行"做中学，学中做"的课堂教学模式，是各级各类职业院校发挥职业教育课堂教学作用的关键，既强调学生在实践中的感悟，也强调学生能将自己所学的知识应用到实践之中，让课堂教学更加贴近实际、贴近学生、贴近生活、贴近职业。

本书从自学与教学的实用性、易用性出发，通过具体的行业应用案例，在介绍常用办公软件各项功能的同时，重点说明常用办公软件功能与实际应用的内在联系；重点遵循常用办公软件使用人员日常事务处理规则和工作流程，帮助读者更加有序地处理日常工作，达到高效率、高质量和低成本的目的。这样，以典型的行业应用案例为出发点，贯彻知识要点，由简到难，易学易用，让读者在做中学，在学中做，学做结合，知行合一。

◇ 编写体例特点

【你知道吗】（引入学习内容）——【应用场景】（案例的应用范围）——【相关文件模板】（提供常用的文件模板）——【背景知识】（对案例的特点进行分析）——【设计思路】（对案例的设计进行分析）——【做一做】（做中学，学中做）——【项目拓展】（类似案例，举一反三）——【知识拓展】（对前面知识点进行补充）——【课后练习与指导】（代表性、操作性、实用性）。

在讲解过程中，如果遇到一些使用工具的技巧和诀窍，以"教你一招"、"提示"的形式加深读者印象，这样既增长了知识，同时也增强了学习的趣味性。

◇ 本书内容

本书是计算机常用办公软件的基础实用教程，通过 12 个模块、68 个具体的实用项目，对计算机基础知识、Windows 7 基本操作、Word 2010 的基本操作、插入和编辑文档对象、Word 2010 高级排版技术、Excel 2010 的基本操作、Excel 2010 的数据分析功能、幻灯片的制作、幻灯片的设计、计算机网络基础、Internet 的应用、计算机安全使用常识等内容进行了较全面的介绍，并通过综合案例实训，使读者通过本书轻松愉快地掌握常用办公软件的操作与技能。

本书以大量的图示、清晰的操作步骤，剖析了使用 Windows 7、Word 2010、Excel 2010

和 PowerPoint 2010 软件的过程，既可作为高职院校、中职学校计算机相关专业的基础课程教材，也可作为计算机及信息高新技术考试、计算机等级考试、计算机应用能力考试等认证培训班的教材，还可作为常用办公软件初学者的自学教程。

◇ 本书主编

本书由徐津、张龙、马传连主编，于志博、禤圆华、韩忠为副主编，王大印、郑刚、张博、师鸣若、王梦、郑睿、严敏、屈忠阳、李振华、唐海军、吴鸿飞、兰翔、黄丹丹、王国仁、李德清、罗益才、邓国俊、甘棉、底利娟、魏坤莲、黄世芝、王少炳参与编写。一些职业学校的老师参与试教和修改工作，在此表示衷心的感谢。由于编者水平有限，难免有错误和不妥之处，恳请广大读者批评指正。

◇ 课时分配

本书各模块教学内容和课时分配建议如下：

模　块	课 程 内 容	知识讲解	学生动手实践	合　计
01	计算机基础知识	2	2	4
02	Windows 7 基本操作——让来访记录落户到桌面	2	2	4
03	Word 2010 的基本操作——制作少先队主题活动方案	2	2	4
04	插入和编辑文档对象——制作黄山风景区宣传页	2	2	4
05	Word 2010 高级排版技术——编排前台礼仪培训文档	2	2	4
06	Excel 2010 的基本操作——制作羊年主题日历	2	2	4
07	Excel 2010 的数据分析功能——制作销售业绩统计表	4	4	8
08	幻灯片的制作——制作企业文化建设方案演示文稿	4	4	8
09	幻灯片的设计——制作三亚旅游攻略演示文稿	4	4	8
10	计算机网络基础——在办公室建立 WIFI（无线局域网）	2	2	4
11	Internet 的应用——利用 Internet 安排会议日程	2	2	4
12	计算机安全使用常识——网络下载谨防病毒	4	4	8
总计		32	32	64

注：本课程按照 64 课时设计，授课与上机按照 1：1 分配，课后练习可另外安排课时。课时分配仅供参考，教学中请根据各自学校的具体情况进行调整。

◇ 教学资源

请有此需要的读者登录华信教育资源网（http://www.hxedu.com.cn）免费注册后进行下载，有问题时请在网站留言板留言或与电子工业出版社联系（E-mail:hxedu@phei.com.cn）。还可以与本书编者联系，获取相关共享的教学资源（QQ 号：2059536670）。

编　者
2015 年 9 月

目　录

模块

01 计算机基础知识

你知道吗

人类自从远古时代就开始了计算活动并随着人类社会的发展发明了各种各样的计算工具，以减少烦琐复杂的计算工作。例如，中国的算盘，西方人发明的手摇计算器。随着现代科学技术的发展，人们的计算课题越来越复杂，这些传统的计算工具已经远远不能满足需要。此时计算机应运而生，简单地说计算机就是一种能够进行高速算术和逻辑运算的电子机器。

学习目标

- 计算机的发展
- 计算机的基本结构及工作原理
- 微型计算机硬件系统
- 计算机中的数与编码
- 计算机指令和程序设计语言

项目任务 1-1 计算机的发展

计算机是人类在 20 世纪最伟大的发明之一，它是新技术革命的一支主力，也是推动社会向现代化迈进的积极因素。在如今，计算机广泛地应用于军事、科研、经济、文化、日常生活等各个领域，是人类不可缺少的助手和工具。

动手做 1 电子计算机简介

简单地说，计算机就是一种能够自动进行高速运算的电子机器。

1946 年 2 月，第一台现代电子计算机 ENIAC（Electronic Numerical Integrator And Computer）在美国诞生。它重达 30 吨，占地约 170 平方米，运用了 18000 多个晶体管和 1500 多个继电器。由于首次使用了电子管和电子线路，大大提高了运算速度，它的运算速度可以达到 5000 次/秒。和现代计算机相比，这显然是个又贵又笨的庞然大物，然而在当时，这却是个划时代的创举。与此同时，世界著名数学家冯·诺依曼博士首先发表了《电子计算机装置逻辑结构初探》的论文，提出了电子计算机存储程序的理论，为一台具有存储程序功能的计算机 EDVAC（Electronic Discrete Variable Automatic Computer）奠定了设计基础。

在 ENIAC 的研制过程中，冯·诺依曼总结并归纳了以下三个特点。

（1）采用二进制。在计算机内部，程序和数据采用二进制代码表示。

（2）存储程序控制。程序和数据存放在存储器中，即程序存储的概念。计算机执行程序时无须人工干预，能自动、连续地执行程序，并得到预期的结果。

（3）计算机的五个基本组成部分。计算机具有运算器、控制器、存储器、输入设备和输出设备五个基本组成部分。

❖ 动手做 2　计算机的发展概况

根据电子计算机采用的物理器件的发展一般把计算机的发展分为四个阶段，习惯上称为四代，虽然各个阶段的划分没有严格的界限，但有个大致的范围。

第一代计算机是电子管计算机时代，时间上大约由第一台计算机 ENIAC 问世开始到 20 世纪 50 年代末（1946 年—1958 年）。这一时期计算机的主要特征是使用电子管作为电子器件；内部存储器采用汞延迟线或磁鼓，所有的指令与数据都用"1"和"0"来表示，分别对应于电子器件的"开"和"关"；人们主要使用机器语言编程，后期出现了汇编语言；计算机的运算速度很慢，在几千次/秒至几万次/秒。这一代计算机主要用于军事和科学研究，代表机型为 UNIVAC-1。

第二代计算机是晶体管计算机时代，时间上大约从 20 世纪 50 年代末到 60 年代初（1959 年—1964 年）。这一时期计算机的主要特征是使用的逻辑元件为晶体管，这一代计算机的体积大大减小，具有重量轻、寿命长、耗电少、运算速度快的特点。内存普遍使用磁芯存储器，外存用磁鼓并开始采用磁盘磁带。在第二代计算机时代，汇编语言取代了机器语言，而且出现了 FORTRAN、COBOL 等高级语言。这一代计算机不仅用于科学计算，还用于数据处理和事务处理，并逐渐用于过程控制。在这一代开始重视计算机产品的继承性，出现了大、中、小型系列计算机。其中高速大型机的运算速度每秒可以达几十万次以上，代表机型为 IBM-7000 系列机器。

第三代计算机是集成电路电子计算机时代，时间大约从 20 世纪 60 年代中期到 70 年代初期（1965 年—1975 年）。这一时期计算机的主要特征是采用小规模集成电路（SSI）和中规模集成电路（MSI）。由于这种集成电路工艺可以在几平方毫米的芯片上集中几十个甚至上百个电子元件，因此它的体积更小、耗电更省、功能更强、寿命更长。第三代计算机使用半导体存储器取代了磁芯存储器，使存储容量大幅度增加；并开始采用系列化、通用化、标准化计算机的体系结构。计算机的外设不断增加，尤其是终端设备的发展，使其与通信设备结合起来。在软件上，系统软件与应用软件的出现，特别是操作系统的出现，进一步提高了计算机的自动化程度，交互式语言的应用，使人们更容易掌握和使用计算机了。在这一时期，计算机不仅用于科学计算，还用于文字处理、企业管理、自动控制等领域，出现了计算机技术与通信技术相结合的信息管理系统，用于生产管理、交通管理、情报检索等领域，代表机型为 IBM-360 系列机器。

第四代计算机是采用大规模集成电路（LSI）和超大规模集成电路（VLSI）的计算机，时间从 20 世纪 70 年代初期至今。这一代计算机在各种性能上都得到了大幅度的提高，相应的应用软件也越来越丰富。在这一时期最显著的影响是随着微处理器的出现，出现了微型计算机，它使得计算机的应用涉及国民经济的各个领域，已经在办公自动化、数据库管理、图像识别、语音识别、专家系统等众多领域大显身手，并且也已开始进入一般家庭，代表机型有 IBM 4300/3080/3090/9000 系列机器。

❖ 动手做 3　微型计算机的发展

1971 年，世界上第一片 4 位微处理器 4004 在 Intel 公司诞生，标志着计算机进入了微型计算机时代。以微处理器为核心的微型计算机属于第四代计算机。通常以微处理器为标志来划分微型计算机，如 286、386、Pentium II 和 Pentium 4 等。微型计算机的发展史实际上就是微处理器的发展史。微处理器一直遵循摩尔（Moore）定律，其性能以平均每 18 个月提高一位的高速度发展着。Intel 公司的芯片设计和制造工艺一直处于业界前端，在宏观上可划分为 80×86 时代和 Pentium 时代。

1981 年，IBM 公司首次推出配置 Intel 8088 芯片的准 16 位 IBM PC（个人计算机），1983 年又推出了 IBM PC/XT，使微型计算机进入了一个迅速发展的时期。

仅仅 20 多年时间，微处理器已发展到 Pentium 4.1/4.2，与最初的 IBM PC 相比，性能已不可同日而语。

❯❯ 动手做 4 我国计算机技术的发展概况

我国计算机技术研究起步晚、起点低，但随着改革开放的深入和国家对高新技术的扶持、对创新能力的倡导，计算机技术的水平正在逐步提高。我国计算机技术的发展历程如下所述。

1956 年，开始研制计算机。1958 年，研制成功第一台电子管计算机——103 计算机。1959 年，104 计算机研制成功，这是我国第一台大型通用电子数字计算机。1964 年，研制成功晶体管计算机。1971 年，研制成功以集成电路为主要器件的 DJS 系列机器。这一时期，在微型计算机方面，我国研制开发了长城、紫金、联想系列微型机。

1983 年，我国第一台亿次巨型计算机"银河"诞生。1992 年，10 亿巨型计算机"银河 II"诞生。1997 年，每秒 130 亿浮点运算、全系统内存容量为 9.15GB 的巨型机"银河 III"研制成功。

1995 年，第一套大规模并行机系统"曙光 2000-II"超级服务器问世，峰值速度可达每秒 1117 亿次，内存高达 50GB。

1999 年，"神威"并行计算机研制成功，其技术指标位居世界第 48 位。

2001 年，中科院计算所成功研制我国第一款通用 CPU——"龙芯"。

2002 年，我国第一台拥有完全自主知识产权的服务器"龙腾"诞生。

2005 年，联想并购 IBM PC，一跃成为全球第三大 PC 制造商。

2008 年，我国自主研发制造的百万亿次超级计算机"曙光 5000"获得成功。

❯❯ 动手做 5 计算机的分类

计算机发展到今天，已是琳琅满目、种类繁多，并表现出各自不同的特点。可以从不同的角度对计算机进行分类。

1. 按处理数据的类型分类

按处理数据的类型不同，可分为数字计算机、模拟计算机和混合计算机。

（1）数字计算机，处理以 0、1 表示的二进制数字。运算精度高，存储量大，通用性好。

（2）模拟计算机，处理的数据是连续的，运算速度快，但精度低，通用性差。

（3）混合计算机，具有以上两种计算机的特点。

2. 按使用范围分类

按使用范围大小，计算机可以分为专用计算机和通用计算机。

（1）专用计算机，专门为某种需求而研制，不能作其他用途使用。工作效率高，运算精度高、速度快。

（2）通用计算机，适用于一般应用领域，即通常所说的计算机。

3．按性能分类

依据计算机的主要性能（字长、存储容量、运算速度、外部设备）进行分类，可分为超级计算机、大型计算机、小型计算机、微型计算机、工作站和服务器六类。这也是常用的分类方法。

（1）超级计算机。用于气象、太空、能源和医药等领域与战略武器研制中的复杂计算，如中国的"银河"、"曙光"和"神威"等。

（2）大型计算机。用于大型软件企业、商业管理和大型数据库，也可用作大型计算机网络的主机，如 IBM 4300、IBM 9000 系列。

（3）小型计算机。价格低廉，适合中小型单位使用，如 DEC 公司的 VAX 系列、IBM 公司的 AS/4000 系列。

（4）微型计算机。小巧、灵活、便宜，一次只能一个用户使用，又称个人计算机（PC），如台式机、笔记本电脑、便携机、掌上电脑等。

（5）工作站。应用于图像处理、计算机辅助设计以及计算机网络领域。

（6）服务器。通过网络对外提供服务。相对于 PC 来说，其稳定性、安全性、性能等方面的要求更高。

⚙ 动手做 6　计算机的主要用途

计算机的应用主要分为数值计算和非数值计算两大类。信息处理、计算机辅助设计、计算机辅助教学、过程控制等均属于非数值计算，其应用领域远远大于数值计算。

据统计，目前计算机有 5000 多种用途，并且以每年 300～500 种的速度增加。计算机的主要应用领域可以分为以下几个方面。

1．科学计算（数值计算）

科学计算，主要解决科学研究和工程技术中产生的大量数值计算问题。这是计算机最初的也是最重要的应用领域。

计算机"计算"能力的增强，推进了许多科学研究的进展，如人类基因序列分析计划、人造卫星的轨道测算等。

2．信息处理

信息处理是指对大量数据进行加工处理，如收集、存储、传送、分类、检测、排序、统计和输出等，再筛选出有用信息。信息处理是非数值计算，与科学计算不同，处理的数据虽然量大，但计算方法简单。

3．过程控制

过程控制又称实时控制，是指用计算机实时采集控制对象的数据，加以分析处理后，按系统要求对控制对象进行控制。工业生产领域的过程控制是实现工业生产自动化的重要手段。利用计算机代替人对生产过程进行监视和控制，可以大大提高劳动生产率。

4．计算机辅助设计和辅助制造

计算机辅助设计简称 CAD（Computer Aided Design）。在 CAD 系统的帮助下，设计人员能够实现最佳的模拟设计，提前做出设计判断，并能很快地制作图纸。

计算机辅助制造简称 CAM（Computer Aided Manufacturing）。CAM 利用 CAD 输出的信息控制、指挥作业。

将 CAD、CAM 和数据库技术集成在一起，形成 CIMS（计算机集成制造系统）技术，可实现设计、制造和管理自动化。

5. 网络通信

网络通信是指通过电话交换网等方式将计算机连接起来，实现资源共享和信息交流。计算机网络通信的应用主要有以下几个方面。

- 网络互联技术。
- 路由技术。
- 数据通信技术。
- 信息浏览技术。
- 网络技术。

6. 人工智能

人工智能是指模拟人类的学习过程和探索过程。人工智能的应用主要有以下几个方面。

- 自然语言理解。
- 专家系统。
- 机器人。

7. 数字娱乐

运用计算机网络可以为人们带来丰富多彩的娱乐活动，例如，丰富的电影、电视资源，网络游戏等。另外，数字电视的发展也使传统电视的单向播放模式转变为交互模式。

8. 嵌入式系统

把处理器芯片嵌入计算机设备中完成特定处理任务的系统称为嵌入式系统。嵌入式应用主要有以下两个方面。

- 消费电子产品。
- 工业制造系统。

动手做 7　计算机的主要特点

计算机具有以下特点。

（1）处理速度快。现在运算速度高达 105 亿次/秒的计算机，使过去人工计算需要几年或几十年完成的科学计算能在几小时或更短时间内完成。

（2）计算精度高。能够处理的字长的增加配合先进的计算技术，计算机的高精度计算能力解决了其他计算工具无法解决的问题。

（3）存储容量大。主存储器（内存）的容量越来越大；随着大容量的磁盘、光盘等存储器的发展，外部存储器的存储容量也非常可观。

（4）可靠性高。现在的计算机可靠性达到了很高的水平，很少发生错误。我们通常所说的"计算机错误"，大多是计算机的外设错误和人为造成的错误。

（5）自动化工作。计算机可以在编制好的程序控制下自动工作，不需要人工干预，实现自动化工作。

（6）适用范围广。计算机在各行各业中的广泛应用，常常产生显著的经济效益和社会效益，从而引起产业结构、产品结构、经营管理和服务方式等方面的重大变革。在产业结构中已出现了计算机制造业和计算机服务业，以及知识产业等新的行业。计算机还是人们的学习工具和生活工具。借助家用计算机、个人计算机、互联网、数据库系统和各种终端设备，人们可以学习各种课程，获取各种情报和知识，处理各种生活事务（如订票，购物，存、取款等），甚至可以居家办公。越来越多的人的工作、学习和生活中将与计算机发生直接或间接的联系。

❖ 动手做 8　未来计算机的发展趋势

21 世纪是网络的时代，是超高速信息公路建设取得实质性进展并进入应用的时代。那么，计算机的发展趋势是什么？未来新一代计算机的类型是什么？

1.　计算机的发展趋势

1）巨型化

巨型化是指高速运算、大存储容量和强功能的巨型计算机。它的运算能力一般在每秒百亿次以上、内存容量在几百吉字节以上。巨型计算机的发展集中体现了计算机科学技术的发展水平，推动了计算机系统结构、硬件和软件的理论和技术、计算数学以及计算机应用等多个科学分支的发展，主要用于尖端科学技术和军事国防系统的研究开发。

2）微型化

大规模、超大规模集成电路的出现，使计算机迅速向微型化方向发展。微型化是指体积更小、功能更强、可靠性更高、携带更方便、价格更便宜、适用范围更广的计算机系统，因为微型计算机可以渗透到仪表、家电、导弹弹头等微机无法进入的领域，所以 20 世纪 80 年代以来发展异常迅速。

3）网络化

计算机网络是指计算机技术发展的又一重要分支，是现代通信技术与计算机技术相结合的产物。网络化就是利用现代通信技术和计算机技术，将分布在不同地点的计算机连接起来，按照网络协议互相通信，共享软件、硬件和数据资源。

4）智能化

第五代计算机要实现的目标是智能化，让计算机来模拟人的感觉、行为、思维过程，使计算机具有视觉、听觉、语言、推理、思维、学习的能力，成为智能型计算机。

2.　未来新一代的计算机

1）模糊计算机

实际生活中，人们使用着大量的模糊概念，比如"走快一些"、"再来一点"、"休息片刻"中的"一些"、"一点"、"片刻"等都是含糊不清的说法，人们往往需要处理大量的模糊信息。目前的计算机只能进行精确运算而不能处理模糊信息，而模糊计算机除具有一般计算机的功能外，还具有学习、思考、判断和对话的能力，可以立即辨识外界物体的形状和特征，甚至可以帮助人从事复杂的脑力劳动。

1990 年，日本松下公司把模糊计算机装在洗衣机中，它可以根据衣服的质料调节洗衣程序。我国有些品牌的洗衣机也安装了模糊逻辑芯片。此外，人们又把模糊计算机装在吸尘器里，可以根据灰尘量以及地毯厚实程度调整吸尘器的功率。模糊计算机还能用于地震、火情判断、疾病医疗诊断、发酵工程控制、海空导航巡视等多个方面。

2）生物计算机

微电子技术和生物工程两项高科技的互相渗透为研制生物计算机提供了可能。利用 DNA 化学反应，通过和酶的相互作用可以使某基因代码通过生物化学的反应转变为另一种基因代码，转变前的基因代码可以作为输入数据，反应后的基因代码可以作为运算结果。利用这一过程可以制成新型的生物计算机。科学家们认为，生物计算机的发展可能要经历一个较长的过程。

3）光子计算机

光子计算机是一种用光信号进行数字运算、信息存储和处理的新型计算机，运用集成电路技术，把光开关、光存储器等集成在一块芯片上，再用光导纤维连接成计算机。1990 年 1 月底，贝尔实验室研制成第一台光子计算机。光子计算机的关键技术为光存储、光互联技术、光集成器件。除了贝尔实验室外，日本和德国的其他公司都投入巨资研制光子计算机，笔者预计未来将出现更先进的光子计算机。

4）超导计算机

超导技术的发展使科学家们想到用超导材料来替代半导体制造计算机。超导计算机具有超导逻辑电路和超导存储器，运算速度是传统计算机无法比拟的，美国科学家已经成功地将 5000 个超导单元装置在小于 $10cm^3$ 的主机内，组成一个简单的超导计算机，每秒能执行 2.5 亿条指令。研制超导计算机的关键之一是要有一套维持超低温的设备。

5）量子计算机

量子计算机中的数据用量子位存储。由于量子有叠加效应，一个量子位可以是 0 或 1，也可以既存储 0 又存储 1，因此一个量子位可以存储 2 个数据。同样数量的存储位，量子计算机的存储量比传统的电子计算机大许多。传统计算机与量子计算机之间的区别是，传统计算机遵循着众所周知的经典物理规律，而量子计算机则遵循独一无二的量子动力学规律，是一种信息处理的新模式。

❯❯ 动手做 9　信息的基本概念与发展

信息同物质、能源一样重要，是人类生存和社会发展的三大基本资源之一。数据处理之后产生的结果为信息，信息具有针对性、实时性，是有意义的数据。

1. 信息

信息是指现实世界事物的存在方式或运动状态的反映。信息具有可感知、可存储、可加工、可传递和可再生等自然属性，信息也是社会上各行各业不可缺少的、具有社会属性的资源。信息所具有的基本属性可归结为以下几个方面：

- 信息具有普遍性和客观性。
- 信息具有实质性和传递性。
- 信息具有可扩散性和可扩充性。
- 信息具有中介性和共享性。
- 信息具有差异性和转换性。
- 信息具有时效性和增值性。
- 信息具有可压缩性。

2. 数据

数据是描述现实世界事物的符号记录，是指用物理符号记录下来的可以鉴别的信息。物理符号包括数字、文字、图形、图像、声音及其他特殊符号。数据的多种表现形式，都可以经过数字化后存入计算机。

3. 信息与数据的关系

数据和信息这两个概念既有联系又有区别。数据是信息的符号表示，或称载体；信息是数据的内涵，是数据的语义解释。数据是信息存在的一种形式，只有通过解释或处理才能成为有用的信息。数据可用不同的形式表示，而信息不会随数据不同的形式而改变。例如，某一时间的股票行情上涨就是一个信息，但它不会因为这个信息的描述形式是数据、图表或语言等形式而改变。信息与数据是密切关联的。因此，在某些不需要严格区分的场合，也可以把两者不加区别地使用，例如，信息处理也可以说成数据处理。

4. 数据处理的基本过程

人们将原始信息表示成数据，称为源数据，然后对这些源数据进行处理，从这些原始的、无序的、难以理解的数据中抽取或推导出新的数据，这些新的数据称为结果数据。结果数据对某些特定的人来说是有价值的、有意义的，它表示了新的信息，可以作为某种决策的依据或用于新的推导。这一过程通常称为数据处理或信息处理。

信息是有价值的，为了提高信息的价值就要对信息和数据进行科学的管理，为保证信息的及时性、准确性、完整性和可靠性，需要科学的方法、先进的技术来管理信息和数据。随着计算机软硬件技术的发展，信息和数据管理的实用技术——数据库技术也由低级到高级、由简单到逐步完善发展起来。

5. 信息技术

信息技术是指应用在信息加工和处理中的科学、技术，工程的训练方法与管理技巧；上述方面的技巧应用；计算机与人、机的交互作用；与之相应的社会、经济和文化等多种事物。目前，信息技术主要指一系列与计算机相关的技术。

一般来说，信息技术包括了信息基础技术、信息系统技术和信息应用技术。

1）信息基础技术

信息基础技术是信息技术的基础，包括新材料、新能源、新器件的开发和制造技术。

2）信息系统技术

信息系统技术是指有关信息的获取、传输、处理、控制的设备和系统的技术。感测技术、通信技术、计算机与智能技术和控制技术是其核心和支撑技术。

3）信息应用技术

信息应用技术是针对各种实用目的的技术，如信息管理、信息控制、信息决策等技术。信息技术在社会各个领域得到了广泛的应用，显示出强大的生命力。展望未来，现代信息技术将向数字化、多媒体化、高速度、网络化、宽频带、智能化等方面发展。

项目任务 1-2　计算机的基本结构及工作原理

一个完整的计算机由硬件和软件两大部分组成。硬件是构成计算机的各种物理设备的总称，软件是为了运行、管理和维护计算机而编制的程序和各种文档的总和，两者缺一不可。

❖ 动手做 1　计算机硬件系统概述

计算机系统的总体结构如图 1-1 所示。

计算机硬件是指构成计算机的各种可见实体，如键盘、机箱、显示器、鼠标等。硬件系统可分为运算器、存储器、控制器、输入设备、输出设备五大部分。

运算器是对各种数据进行算术运算和逻辑运算的主要部件，它的主要功能是进行算术运算和逻辑运算，所以也称为逻辑部件，包括加法器、寄存器、累加器、移位器等。

存储器的主要功能是存放程序和数据。它类似于仓库，不同的是，它像人的大脑一样具有记忆功能，并能在计算机的运行中自动完成指令和数据、程序的存储。它的核心部件是存储体，它由许多存储单元组成，每个单元可以存放一条指令或一条数据。存储器又可分为内存储器和外存储器两类。

```
                                        ┌─ 控制器
                            ┌─ 中央处理器 ─┤
                            │            └─ 运算器
                            │            ┌─ 只读存储器
                    ┌─ 主机 ─┼─ 内存储器 ──┤
                    │        │            └─ 随机存储器
                    │        │            ┌─ 硬盘
              ┌─ 硬件系统 ─┤   ├─ 外存储器 ──┼─ 软盘
              │     │        │            └─ 光盘
              │     │        └─ 输入/输出接口
  微                │
  型                │                     ┌─ 键盘
  计 ─┤             └─ 输入/输出设备 ───────┼─ 显示器
  算                                      └─ 鼠标
  机
  系                     ┌─ 系统软件
  统   └─ 软件系统 ─┤
                        └─ 应用软件
```

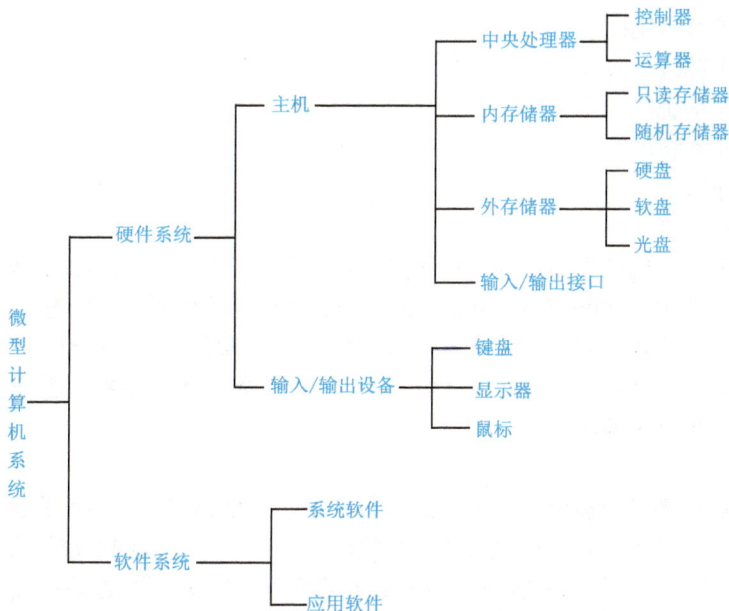

图1-1　计算机系统总体结构

　　控制器是整个机器的指挥中心，它能对指令进行控制，解释指令的含义，并根据解释结果将适当的控制信号送到运算器。在微型计算机中，将运算器和控制器做在一个集成块上，称为中央处理器或微处理器。运算器、控制器和存储器组成了计算机的主机。

　　输入设备用于向计算机输入数据、程序以及命令，并将信息转换成计算机能识别的二进制码。输出设备主要用来输出计算结果。

❖ 动手做 2　计算机软件组成

　　软件系统是指装入计算机的程序文件和数据文件，如操作系统 Windows 和办公软件以及数据库应用程序等。软件系统可分为系统软件与应用软件。硬件和软件缺一不可，如果没有硬件，软件将失去运行的物质基础；如果没有软件，计算机硬件也发挥不了作用。在系统软件中，操作系统又是所有应用软件的运行基础。目前微型计算机常用的操作系统是微软公司的 Windows 操作系统。

1. 系统软件

　　系统软件由一组控制计算机系统并管理其资源的程序组成，提供操作计算机最基础的功能。没有系统软件，就无法使用应用软件。

　　常见的系统软件有操作系统、数据库管理系统、语言处理系统和服务程序等。

　　1）操作系统

　　操作系统（Operating System，OS）是系统软件的重要组成和核心部分，是管理计算机软件和硬件资源、调试用户作业程序和处理各种中断，协调各个部分有效工作的软件。常见的系统软件有 Windows 系列、UNIX、XENIX 以及 Linux 等。

　　操作系统包括五大功能模块：处理器管理、内存管理、信息管理、设备管理和用户接口。

　　根据功能和规模不同，操作系统可分为批处理操作系统、分时操作系统和实时操作系统等；根据管理的用户数不同，可分为单用户操作系统和多用户操作系统。其发展过程如下：

　　● 单用户操作系统；

- 批处理操作系统；
- 分时操作系统；
- 实时操作系统；
- 网络操作系统；
- 微机操作系统。

2）数据库管理系统

用户通常把要处理的数据按一定的结构组织成数据库文件，再由相关的数据库文件组成数据库。数据库管理系统（Data Base Management System，DBMS ）就是对数据库完成建立、存储、筛选、排序、检索、复制、输出等一系列管理的计算机软件。例如，用于微型计算机的小型数据库管理软件有 FoxPro、Visual FoxPro、Access 等；大型数据库管理软件有 Oracle、Sybase、DBA、Informix 等。

3）语言处理系统

目前，计算机程序是用接近生活语言的计算机高级语言编写的，但计算机系统并不认识高级语言命令。高级语言程序必须经过编译系统翻译成由 0 和 1 组成的机器语言后，才能被计算机识别和运行。因此，计算机要执行一种高级语言程序，就必须配置该种语言的编译系统。FORTRAN、COBOL、Pascal、C、BASIC、LISP 都是语言处理程序。

4）服务程序

用于计算机的检测、故障诊断和排除的程序统称为服务程序。例如，软件安装程序、磁盘扫描程序、故障诊断程序以及纠错程序等。

2. 应用软件

应用软件是为解决某一具体问题而编制的程序。根据服务对象的不同，可以分为通用软件与专用软件。

1）通用软件

为解决某一类问题所设计的软件称为通用软件。例如，针对文字处理、表格处理、电子演示、电子邮件等的办公软件（如 WPS、Microsoft Office 等）；用于财务会计业务的财务软件；用于机械设计制图的绘图软件（如 AutoCAD）；用于图像处理的软件（如 Photoshop）。

2）专用软件

适应特殊需求的软件称为专用软件。例如，用户自己开发的能自动控制车床并能将各种事务性工作集成起来的软件。

3. 进程与线程

进程是程序的一次执行过程，是系统进行调度和资源分配的一个独立单位。简单地说，就是一个正在执行的程序，是正在内存中运行的程序。作业是程序被选中到运行结束再次成为程序的整个过程。显然，所有的作业都是程序，但不是所有的程序都是作业。

为了更好地实现并发处理和共享资源，提高 CPU 的利用率，目前许多操作系统把进程"细分"为线程。如果一个程序只有一个进程就可以处理所有的任务，那么它就是单线程的；如果一个程序可以被分解为多个进程共同完成程序的任务，那么被分解的不同进程就称为线程。

程序包含若干进程，每一个进程包含了一个或多个要执行的线程。

❖ 动手做 3　计算机的结构

计算机的结构反映了计算机各个组成部件之间的连接方式。

1. 直接连接

运算器、存储器、控制器和外部设备四个组成部件之间的任意两个组成部件，相互之间基本上都有单独的连接线路。冯·诺依曼在 1952 年研制的计算机 ISA 基本上就采用了直接连接的结构。

2. 总线结构

现代的计算机普遍采用总线结构。总线是一级连接各个部件的公共通信线，包括运算器、控制器、存储器和输入/输出设备之间进行信息交换和控制传递需要的全部信号。根据信号不同的性质，可以将总线分为以下三个部分。

1）数据总线

数据总线是在存储器、运算器、控制器和输入/输出设备部件之间传输数据信号的公共通路。数据总线的位数是计算机的一个重要指标，它体现了传输数据的能力，通常与 CPU 的位数相对应。

2）地址总线

地址总线是 CPU 向主存储器和输入/输出设备接口传送地址信息的公共通路。由于地址总线传输地址信息，所以地址总线的位数决定了 CPU 可以直接寻址的内存范围。

3）控制总线

控制总线是存储器、运算器、控制信号的公共通路。

≫ 动手做 4　计算机的基本工作原理

计算机开机后，CPU 首先读取并执行 BIOS（固化在只读存储器——ROM 中的一部分操作系统程序），它启动操作系统的装载过程，先把一部分操作系统从磁盘中读入内存，然后再由读入的这部分操作系统装载其他的操作系统程序，系统装载操作系统的过程称为引导。操作系统被装载到内存后，计算机才能接收用户的命令，执行其他的程序。

- 指令，就是让计算机完成某个操作所发出的命令。
- 程序，就是由一系列指令所组成的有序集合，计算机执行程序就是执行这一系列指令。

计算机执行指令一般分为两个阶段：第一个阶段是将要执行的指令从内存中取出并送入 CPU；第二个阶段是由 CPU 对指令进行分析译码，判断该条指令要完成的操作，向各部件发出完成该操作的控制信号，完成该指令的功能。当一条指令执行完后就处理下一条指令。一般将第一个阶段称为取指周期，第二个阶段称为执行周期。

计算机运行程序时，CPU 先从内存中读出一条指令到 CPU 内执行，指令执行完后，再从内存中读出下一条指令到 CPU 内执行。CPU 不断地取指令，然后执行指令，这就是程序的执行过程。

项目任务 1-3　微型计算机硬件系统

微型计算机的硬件资源是指微型计算机系统中可以看得见摸得着的物理装置，即机械器件、电子线路等设备，这是微型计算机赖以存在的基础，也是软件系统得以正常运行的平台。

≫ 动手做 1　微机的主要性能指标

显然，评定一台微机的优劣，不能只依据一两项指标，一般需要综合考虑。下面介绍微机的几项核心技术指标。

1. 字长

字长是指计算机 CPU 能够直接处理二进制数据的位数。字长越长，运算精度越高，处理能力越强。通常，字长是 8 的整数倍，如 8 位、16 位、32 位、64 位等。

2. 时钟频率

时钟频率又称主频，是指计算机 CPU 的时钟频率。一般主频越高，计算机的运算速度就越快。主频的单位为兆赫兹（MHz）或吉赫兹（GHz）。

3. 运算速度

通常所说的计算机的运算速度（平均运算速度），是指每秒所能执行的加法指令的条数，一般用百万次/秒（Million Instructions Per Second，MIPS）来描述。它是用于衡量计算机运算速度快慢的指标。

目前，微机的运算速度已达到 300MIPS 以上。

4. 存储容量

存储容量分为内存容量与外存容量，这里主要指内存容量。

内存容量越大，处理数据的范围就越大，运算速度也越快，处理能力就越强。

目前微型机的内存容量已达数吉字节。

5. 存取周期

存取周期是 CPU 从内存储器中存取数据所需的时间。存取周期越短，运算速度越快。内存的存储周期为 7~70ns。

除了上述这些主要性能指标外，还有其他一些指标，如系统的兼容性、平均无故障时间、性能价格比、可靠性与可维护性、外部设备配置与软件配置等。

❖ 动手做 2　微机的基本配置

无论什么品牌和型号的微机，其主要组成部分都是相似的，因此其基本配置也相似。了解微机的基本配置可以从以下项目考虑：制造商、型号、机箱样式、CPU 型号、内存、主板、显卡、硬盘、光驱、声卡、网卡、鼠标和键盘等。这些项目不一定要全部了解，只要抓住几个主要配置就可以判断机器的性能。表 1-1 所示为联想扬天 M4680d 计算机的配置。

表 1-1　联想扬天 M4680d 计算机的配置

配件	型号	配件	型号
处理器	Intel 奔腾双核 G2030	显卡芯片	NVIDIA GeForce G605
主频	3GHz	音频系统	集成
内存	4GB	鼠标	USB 光电鼠标
硬盘	1TB	键盘	防水键盘
光驱	DVD-ROM	操作系统	Windows 8 64bit（64 位简体中文版）
网卡	1000Mbps 以太网卡	造型结构	BTX 机箱创新侧翻盖设计
显卡	独立显卡	显示器	20 英寸 CRT 显示器

❖ 动手做 3　微机的主要硬件系统

微机与其他类型计算机的工作原理和组成并无本质的区别。

1. 主板

主板又叫母板或系统板，英文名称为 Main-board、Mother-board 或 System-board。微机的各个部件都要直接插在主板上或通过电缆连接在主板上，它上面一组组的细金属线就是总线的物理体现。主板的中心任务是维系 CPU 与外部设备之间能协同工作，不出差错。在控制芯片组的统一调度之下，CPU 首先接收各种外来数据或命令，经过运算处理，再经由 PCI 或 AGP 等总线接口，把运算结果高速、准确地传输到指定的外部设备上。主板在整个微机系统中扮演着举足轻重的角色，可以说，主板的类型和档次决定着整个微机系统的类型和档次，主板的性能影响着整个微机系统的性能。

主板结构分为 AT、Baby-AT、ATX、Micro ATX、LPX、NLX、Flex ATX、EATX、WATX 和 BTX 等结构。其中，AT 和 Baby-AT 是多年前的老主板结构，已经淘汰；而 LPX、NLX、Flex ATX 则是 ATX 的变种，多见于国外的品牌机，国内尚不多见；EATX 和 WATX 则多用于服务器/工作站主板；ATX 是市场上最常见的主板结构，扩展插槽较多，大多数主板都采用此结构。图 1-2 所示是 ATX 结构的主板。

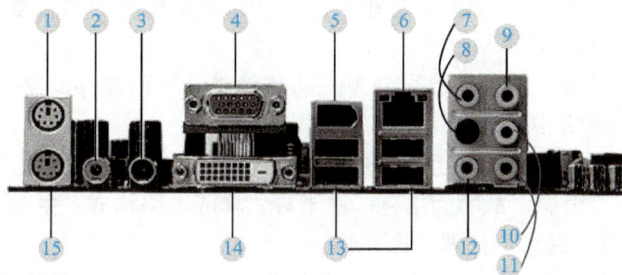

主板上的插座便是扩展槽，目前扩展插槽的种类主要有 ISA、PCI、AGP、CNR、AMR、ACR 和比较少见的 WI-FI、VXB，以及笔记本电脑专用的 PCMCIA 等。扩展槽便于用户插入各种插卡选件，扩展槽除了保证计算机的基本功能外，主要用来扩充和升级计算机，如声卡、显卡、传真卡等。通常主板上的扩展槽为 6～15 个。一般来说，扩展插槽种类和数量的多少是衡量主板的一个重要指标。有多种类型和足够数量的扩展插槽就意味着今后有足够的可升级性和设备扩展性，反之，则会在今后的升级和设备扩展方面碰到巨大的障碍。

接口是计算机输入/输出的重要通道，它的性能好坏直接影响到计算机的性能。计算机接口一般位于机箱的后部，主要接口如图 1-3 所示。

图1-2　ATX结构的主板　　　　　　　　图1-3　主板主要接口

① PS/2 鼠标接口。接口类型是指鼠标与计算机主机之间相连接的接口方式或类型。目前常见的鼠标接口有串口、PS/2、USB 三种类型。

② 数字音频输出接口。

③ 数字音频输入接口。

④ VGA 视频输出（显示器）接口。

⑤ 1394 火线接口。

⑥ RJ-45 网线接口。

⑦ 中置/低音音频输出（橘黄色）接口。

⑧ 后置音频输出（黑色）接口（支持 4、6 或者 8 信道音频）。

⑨ 音频输入（浅蓝色）接口（连接至磁带播放器或其他音频来源）。

图1-4　CPU

⑩ 耳机/音频输出（浅绿色）接口。

⑪ 麦克风（粉色）接口。

⑫ 音频输出（灰色）接口（支持 8 信道音频）。

⑬ USB 2.0 接口。

⑭ DVI 视频输出接口。

⑮ PS/2 键盘接口。

2．中央处理器

中央处理器也叫微处理器，英文名称为 Central Processing Unit，简写为 CPU，如图 1-4 所示。CPU 是计算机的核心部件，它负责系统的数值运算和逻辑判断等核心工作，并将运算结果分送内存或其他部件，以控制计算机的整体运作。CPU 的内部结构可分为控制单元、逻辑单元和存储单元三大部分。CPU 的发展历程也是计算机硬件体系结构和理论的发展历程。目前生产 CPU 的厂家主要有 Intel、AMD 等。

计算机的性能在很大程度上由 CPU 的性能决定，而 CPU 的性能主要体现在其运行程序的速度上。影响运行速度的性能指标包括 CPU 的工作频率、Cache 容量、指令系统和逻辑结构等参数。

3．内部存储器

存储器是存放程序和数据的部件，可存储原始数据、中间计算结果及命令等信息。下面先介绍与存储相关的两个概念。

存储器是由许多个二进制位（bit）的线性排列构成的，为了存取指定位置的数据，通常 1 字节（Byte）作为一个存储单元，并为每个字节编上号码，这个号码为该数据的存储地址（Address）。存储器可容纳的二进制信息量称为存储容量。基本单位是字节，此外，还有 KB、MB、GB 和 TB。

计算机的存储器可分为内部存储器（简称内存储器、内存或主存）和外部存储器（又称为辅助存储器、外存储器、外存或辅存）。

内部存储器是用来暂时存放处理程序、待处理的数据和运算结果的存储器，直接和中央处理器交换信息，故称为主存，由半导体集成电路构成。主存储器由只读存储器和随机存储器组成。

1）只读存储器（ROM）

只读存储器的特点：信息只能读出不能写入；只能被 CPU 随机读取；内容具有永久性，断电后信息不会丢失，可靠性高。

只读存储器（ROM）的用途：主要用来存放固定不变的控制计算机的系统程序和数据，如常驻内存的监控程序、基本 I/O 系统、各种专用设备的控制程序和有关计算机硬件的参数表等。例如，在主板上的 ROM 里面固化了一个基本输入/输出系统，称为 BIOS（基本输入/输出系统）。其主要作用是完成对系统的加电自检、系统中各功能模块的初始化、系统的基本输入/输出的驱动程序及引导操作系统。

只读存储器（ROM）分为可编程的只读存储器（EPROM）和掩膜式只读存储器（MROM）。

2）随机存储器（RAM）

随机存储器的特点：CPU 可以随时直接对其读写；当写入时，原来存储的数据被删除；加电时信息完好，但断电后数据会消失，且无法恢复。

随机存储器的用途：存储当前使用的程序、数据、中间结果和与外存交换的数据。

随机存储器的分类如下。

静态 RAM（SRAM）：集成度低、价格高、存取速度快、不需刷新。

动态 RAM（DRAM）：集成度高、价格低、存取速度较慢、需刷新。

（3）内存条

内存条一般简称内存，如图 1-5 所示。内存条是一种随机存储器，它插在主板上的内存插槽中，通过内存总线直接与 CPU 交换数据。它是计算机硬件的必要组成部分之一。在现在看来，内存的容量与性能已成为决定微机整体

图1-5　内存条

性能的一个决定性因素，因此为了提高个人电脑的整体性能，选择足够多和足够快的内存是十分必要的。

4. 外部存储器

外部存储器用于存储暂时不用的程序和数据。目前，常用的外部存储器有软盘、硬盘、磁带和光盘存储器，软盘和硬盘统称为磁盘。

1）磁盘

磁盘存储器：简称磁盘，包括磁盘驱动器（由主轴与主轴电机、读写磁头、磁头移动和控制电路等组成）、磁盘控制器和磁盘片三部分。

磁盘编号：磁道从外向内依次编号。例如，3.5 英寸双面高密磁盘片有 80 个磁道，则最外面的一条磁道为 0 磁道，最里面的一条磁道为 79 磁道。

磁道、盘面、扇区的关系：每个盘片有两个盘面，每个盘面有多条磁道，每条磁道又分为若干扇区。扇区是磁盘存储的最小单位，一般每扇区的容量是 512B。

为了能在磁盘片上的指定区域读写数据，必须将磁盘划分为若干个有编号的区域。为此，将磁盘记录区划分为若干个记录信息的同心圆，称为磁道。

磁盘的存储容量可用如下公式计算：

$$容量＝磁道数 × 扇区数 × 扇区内字节数 × 面数 × 磁盘片数$$

磁盘分为软磁盘和硬磁盘两类，它们结构上的区别是软磁盘只有一片盘片，硬磁盘通常由一组重叠的盘片组成。

软盘：软磁盘简称软盘，是一种磁介质形式的小容量存储器。由于软盘已经淘汰，此处不做过多介绍。

硬盘：硬磁盘简称硬盘，通常采用温彻斯特技术，故也称为温彻斯特盘（温盘）。与软盘相比，硬盘的容量大、转速快、存取速度高，如图 1-6（a）所示。

USB 移动硬盘：USB 移动硬盘的优点是体积小、重量轻、容量大、存取速度快，可以通过 USB 接口即插即用，如图 1-6（b）所示。

USB 闪存盘：俗称 U 盘，如图 1-6（c）所示。它是利用闪存（Flash Memory）在断电后还能保持存储的数据不丢失的特点而制成的。其优点是重量轻、体积小、即插即用。U 盘有基本型、增强型和加密型三种。

2）光盘

光盘（Optical Disk）是利用光学原理进行读写信息的圆盘，需要用光盘驱动器（简称光驱）来读写。根据存储容量的不同，光盘可分为 CD 光盘和 DVD 光盘两大类。

CD 光盘：存储容量一般达 650MB，单倍速为 150Mbps。它还可以分为只读型光盘 CD-ROM、一次性写入光盘 CD-R 和可擦除型光盘 CD-RW。

DVD 光盘：存储容量极大，120mm 的单面单层 DVD 盘片的容量为 4.7GB。DVD 也可以分为 DVD-ROM、DVD-R、DVD-RAM、DVD-Video、DVD-Audio 等。

（a）硬盘　　　　　（b）USB移动硬盘　　　　　（c）USB闪存盘

图1-6　各类硬磁盘

5. 机箱和电源

机箱作为主机的骨架，最主要的作用是容纳和固定配件。首先，机箱起到了保护主机、防尘、防压、防冲击的作用。其次，机箱还有防止电磁辐射的作用。好的机箱可以有效屏蔽机箱内部的电磁射线，使对外部的辐射降到最小范围。

机箱从结构分，大体可分为三种，即 AT 结构机箱、NLX 机箱和 ATX 结构的机箱。现在的主流机箱是 ATX 结构，它的特点是除了具备各种插槽，便于安装和固定各种配件以外，还预留了键盘鼠标位置、COM 口、打印口，电源开关直接连接在主板上等，如图 1-7 所示。

由于 USB 接口越来越广泛使用，新式机箱将以前位于机箱背面的扁平状的 USB 接口移到正面的面板上，对于经常插拔 USB 接口线的用户非常方便。

电源是整个计算机系统的动力之源，它将 220V 交流电经过整流和变压，变换为计算机所需的低压直流电，供主板、硬盘、光驱、软驱、CPU 风扇等部件使用，分为 AT 电源和 ATX 电源。其中，AT 电源已经被淘汰，它们之间最大的区别就是使用 ATX 电源的计算机可以使用软关机，即通过执行操作系统的"关机"命令，计算机即可自动切断电源，而 AT 电源则必须手动切断电源。

电源内设有抗电磁干扰、线路干扰等专业电路设计，并采用全屏蔽防电磁辐射的设计方式。内部使用了较大的电容和铝质或铜质的散热片，电源输出线较粗，是为照顾电源盒输出电流较大而设的。电源后部有一个风扇，其作用是排出电源产生的热量。电源的外观如图 1-8 所示。

图1-7　ATX结构的机箱　　　　　　　图1-8　电源

6. 输入/输出设备

输入/输出设备对我们来说是必不可少的，只有通过它们，人们才能和计算机进行交流。随着技术的进步，各种外设不断出现，而且功能越来越强，这些都使我们使用计算机更加容易。

1）键盘

键盘是计算机的基本输入设备，通过电缆与计算机主板相连接。它将用户输入的信息转换为电磁信号输入计算机。

2）鼠标

鼠标是增强键盘输入功能的重要设备，Windows 的绝大部分操作是基于鼠标来设计的，因为它的外形很像一只老鼠，在英文里它的名字叫 mouse，意思就是老鼠。目前大量的软件都支持和要求配有鼠标，没有鼠标这些软件将难以运行。根据工作原理，鼠标可分为两种：机械式鼠标和光电式鼠标。机械式鼠标通过一个橡胶滚动球把位置的移动转换成机器信号，光电式鼠标通过底部的一个光电检测器来确定位置，如图 1-9 所示。

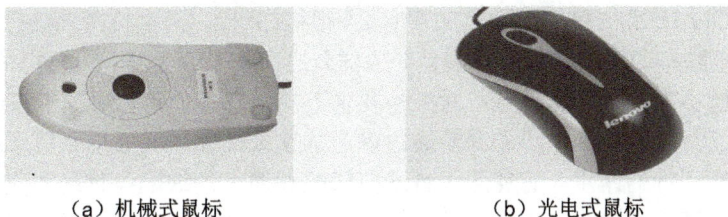

（a）机械式鼠标 （b）光电式鼠标

图1-9 鼠标

3）显示器

显示器是最重要的输出设备，经过计算机处理的数据信息首先通过它显示出来，以便用户同计算机进行交流。显示器按照显示管对角线的尺寸可分为 14 英寸、15 英寸、17 英寸、19 英寸或更大的显示器，目前主流的是 CRT 显示器，大小是 17 英寸。显示器分为单色和彩色的两种类型。单色显示器（简称为单显）价格便宜，一般在超市用作收银机，不被家庭用户所接受。它一般用于那些对色彩要求不高，而又需要长期连续工作的部门。

常用的显示器有阴极射线管（CRT）显示器和液晶（LCD）显示器两种，如图 1-10 所示。显示器还必须配置显示适配器，简称显卡，主要用于控制显示屏幕上字符与图形的输出。

显示器的主要性能有像素与点距、分辨率、显示器的尺寸等。

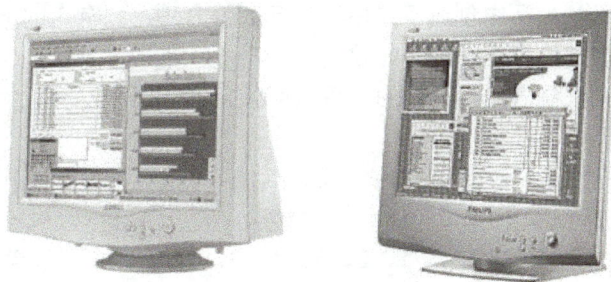

图1-10 CRT和LCD显示器

7. 打印机

打印机是计算机常用的输出设备。它把主机传来的信息通过机械或电子等方式印在纸上，形成能长期保存的纸面信息。常见的有针式打印机、喷墨打印机和激光打印机。各类打印机的外观如图 1-11 所示。

打印机按照打字方式又可分为击打式和非击打式两大类。针式打印机属于击打式打印机，喷墨打印机和激光打印机属于非击打式打印机。

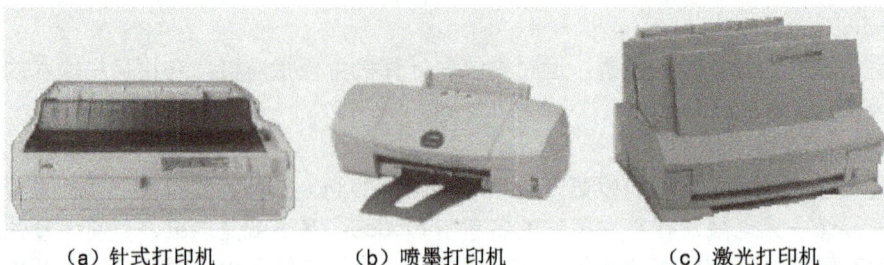

(a) 针式打印机　　　　　(b) 喷墨打印机　　　　　(c) 激光打印机

图1-11　各类打印机的外观

针式打印机主要由打印头、色带、走纸机构和控制转换电路组成。打印头有若干根很细的打印针（如 EPSON 1600K 打印机的打印头有 24 根打印针）。当主机送来信号时，部分打印针击打色带，色带接触打印纸而使打印纸着色，这样就打印出一个个字符。击打式打印机速度慢、噪声大，打印质量不高，但价格便宜，对纸的要求不高，它是使用较广泛的打印机。

喷墨打印机没有打印针，微小的墨滴通过静电加速或热膨胀而喷射到打印纸上，形成小墨点，从而代替了打印针的作用。它克服了针式打印机噪声大的缺陷，且易实现彩色打印，但耗材（墨盒）费用较高。

激光打印机把要输出的信号用激光扫描在半导体磁鼓上形成静电潜像，磁鼓吸附碳粉显影而形成墨粉图像，然后转印到纸上，经定影后输出。它的特点是无噪声、印字质量高、速度高达每分钟几页，但对打印纸要求高，且价格较贵。

项目任务 1-4　计算机中的数与编码

计算机要正常工作，就必须存放各种指令及各种类型的数据，这些数据不仅包括数值，还包括各种字符、文字、图形、图像、声音、动画和视频等。

⁙ 动手做 1　数制的基本概念

人们在生产实践和日常生活中创造了许多种表示数的方法，如常用的十进制、钟表计时中使用的六十进制等。这些数的表示规则称为数制。

数值在计算机中以二进制表示，这是由计算机所使用的逻辑器件决定的，其好处是：运算简单、实现方便、成本低。

- 十进制："逢十进一"，使用 0、1、2、3、4、5、6、7、8、9 共 10 个数字。
- 二进制："逢二进一"，使用 0、1 共 2 个数字。
- 八进制："逢八进一"，使用 0、1、2、3、4、5、6、7 共 8 个数字。
- 十六进制："逢十六进一"，使用 0、1、2、3、4、5、6、7、8、9、A、B、C、D、E、F 共 16 个数字。

数制的基本要素有以下几个。

- 数码：数制中表示基本数值大小的不同数字符号。例如，十进制有 10 个数码：0、1、2、3、4、5、6、7、8、9。
- 基数：数制所使用数码的个数。例如，二进制的基数为 2；十进制的基数为 10。
- 位权：数制中某一位上的 1 所表示数值的大小（所处位置的价值）。例如，十进制的 123，1 的位权是 100，2 的位权是 10，3 的位权是 1；二进制中的 1011，第一个 1

的位权是 8，0 的位权是 4，第二个 1 的位权是 2，第三个 1 的位权是 1。

⁙ 动手做 2　数制间的转换

1. 非十进制数转换成十进制数

非十进制数转换成十进制数的方法是按权展开：

$(11010)_2 = 1 \times 2^4 + 1 \times 2^3 + 0 \times 2^2 + 1 \times 2^1 + 0 \times 2^0 = (26)_{10}$

$(111.01)_2 = 1 \times 2^2 + 1 \times 2^1 + 1 \times 2^0 + 0 \times 2^{-1} + 1 \times 2^{-2} = (7.25)_{10}$

$(A2B)_{16} = 10 \times 16^2 + 2 \times 16^1 + 11 \times 16^0 = 2560 + 32 + 11 = (2603)_{10}$

2. 十进制数转换成其他进制数

将十进制数转换为其他进制数时，可将此数分成整数与小数两部分分别转换，然后再拼接起来。

整数部分：（基数除法）

第一步：把要转换的数除以新的进制的基数，把余数作为新进制的最低位；

第二步：把上一次得的商再除以新的进制基数，把余数作为新进制的次低位；

第三步：继续上一步，直到最后的商为零，这时的余数就是新进制的最高位。

小数部分：（基数乘法）

第一步：把要转换数的小数部分乘以新进制的基数，把得到的整数部分作为新进制小数部分的最高位；

第二步：把上一步得到的小数部分再乘以新进制的基数，把整数部分作为新进制小数部分的次高位；

第三步：继续上一步，直到小数部分变成零为止，或者达到预定的要求也可以。

例如：将十进制的 168 转换成二进制，结果是 $(10101000)_2$

第一步：将 168 除以 2，商为 84，余数为 0；

第二步：将 84 除以 2，商为 42，余数为 0；

第三步：将 42 除以 2，商为 21，余数为 0；

第四步：将 21 除以 2，商为 10，余数为 1；

第五步：将 10 除以 2，商为 5，余数为 0；

第六步：将 5 除以 2，商为 2，余数为 1；

第七步：将 2 除以 2，商为 1，余数为 0；

第八步：将 1 除以 2，商为 0，余数为 1。

读数：二进制是十进制多次除以 2 所得余数的数字排位，即把余数相连接起来。又因为最后一位是经过多次除以 2 所得，因此它是最高位，所以读数必须从后往前排，则结果是：10101000。

例如，将十进制 0.125 换算成二进制，结果是 $(0.001)_2$

第一步：将 0.125 乘 2，得 0.25，整数部分为 0，小数部分为 0.25；

第二步：将 0.25 乘 2，得 0.5，整数部分为 0，小数部分为 0.5；

第三步：将 0.5 乘 2，得 1.0，整数部分为 1，小数部分为 0.0。

读数：二进制是十进制多次乘以 2 所得结果的整数部分的数字排位，但又必须从第一位开始往后排，所以排位为 001；又因为十进制是小数，所以结果是 0.001。

> **提示**
>
> 　　如果永远不能为 0，就同十进制数的四舍五入一样，按照要求保留多少位小数时，就根据最后一位是 0 还是 1 取舍。如果是 0，舍掉；如果是 1，入一位。即"0 舍 1 入"。读数必须从前面的整数读到后面的整数。

3．二进制与十六进制间的转换

由于 16 是 2 的 4 次幂，所以可以用 4 位二进制数来表示 1 位十六进制数。

1）十六进制数转换成二进制数

对每 1 位十六进制数，用与其等值的 4 位二进制数代替。

举例：将十六进制数（16E.5F）$_{16}$ 转换成二进制数，结果是（101101110.01011111）$_2$。

分析：　　　　　　　　　　（1　6　E　5　F）$_{16}$

　　　　　　　　　　（0001 0110 1110 0101 1111）$_2$

2）二进制数转换成十六进制数

其方法是从小数点开始，整数部分向左、小数部分向右每 4 位数为 1 节，整数部分最高位不足 4 位或小数部分最低位不足 4 位时补 0，然后将每节依次转换成十六进制数，再把这些二进制数连接起来即为等值十六进制数。

例如，将二进制数（10111100101.00011001101）转换成十六进制数。

　　　　　　（10111100101.00011001101）$_2$＝（5E5.19A）$_{16}$

同理，8 是 2 的 3 次幂，所以可以用 3 位二进制数来表示 1 位八进制数。

将八进制数（2731.62）$_8$ 转换成二进制数。

　　　　　　（2731.62）$_8$＝（010111011.110010）$_2$

表 1-2 所示为十进制数 0～15 与二进制数、十六进制数的对应关系。

表 1-2　十进制数 0～15 与二进制数、十六进制数的对应关系

十　进　制	二　进　制	十六进制	十　进　制	二　进　制	十六进制
0	0000	0	8	1000	8
1	0001	1	9	1001	9
2	0010	2	10	1010	A
3	0011	3	11	1011	B
4	0100	4	12	1100	C
5	0101	5	13	1101	D
6	0110	6	14	1110	E
7	0111	7	15	1111	F

动手做 3　计算机数据的存储

1．计算机数据的常用单位

由于在计算机内部指令和数据都是用二进制数表示的，因此，计算机系统中信息的存储、处理也都是以二进制数为基础的。以下为计算机内数据的常用单位。

位：一个二进制位，称为位（bit），是数据的最小单位，表示为 bit。

字节：8 位二进制数编为一组，称为一个字节（Byte），是信息处理的最基本单位，表示为 B。

字：由若干字节组成的（通常取字节的整数倍）。

现代计算机中存储数据是以字节作为处理单位的，如一个英文大写字母用 1 字节表示，而一个汉字和国标图形字符需用 2 字节表示。实际使用中这样的单位表示量太小，常用 KB、MB、GB 和 TB 作为数据的存储单位。常用的二进制数的数据单位如表 1-3 所示。

表 1-3　常用的二进制数的数据单位

单　位	名　　称	含　　义	说　　明
bit	位	表示 1 个 0 或 1，称为 bit	最小的数据单位
B	字节	8bit 为 1B	数据处理的基本单位
KB	千字节	1KB=1024B=2^{10}B	适用于文件计量
MB	兆字节	1MB=1024KB=2^{20}B	适用于内存、软盘、光盘计量
GB	吉字节	1GB=1024MB=2^{30}B	适用于硬盘的计量单位
TB	太字节	1TB=1024GB=2^{40}B	适用于硬盘的计量单位

2. 计算机数据类型

计算机使用的数据可分为两类：数值型数据和字符型数据（非数值数据）。

在计算机中，不仅数值数据是用二进制数来表示的，字符数据也都用二进制数进行编码。

动手做 4　西文字符的编码

所谓编码，就是用二进制数来表示数据的代码。

计算机中常用的字符（西文字符）编码有两种：EBCDIC 码和 ASCII 码。IBM 系列的大型计算机采用 EBCDIC 码，微型计算机采用 ASCII 码。下面主要介绍 ASCII 码。

ASCII 码是美国信息交换标准代码（American Standard Code for Information Interchange）的缩写。该编码被国际标准化组织 ISO 采纳，作为国际通用的信息交换标准代码，是目前在微型机中普遍使用的字符编码。

标准 ASCII 码中的通用控制字符有 34 个，阿拉伯数字 10 个，大、小写英文字母 52 个，各种标点符号和运算符号 32 个。

比较字符的大小其实就是比较字符 ASCII 值的大小。一般来说，可见控制符的 ASCII 值＜数字的 ASCII 值＜大写字母的 ASCII 值＜小写字母的 ASCII 值。

例如，空格的 ASCII 码是 32，"!"的 ASCII 码是 33，"0"的 ASCII 码是 48，"A"的 ASCII 码是 65，"Z"的 ASCII 码是 90，"a"的 ASCII 码是 97，"z"的 ASCII 码是 122。

动手做 5　汉字的编码

为使计算机可以处理汉字，也需要对汉字进行编码。计算机进行汉字处理的过程，实际上是各种汉字编码间的转换过程。汉字编码有汉字信息交换码、汉字输入码、汉字内码、汉字字形码和汉字地址码等。下面分别介绍各种汉字编码。

1. 汉字信息交换码

汉字信息交换码（国标码）是用于汉字信息处理系统之间或汉字信息处理系统与通信系统之间信息交换的汉字代码。我国于 1981 年颁布了国家标准的汉字编码集，即《信息交换用汉字编码字符集——基本集》，国家标准号是 GB 2312—1980，简称交换码或国标码。下面介绍国标码的有关知识。

国标码的字符集共收录了 7445 个图形符号和两级常用汉字，有 682 个非汉字图形符和 6763 个汉字代码。汉字代码中有一级常用汉字 3755 个，二级常用汉字 3008 个。

国际码的存储占用 2 字节，编码范围为 2121H～7E7E。

区位码，又称国标区位码，是国标码的一种变形。它把全部一级、二级汉字和图形符号排列在一个 94 行 94 列的矩阵中，构成一个二维表格，类似于 ASCII 码表。

"区"：阵中的每一行用区号表示，区号范围是 1～94。

"位"：阵中的每一列用位号表示，位号范围是 1～94。

区位码：汉字的区号与位号的组合（高两位是区号，低两位是位号）。

实际上，区位码也是一种汉字输入码，其优点是一字一码，缺点是难以记忆。

2．汉字输入码

汉字输入码是为让用户能够使用英文键盘输入汉字而编制的编码，又称外码。汉字输入码有许多种不同的编码方案，大致分为以下几类。

（1）音码：以汉语拼音字母和数字为汉字编码。例如，全拼输入法和双拼输入法。

（2）形码：根据汉字的字形结构对汉字进行编码。例如，五笔字型输入法。

（3）音形码：以拼音以主，辅以字形字义进行编码。例如，自然码输入法。

（4）数字码：直接用固定位数的数字给汉字编码。例如，区位输入法。

同一个汉字在不同的输入码编码方案中的编码一般也不同。例如，使用全拼输入法输入"嵌"字，就要键入编码"qian"，而用五笔字型的输入码则是"mafw"。

3．汉字内码

汉字内码是为在计算机内部对汉字进行处理、存储和传输而编制的汉字编码，应能满足存储、处理和传输的要求。不论用何种输入码，输入的汉字在机器内部都要转换成统一的汉字内码，然后才能在机器内传输、处理。

目前，对应于国标码，一个汉字的内码也用 2 字节存储。因为 ASCII 码是英文的内码，为不使汉字内码与 ASCII 码发生混淆，将国标码每 1 字节的最高位置 1 作为汉字内码。

国标码与内码之间的关系：内码＝汉字的国标码＋$(8080)_{16}$

4．汉字字形码

汉字字形码是存放汉字字形信息的编码，它与汉字内码一一对应。每个汉字的字形码是预先存放在计算机内的，常称为汉字库。当输出汉字时，计算机根据内码在字库中查到其字形码，得知字形信息，然后就可以显示或打印输出了。

描述汉字字形的方法主要有点阵形和轮廓字形两种。

5．汉字地址码

汉字地址码是指汉字库（这里主要指汉字字形的点阵式字模库）中存储汉字字形信息的逻辑地址码。在汉字库中，字形信息都是按一定顺序（大多数按照标准汉字国标码中汉字的排列顺序）连续存放在存储介质中的，所以汉字地址码大多也是连续有序的，而且与汉字内码间有着简单的对应关系，从而简化了汉字内码到汉字地址码的转换。

项目任务 1-5 计算机指令和程序设计语言

计算机能按照要求自动完成工作是因为采用了存储程序控制。那么，什么是程序呢？程序

22

又是用何种工具编写的呢？

动手做 1　计算机指令

指令就是用户给计算机下达的命令，它告诉计算机要干什么，所要用到的数据在哪里，操作结果又将送往何处。所以，指令包括操作码和地址码。

操作码：指出指令完成操作的类型，如加、减、乘、除、传送等。

地址码（或称操作数）：指出参与操作的数据和操作结果存放的位置。

一条指令只能完成一个简单的操作，而一个比较复杂的操作需要由许多简单操作组合而成，这就形成了程序。简单地说，程序就是一组计算机指令序列。

动手做 2　程序设计语言

一台计算机可能有多种多样的指令，这些指令的集合称为该计算机的指令系统。

程序设计语言是用来编写计算机程序的，是用户与计算机交互的语言，按其指令代码的类型分为机器语言、汇编语言和高级语言。

1．机器语言

计算机的指令系统也称为机器语言，具有以下主要特征：

（1）它是计算机唯一能识别并且直接执行的语言；

（2）每条指令是由 0、1 组成的一串二进制代码，可读性差、不易记忆；

（3）用它编写的程序执行速度快，占用内存空间少；

（4）程序编写烦琐、难度大，易出错，难以调试和修改；

（5）直接依赖于机器；

（6）由于不同型号（或系列）计算机的指令系统不完全相同，故可移植性差。

总之，机器语言效率高，但不易掌握和使用。

2．汇编语言

用比较容易识别和记忆的助记符代替机器语言的二进制代码，这种符号化的机器语言称为汇编语言，又称符号语言，有以下主要特征：

（1）指令一般采用相近英语词汇的缩写，如加法运算的指令为 ADD，减法运算的指令为 SUB；

（2）在编写程序时，比指令编码容易记忆，出错时也容易修改；

（3）汇编语言其实就是用代码表示的机器语言，同机器语言一样，都依赖于具体的机器；

（4）计算机不能直接识别和执行汇编语言程序，汇编语言源程序必须经过汇编过程翻译成机器语言程序（目标程序），才能被执行。

3．高级语言

高级语言是接近于生活语言的计算机语言。常见的高级语言有 BASIC 语言、FORTRAN 语言、C 语言和 Pascal 语言等。和汇编语言程序一样，高级语言程序不能直接被计算机识别和执行，必须由翻译程序把它翻译成机器语言后才能被执行。

翻译程序按翻译的方法分为解释方式和编译方式两种。

1）解释方式

解释方式是在程序的运行中，将高级语言逐句解释为机器语言，解释一句，执行一句，所以运行速度较慢。如 BASIC 源程序的执行就是采用这种方式。

2）编译方式

编译方式是用相应的编译程序先将源程序编译成机器语言的目标程序，再将目标程序和各种标准库函数连接装配成一个完整的可执行机器语言程序，然后执行。简单而言，一个高级语言源程序必须经过"编译"和"连接装配"后才能成为可执行的机器语言程序。

尽管编译的过程复杂一些，但它形成的可执行文件可以反复执行，速度较快。目前，常用的编译程序有 C、C++、Visual C++、Visual Basic 等高级语言。

课后练习与指导

一、选择题

1．首台电子数字计算机 ENIAC 问世后，冯·诺依曼（John von Neumann，1903～1957），在研制 EDVAC 计算机时提出两个重要的改进，它们是（　　）。

　A．引入 CPU 和内存储器的概念　　　B．采用机器语言和十六进制
　C．采用二进制和存储程序控制的概念　　D．采用 ASCII 编码系统

2．在如下软件中属于系统软件的是（　　）。

　A．Linux　　　B．UNIX　　　C．Windows 2000　　D．Office 2010

3．下列各类计算机程序语言中，不属于高级程序设计语言的是（　　）。

　A．Visual Basic　　B．Visual C++　　C．C 语言　　　D．汇编语言

4．显示器的主要技术指标之一是（　　）。

　A．分辨率　　　B．亮度　　　C．重量　　　D．耗电量

5．计算机技术中，下列不是度量存储器容量单位的是（　　）。

　A．KB　　　B．MB　　　C．GHz　　　D．GB

6．CPU 的主要性能指标是（　　）。

　A．字长和时钟主频　　　　B．可靠性
　C．耗电量和效率　　　　　D．发热量和冷却效率

7．世界上第一台电子数字计算机 ENIAC 是在美国研制成功的，其诞生的年份是（　　）。

　A．1943 年　　B．1946 年　　C．1949 年　　D．1950 年

8．一个完整的计算机系统应包括（　　）。

　A．硬件系统与软件系统　　　B．主机与外设
　C．主机、键盘、显示器　　　D．CPU、RAM、ROM

9．计算机硬件系统中最核心的部件是（　　）。

　A．存储器　　B．输入/输出设备　　C．CPU　　　D．UPS

10．显示器按照显示管分类，可以分为（　　）两类。

　A．LCD 和 CRT　　　　B．17 英寸和 19 英寸
　C．柱面和纯平　　　　D．单色和彩色

二、填空题

1. 计算机发展到今天，已是琳琅满目、种类繁多，并表现出各自不同的特点。按处理数据的类型不同，可分为_____、_____和_____。

2. 计算机的存储器可分为_____和_____。

3. 最常见的输入/输出设备有_____、_____和_____。

4. 打印机可以把主机传来的信息通过机械或电子等方式印在纸上，形成能长期保存的纸面信息，常见的有_____、_____和_____。

5. 二进制整数 01110101 转换成十进制整数是_____。

6. 十进制整数 121 转换成二进制整数是_____。

7. ____位二进制数编为一组，称为一字节，是信息处理的最基本单位，表示为____。

8. 计算机中常用的字符（西文字符）编码有两种：_____和_____。

三、简答题

1. 简述计算机的发展史。

2. 计算机的主要用途有哪些？

3. 计算机具有哪些特点？

4. 简述计算机的发展趋势。

5. 信息与数据的关系是怎样的？

6. 计算机的硬件系统可分为哪些部分？

7. 计算机的基本工作原理是怎样的？

8. 计算机的程序设计语言有哪些功能？可以分为哪几类？

Windows 7 基本操作——让来访记录落户到桌面

你知道吗

Windows 7 是由微软公司（Microsoft）于 2009 年 10 月发布的操作系统，核心版本号为 Windows NT 6.1。Windows 7 可供家庭及商业工作环境、笔记本电脑、平板电脑、多媒体中心等使用。

应用场景

小王是某公司的前台接待人员，公司在前台专门为前台职员配置了一台计算机，为了方便计算机的使用，小王需要对计算机进行相关设置。接待客人完毕后，她应将客人的有关信息输入到计算机的来访记录文件中，然后在需要的时候打印出来，为了方便打开来访记录文件，小王将该文件放置到桌面上；小王将计算机的背景设置为该公司的 LOGO 以彰显公司文化；小王为计算机设置了密码来阻止其他人访问计算机。

背景知识

前台接待是现代企业职位之一，通常主要负责客户的来访及登记、电话转接等事务。前台文员是客户进入公司的第一个接待人员，同时前台文员也是一个单位的脸面和名片。

学习目标

- 操作系统简介
- 认识 Windows 7
- 文件与文件夹的操作
- 设置 Windows 7
- 用户账户管理
- 中文输入法的使用

项目任务 2-1 操作系统简介

操作系统（Operating System，OS）是一种有效管理所有计算机资源（包括硬件资源、软件资源和数据资源），合理组织计算机的工作流程，使计算机能高效运行的系统软件。

计算机操作系统十分重要，其他的应用软件都必须依赖于它的支持才能正常运行。例如，办公软件 Microsoft Office 可以在 Microsoft Windows 或 Apple Macintosh 操作系统上正常运行，而在 Linux 操作系统上就不能正常安装和运行；用户只能使用 StarOffice 或者 OpenOffice 等办公软件在 Linux 操作系统上进行文字处理、电子表格和幻灯片制作。

不同系列的操作系统或同一系列不同版本的操作系统对硬件的要求不同。例如，Microsoft Windows 系列的 Windows XP Professional 推荐计算机使用时钟频率为 300MHz 或更高的处理器，推荐使用 128MB 或更高的内存，1.5GB 以上的可用硬盘空间；而安装 Windows 7（32 位版本）操作系统，则需要 1GHz 或更高的处理器，1GB 或更高的内存，16GB 以上的可用硬盘空间。

动手做 1　了解操作系统的功能

操作系统通常是最靠近硬件的一层系统软件，为用户提供访问计算机资源的接口。从资源管理的角度看，操作系统要对计算机资源进行控制和管理，其功能主要包括处理器管理、存储管理、文件管理、设备管理和作业管理五个方面，如表 2-1 所示。

表 2-1　操作系统的主要功能及其作用

主 要 功 能	主 要 作 用
处理器管理	根据一定的策略将处理器交替地分配给系统内等待运行的程序
存储管理	合理地给软件资源和用户数据分配内在空间，保护内存，实现地址映射
文件管理	按照文件名存取文件，负责对文件的组织以及存取权限、打印等控制
设备管理	分配和回收外部设备，控制外部设备按照用户程序的要求进行操作
作业管理	组织和管理用户给计算机处理的工作，提高运行效率

操作系统就像是计算机的大管家，管理计算机的各种资源，如 CPU、内存、磁盘等。应用程序想使用这些资源，都必须经过操作系统同意（资源申请），并且由操作系统统一安排使用时间（资源分配），应用程序用完后必须将资源还给操作系统（资源回收），以便其他应用程序使用。就这样，计算机系统在操作系统的管理下以尽可能高的效率有条不紊地工作着。

动手做 2　了解典型操作系统

在计算机的发展过程中，出现过许多不同的操作系统，目前全球使用最广泛的是微软公司推出的 Windows 系列操作系统，自 1985 年推出 Windows 1.0 以后，微软公司不断更新产品以满足不同用户的各种功能需求，如个人桌面操作系统 Windows 98、Windows XP、Windows Vista、Windows 7、Windows 8；服务器操作系统 Windows NT、Windows 2000 Server、Windows Server 2003、Windows Server 2008 等。

动手做 3　了解操作系统的选择及安装方式

在了解常用的操作系统后，可以根据个人的需要和硬件配置，结合操作系统的特点选择合适的操作系统，并选择操作系统的安装方式。

用户可根据个人对计算机的用途选择合适的操作系统。根据不同需求，推荐选择相应的操作系统如下。

- 家庭娱乐：Windows XP、Windows 7 或 Ubuntu Linux。
- 工作、学习：Windows XP、Windows 7、Windows Server 2003 或 Fedora Linux。
- 服务器：Windows Server 2003、Windows Server 2008、UNIX、Redhat Linux 或红旗 Linux。

操作系统的安装分为全新安装、升级安装、覆盖安装以及多系统安装四种方式，在不同的情况下，用户要选择不同的安装方式。

（1）全新安装。在一个没有安装任何操作系统的硬盘上安装操作系统，可以采用这种方式。

（2）升级安装。操作系统由低版本升级到高版本，如从 Windows 98 升级到 Windows 2000 或 Windows XP，该方式的优点是原有程序、数据和设置都不会发生变化，硬件兼容性方面的问题也较少，缺点是无法复原。

（3）覆盖安装。用相同版本的操作系统重新安装在已有操作系统的同一目录上。覆盖安装可以保留已经安装过的驱动程序、应用程序和文件信息等，只是重新复制系统文件。覆盖安装又称修复安装。

（4）多系统安装。在已经存在操作系统的情况下，安装其他操作系统，即多个不同操作系统同时存在，在计算机启动时通过引导菜单可以进入不同的操作系统，但不能同时进入两个以上不同的操作系统。

项目任务 2-2 认识 Windows 7

开启计算机后首先进入的是桌面，桌面就是用户使用 Windows 系统的主区域，人们接触、使用 Windows 7，自然也离不开桌面这个平台。

动手做 1 启动 Windows 7

正确完成 Windows 7 系统的安装后，默认情况下，每次开机即自动启动 Windows 7。在开机之前，首先要确保连接计算机的电源和数据线已经接通，打开显示器电源开关，电源指示灯变亮后，再打开主机箱电源开关就开始启动计算机了。

如果在 Windows 7 中只有一个用户账号，并且没有设置密码，则 Windows 7 通过欢迎界面后直接进入 Windows 7 的桌面。如果账号设置了密码，则在启动 Windows7 之后，会进入 Windows 7 的登录界面，在界面中输入密码即可登录。

Windows 7 支持多用户，在 Windows 7 中可以创建多个用户账号。如果在同一台计算机上建有多个用户账号，在启动 Windows 7 之后，就进入了 Windows 7 的登录界面，如图 2-1 所示。在登录界面用户选择某个预先设

图2-1　Windows 7的多用户登录界面

好的用户图片，输入密码（如果有的话），即可登录，并享有相应的权限。

动手做 2 认识桌面图标

用户登录 Windows 7 操作系统后，即进入系统桌面。系统桌面包括桌面背景、桌面图标以及任务栏。除了系统默认的桌面图标，用户可以把常用文件或文件夹保存在桌面上，也可以在桌面创建快捷方式，以方便访问。

快捷方式是 Windows 系统提供的一种快速启动程序、打开文件或文件夹的方法，它和程序既有区别又有联系。如果把程序比作一台电视机，那么快捷方式就像遥控器。这样的快捷方式被删除后，用户还可以通过"计算机"找到目标程序并运行程序。但当程序被卸载后，其对应的快捷方式就会毫无用处。

常用的桌面图标主要有五个，即计算机、回收站、用户的文件、控制面板以及网络，其主要作用如下。

- 用户的文件：这是一个根据当前登录到 Windows 7 的账户名命名的图标，如当前登录到系统的账户名为"Administrator"，那么桌面上的"用户的文件"图标名称就是"Administrator"。在双击此图标打开的窗口中，可以看到此文件夹中存储的内容都是基于当前用户的，如"文档"、"音乐"、"图片"和"视频"文件夹等。
- 计算机：用于管理计算机中的所有资源，如磁盘分区、文件夹、文件等内容。
- 回收站：存放被删除的文件或文件夹，具有误删还原功能。
- 网络：为管理员用户提供了访问与管理局域网中的资源、以及对本地网络进行配置的能力。
- 控制面板：用户根据个人需求对计算机的软件、硬件以及操作系统进行设置。.

在 Windows 7 中，默认情况下，除了"回收站"图标，其他四个常用桌面图标是未显示的状态，为了操作方便，可以使其显示在桌面上，具体操作步骤如下：

（1）在桌面的任意空白处右击，在弹出的快捷菜单中选择个性化命令，打开控制面板个性化窗口，如图 2-2 所示。

（2）在控制面板个性化窗口中，在左侧任务列表中单击更改桌面图标选项，打开桌面图标设置对话框，如图 2-3 所示。

（3）在桌面图标设置对话框中选中需要显示的桌面图标，单击确定按钮，在返回到桌面后，就可以看到常用的系统图标了。

图2-2　控制面板个性化窗口

图2-3　桌面图标设置对话框

⋙ 动手做 3　认识开始菜单

Windows 7 提供一个增强的开始菜单，这个开始菜单将经常使用的文件和应用程序组织在一起，以便快速方便地进行访问。用鼠标左键单击桌面左下角开始按钮或者按下键盘上位于 Ctrl 和 Alt 键之间的 Windows 键，则屏幕上就会显示出 Windows 7 的开始菜单，如图 2-4 所示。

"开始"菜单由用户账户、程序列表、常用文件夹、所有程序菜单、搜索文本框以及关闭计算机区域 6 部分组成，其中程序列表分为默认程序列表和动态程序列表。

- 用户账户：用户账户显示的是当前登录用户的账户名称，通过该账户按钮用户可以方便地对本地账户进行管理。
- 默认程序列表：这里显示了用于浏览网页和收发电子邮件的系统默认程序，可以通过设置进行更改。

- **动态程序列表**：在默认程序列表下方显示了曾经运行过的程序名称，Windows 7 默认记录最近运行过的 10 个程序，随着新运行程序的增加，将替换 10 个程序中最早的一个，依次向下滚动显示。因此对于经常启动的程序，一般都可以直接从这里启动。
- **"所有程序"菜单**：如果单击该菜单或将光标指向该菜单，稍后即可展开其子菜单，其中显示了系统自带的很多实用程序，以及用户自己安装的各种应用程序。"所有程序"菜单的使用频率是非常高的，启动各种应用程序都是从这里开始的。
- **"开始搜索"文本框**：这是 Windows 7 的一大功能，可以直接在"开始"菜单的"开始搜索"文本框中对程序或各种文档进行搜索，并可对搜索结果进行查看或启动所需的程序。
- **常用文件夹**："开始"菜单的右半部分显示了计算机中常用的文件夹名称，主要包括当前登录系统的用户文件夹，以及计算机、网络、控制面板和默认程序等文件夹。单击这些文件夹名称可直接打开相应的窗口进行相关的操作。
- **关闭、注销计算机区域**：这部分按钮主要用来改变计算机的当前状态，如让计算机进入睡眠、休眠、锁定状态或切换注销当前登录的用户以及关机等功能。

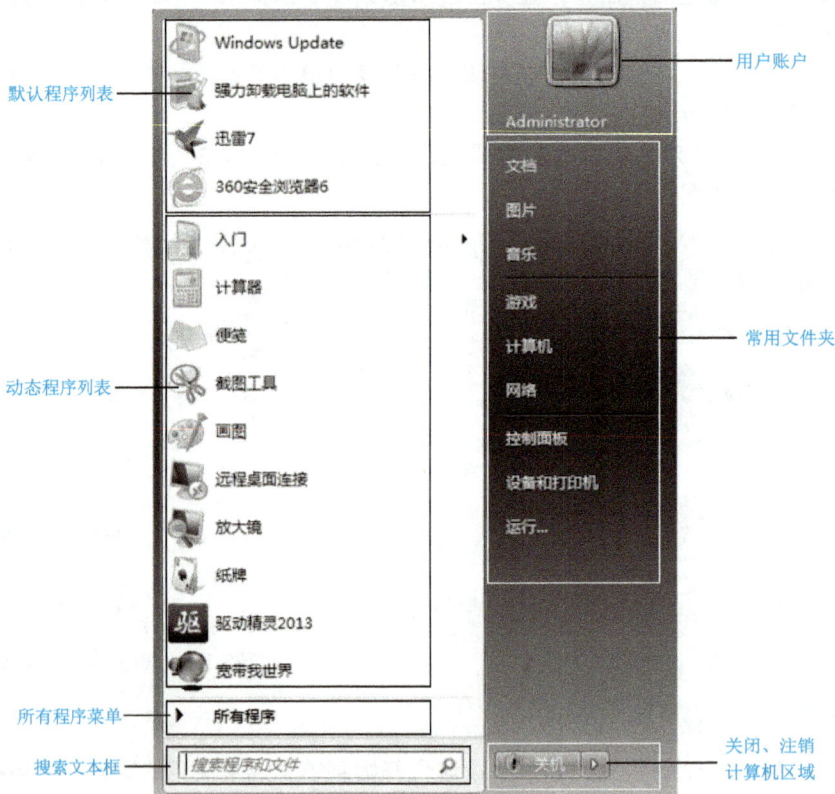

图2-4　开始菜单

在"开始"菜单的"所有程序"菜单中，新安装的程序用突出显示来表示，因此用户很容易看出哪些程序是新安装的程序，哪些是以前安装的程序。

动手做 4　认识任务栏

初始的任务栏在屏幕的底端，具体包括"开始"菜单、快速启动栏、任务栏按钮、任务栏空白区域、输入法和通知区域 6 个部分，如图 2-5 所示。

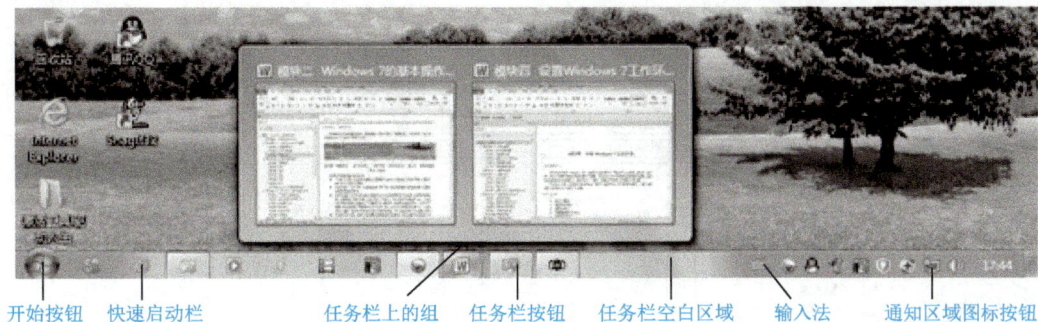

开始按钮　　快速启动栏　　　　　　任务栏上的组　任务栏按钮　　任务栏空白区域　　输入法　　通知区域图标按钮

图2-5　任务栏

任务栏的各组成部分功能如下。

- **"开始"按钮**：在任务栏的最左边是带有 Windows 7 标志的"开始"按钮，单击该按钮打开"开始"菜单。
- **快速启动栏**：在"开始"按钮的右侧，可以将一些经常使用的程序的快捷方式图标添加到快速启动栏中。
- **任务栏按钮**：任务栏用于显示系统中正在运行的程序和打开的窗口、当前时间等任务。如果启动了某个任务（如打开了一个窗口），那么任务栏中就会产生一个与之对应的任务按钮。如运行了"计算器"这个程序时，任务栏中就会出现一个名为"计算器"的任务按钮。如果启动了多个任务，那么在任务栏中就会产生多个一一对应的任务按钮，通过单击任务栏上的不同任务按钮，可以在启动的任务中进行切换。
- **任务栏空白区域**：没有任何可操作元素的任务栏的区域，右击任务栏空白区域，在弹出的菜单中通常可以对任务栏进行一些设置。
- **输入法**：选择输入语言的方法。
- **通知区域**：该区域包括网络状态、时钟以及一些显示计算机设置状态或特定程序的图标。

默认设计中，在 Windows 7 中采用了工作组的方法扩充任务栏，从而也使得管理上更为方便、简洁。工作组方案就是同一类型的程序放在一起，例如，把 Word 文件组合在一起，Internet Explorer 视窗组合在一起，Windows 7 会以卷动式功能表来收藏它们。如果要切换的应用程序存在于组中，单击任务栏中组的下拉箭头将会显示出该组中所有程序的列表，单击相应的图标即可切换到相应的应用程序。

教你一招

　　除了通过单击任务栏按钮切换应用程序之外，用户还可以使用快速切换键 Alt+Tab 组合键来切换。例如，如果同时打开了文件夹、Word 文档、幻灯片 PowerPoint，而在全屏放映幻灯片时看不见任务栏，如果要切换到其他打开的文件夹或运行的程序，使用 Alt+Tab 组合键来切换非常方便。

≫ 动手做 5　认识窗口

窗口是屏幕上的一个长方形区域，用户可以在窗口中查看程序、文件、文件夹、图标或者在应用程序窗口中建立自己的文件。例如，在桌面上双击计算机图标，打开如图 2-6 所示的计算机窗口。在 Windows 7 中所有的窗口都具有相同的基本构造，对它们的操作也是一样的，这样用户可以方便地管理自己的工作，这里以计算机窗口为例简单介绍一下窗口的构成。

图2-6　计算机窗口

在每一个窗口都会有最大化■、最小化■、关闭按钮⊠，使用这三个按钮可以迅速改变窗口的大小。

- 单击最大化按钮，可以将窗口放大到最大尺寸。
- 单击最小化按钮，可以将窗口缩小为任务栏上的一个按钮。
- 单击关闭按钮，可以将当前窗口关闭。
- 当窗口变为最大化后，用户可以看到最大化按钮变为■，这就是还原按钮，单击该按钮窗口又恢复为最大化前的大小。

有时候使用最大化按钮和还原按钮得到的窗口尺寸不符合特定的要求，此时用户可以使用鼠标拖动窗口的边框改变窗口的尺寸。将鼠标放到窗口边框的不同位置鼠标会显示为不同的情况：

- 将鼠标指针定位在窗口的上下边框时，鼠标指针会变为垂直的双向箭头，此时按住鼠标左键不放拖动鼠标可以改变窗口的高度。
- 将鼠标指针定位在窗口两侧的边框时，鼠标指针会变为水平的双向箭头，此时按住鼠标左键不放拖动鼠标可以改变窗口的宽度。
- 将鼠标指针定位在窗口边框的任意一个角时，鼠标指针会变为斜线双向箭头，此时按住鼠标左键不放拖动鼠标可以改变窗口的高度和宽度。

动手做6　认识对话框

在 Windows 环境下，当用户执行某些操作时，系统会出现一个临时窗口，在该临时窗口中会出现一些选项或者一些提示供用户进行选择，这种临时窗口称为对话框，如图 2-7 所示。

对话框可以移动，但是不能改变大小。对话框标题栏的右上角有两个按钮，一个是关闭⊠按钮，单击它可以关闭对话框；另一个是帮助❓按钮，单击它用户可以获得对话框中有关选项的帮助信息。

一个典型的对话框通常由以下对象元素组成。

- 命令按钮：单击命令按钮，能够完成该按钮上所显示的命令功能。例如，确定、修改、取消等。

- **列表框**：在一个对话框中有时会出现一个方框，并在右边有一个向下的箭头标志▼，当用户单击该方框时，就会出现一个具有多项选择的列表，用户可以从中选择一个选项，这一类列表称为列表框。

- **复选框**：有时，在一个对话框中会列出多项的选择选项，用户可以在其中选择一项或多项，这一类对话框称为复选框。在复选框中单击某一个项目时，在该选项前面的方框中将出现一个对号标志，表示该选项已被选中。如果要取消所选中的项目，只需再次单击该选项即可。

- **单选按钮**：在某些项目中有若干个选项，其标志是前面有一个圆环，当用户选中某个选项时，出现一个小实心圆点表示该选项被选中。在单选按钮选择项中，只能选中其中一项，这和复选框是不同的。

- **输入框**：在输入框中单击鼠标时会出现插入点，用户可以直接在输入框中输入文字或文本信息。

- **选项卡**：对话框中的选项设置可能会很多，选项卡是对对话框中功能的进一步分类，它将对话框中的选项设置分为不同的子功能放到一个选项卡页面。如果用户希望设置不同的子功能，可以单击该类别的选项卡进入相应的页面进行设置。

- **数值选择框**：由一个文本框和一对方向相反的箭头组成，单击向上或向下的箭头可以增大或减小文本框中的数值，也可以直接从键盘上输入数值。

- **帮助按钮**：单击帮助按钮，打开帮助窗口，用户可以在窗口中查找帮助信息。

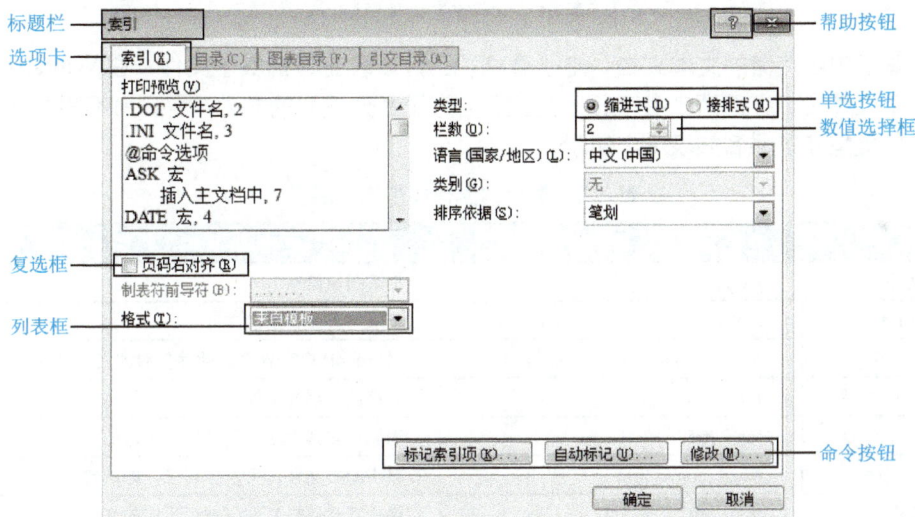

图 2-7 对话框界面

✦ 动手做 7 退出系统

当用户在计算机上的操作完毕后，可以正确地将它关闭。在开始菜单中单击关机命令，系统将停止运行，保存当前的设置并自动关闭电源。

项目任务 2-3 文件与文件夹常用操作

计算机中的数据（各类应用程序、文档、图片、音频、视频、网页等）以文件的形式存放在磁盘、光盘、闪存盘等存储器中，相关的文件可以整理在一起保存在文件夹中。

动手做 1　认识文件

文件是计算机存储数据、程序或文字资料的基本单位，是一组相关信息的集合。文件在计算机中采用"文件名"来予以识别。

为了区分不同的文件，用户必须给每个文件命名，计算机对文件实行按名称存取的操作方式。文件名通常由主文件名和扩展名两部分组成，中间由小圆点间隔，一个完整的文件名可以用"主文件名扩展名"表示。主文件名即文件的名称，扩展名表示文件的类型，如"来访记录.xlsx"，其主文件名为"来访记录"，扩展名为".xlsx"。

在 Windows 7 中，文件用文件名和图标来表示，如图 2-8 所示，同一类型的文件具有相同的图标。

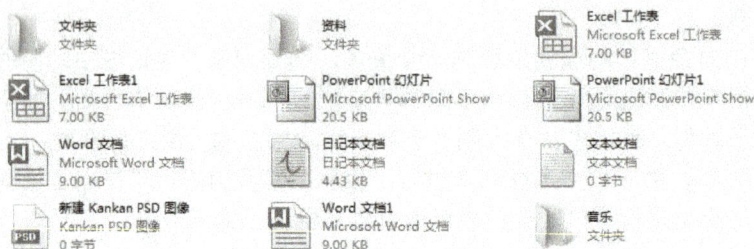

图2-8　文件名和文件图标

在计算机中，存储的文本文档、电子表格、图片、歌曲等都属于文件。在 Windows 7 中不允许同一个文件夹中存储两个名字相同的文件，为了区分不同的文件，需要为不同的文件命名，常用的文件类型和扩展名如表 2-2 所示。

表 2-2　常用的文件类型和扩展名

文 件 类 型	扩 展 名	备 注
图像文件	.jpeg、.bmp、.gif、.tif	记录图像信息
声音文件	.mp3、.awv、.wma、.mid	记录声音和音乐的文件
Office 文档	.docx、.doc、.xls、.xlsx、.ppt	Microsoft Office 办公软件使用的文件格式
文本文件	.txt	只存储文字的文件
字体文件	.fon、.ttf	为系统和其他应用程序提供字体的文件
可执行文件	.exe、.com、.bat	双击此类文件，可执行程序，如游戏
压缩文件	.rar、.zip	由压缩软件将文件压缩后形成的文件
网页动画文件	.swf	可用浏览器打开，是互联网上常用的文件
PDF 文件	.pdf	Adobe Acrobat 文档
网页文件	.html	Web 网页文件
动态链接库文件	.dll	为多个程序共同使用的文件
视频文件	.avi、.rm、.flv、.mov、.mpeg	记录动态变化的画面，同时支持声音记录

从大的方面来说，文件可以分为两种：程序文件和非程序文件。当用户选中程序文件，用鼠标双击或按下回车键后，计算机就会打开程序文件，而打开程序文件的方式就是运行它。当用户选中非程序文件，用鼠标双击或按下回车键后，计算机也会试图打开它，而这个打开方式就是用特定的程序去打开它。用什么特定程序来打开，决定于这个文件的类型。

☼ 动手做 2　认识文件夹

在 Windows 7 中，文件一般存储在文件夹中，文件夹又可以存储在其他文件夹中，这样形成层次结构，Windows 7 以文件夹形式组织文件。通过盘符、文件夹名和文件名可查找到文件所在的位置，这种位置表示方法也称为文件夹或文件的路径。这些路径最后形成树状目录结构。如果要把一个文件的位置表示清楚，可以使用"路径＋文件名"的形式，例如，C 盘中"系统"文件夹下的"System.sys"文件可以表示为"C:\系统\System.sys"。

在 Windows 7 中，文件和文件夹的命名规则如下：

- 文件名和文件夹名不能超过 255 个字符（一个汉字相当于两个字符），所以最好不要使用很长的文件名。
- 文件名或文件夹名不能使用以下字符："/"、"\"、"|"、":"、"? "、""""、"*"、"<"和">"。
- 文件名和文件夹名不区分大小写的英文字母。
- 文件夹通常没有扩展名。
- 可以使用多分隔符的文件名，如"A.B.C"。
- 查找和显示文件名时可以使用通配符"*"和"? "，前者代表所有字符，后者代表一个字符。

提示

在操作文件夹时用户还需要注意"系统文件夹"，所谓"系统文件夹"可以简单地理解为"存储了Windows 7 操作系统本身文件的文件夹"（如 C:\Windows 等）。这样的文件夹一般只能看看，不能对里面的任何文件、文件夹进行删除操作，否则很容易导致系统因文件受损而崩溃，使计算机无法正常使用。

☼ 动手做 3　选定文件或文件夹

用户在操作文件与文件夹时，首先要选定该文件，Windows 系统提供了多种选定文件与文件夹的方法。

如果要选取单个文件或文件夹直接用鼠标单击目标文件或文件夹即可，被选中的文件或文件夹以高亮显示。

如果要选定连续的文件和文件夹首先单击要选定的第一个文件或文件夹，然后在按住 Shift键的同时单击要选定的最后一个文件或文件夹，则在这两个选择对象之间的文件或文件夹都被选中，并以高亮显示。用户也可以按住鼠标左键不放然后拖动选中连续的文件或文件夹。

如果选中的文件不是连续文件则可以借助 Ctrl 键来选择，首先单击要选定的第一个文件或文件夹，然后按住 Ctrl 键分别单击要选中的文件，即可选中不连续的文件。

教你一招

如果要选中全部文件，可以执行编辑菜单中的全选命令；也可以通过按 Ctrl+A 组合键来执行全部选定操作。

📖 **提示**
　　如果要取消选定的文件，在屏幕空白区域的任意地方单击鼠标，就可以看到选中文件的标志消失了。

≫ 动手做 4　创建文件夹

　　有些文件夹是在安装程序时自动创建的。例如，在安装 Office 2010 中文版时，安装程序在磁盘驱动器上建立一个文件夹，并将 Office 2010 中文版文件放在该文件夹中。

　　为了将文件按照类或一定的关系组织起来，用户可根据需要自己创建新的文件夹，然后将同一类别的文件放到一个文件夹中，这样可以使自己的文件系统更加有条理。用户可以在文件夹树中的任意位置创建文件夹。

　　例如，小王要在 D 盘中创建一个"接待文件"的新文件夹，然后在新文件夹中创建一个来访接待记录的文件，具体步骤如下：

　　（1）双击桌面上的计算机图标，打开计算机窗口。在计算机窗口打开要在其中创建新文件夹的文件夹，如这里双击 D 盘图标打开 D 盘。

　　（2）在空白处单击鼠标右键，在弹出的菜单中选择新建命令，打开新建子菜单，如图 2-9 所示。

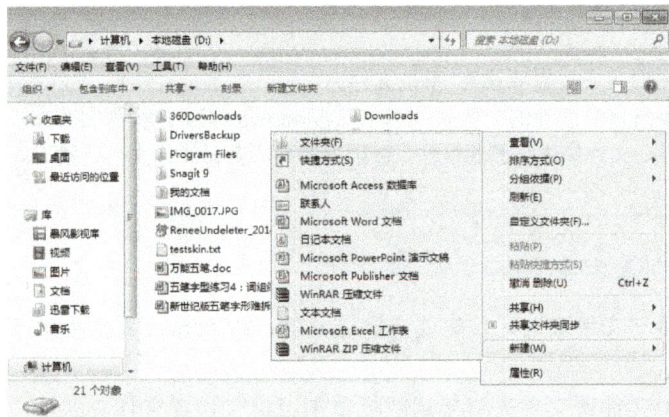

图2-9　新建子菜单

　　（3）在子菜单中选择文件夹命令，或者单击工具栏上的新建文件夹按钮，这时在窗口中会出现一个新的文件夹并标有新建文件夹字样。

　　（4）用户可以输入新文件夹的名字，如输入"接待文件"然后按回车键或在空白处单击鼠标。

　　（5）双击 D 盘中的"接待文件"图标打开"接待文件"文件夹。

　　（6）在空白处单击鼠标右键，在弹出的菜单中选择新建命令，打开新建子菜单，在子菜单中选择 Microsoft Excel 工作表命令，这时在窗口中会出现一个新的文件夹并标有新建 Microsoft Excel 工作表字样。

　　（7）用户可以输入新文件的名字，如输入"来访接待记录"，然后按回车键或在空白处单击鼠标。

≫ 动手做 5　重命名文件与文件夹

　　文件或文件夹重命名是合理管理文件的有效手段之一。例如，用户要移动一个文件，在目标文件夹中存在一个同名文件并且又不能将它覆盖，此时用户可以先将文件重命名然后再进行移动的操作。

重命名文件或文件夹的具体步骤如下：

（1）选中要重命名的文件或文件夹，这里选中刚才创建的"来访接待记录"文件。

（2）选择文件菜单中的重命名命令，或者在选中的文件或文件夹上单击鼠标右键，在出现的快捷菜单中选择重命名命令，此时可以看到被选中的文件或文件夹的名字呈高亮显示。

（3）输入一个新的名称，这里输入"来访记录"，按回车键完成操作，如图 2-10 所示。

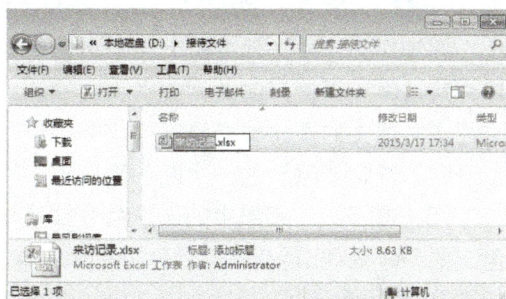

图 2-10　重命名文件

注意

如果文件正被使用，则系统不允许对文件进行重命名；一般情况下不要对系统文件或重要的安装文件进行移动、重命名操作，以免系统运行不正常或程序被破坏。

动手做 6　移动或复制文件与文件夹

移动文件或文件夹就是将当前位置的文件或文件夹移到其他位置，在执行该操作后原位置的文件或文件夹将被删除。移动文件与文件夹的目的是将分散在不同文件夹下的同类文件组织到一起，使磁盘上的文件更加易于管理，方便操作。

例如，在计算机窗口中将 D 盘中的"接待文件"文件夹移到 F 盘中，具体步骤如下：

（1）在 D 盘窗口中选中要移动的"接待文件"文件夹。

（2）选择编辑菜单中的剪切命令或按 Ctrl+X 组合键。

（3）在计算机窗口中进入 F 盘。

（4）选择编辑菜单中的粘贴命令或按 Ctrl+V 组合键，即可将选中的文件移到目标文件夹中。

如果选择编辑菜单中的复制命令或按 Ctrl+C 组合键，然后再选择编辑菜单中的粘贴命令或按 Ctrl+V 组合键，则执行复制的操作。

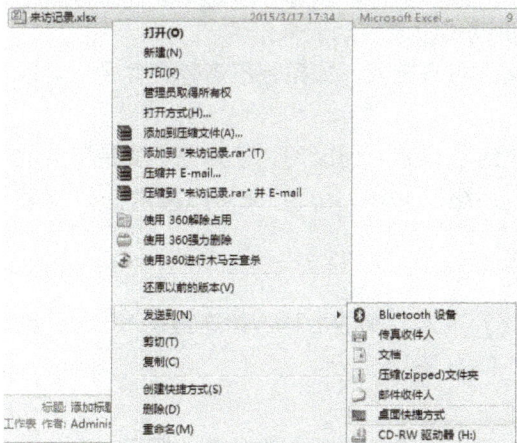

图2-11　创建桌面快捷方式

动手做 7　创建快捷方式

对于经常使用的文件或文件夹，用户可以通过创建快捷方式，并把此快捷方式放到桌面上，来实现快速访问。

例如，要为"来访记录"文件在桌面上创建快捷方式，具体步骤如下：

（1）在"来访记录"文件上单击鼠标右键，打开一个快捷菜单。

（2）在弹出的快捷菜单中选择发送到→桌面快捷方式命令，如图 2-11 所示。

这时，在桌面上就可以看到"来访记录"文件的快捷方式了，双击该快捷方式就可以快速访问"来访记录"文件。

⚙️ 动手做 8　删除文件与文件夹

在管理文件或文件夹时为了节省磁盘空间，用户可以将不再使用的文件或文件夹删除。删除文件或文件夹的具体步骤如下：

（1）选定要删除的一个或一组文件。

（2）选择文件菜单中的删除命令或直接按键盘上的 Del 键，出现确认文件删除的消息询问框，如图 2-12 所示。

图2-12　"删除文件夹"对话框

（3）如果要删除则单击是按钮，如果不打算删除则单击否按钮，取消操作。

📘 注意

不要随意删除系统文件或其他重要程序中的主文件，如果一旦删除了这些重要文件可能导致程序无法运行或系统出故障。另外，在 Windows 7 中安装的应用程序、游戏等组件，如果需要删除，不要直接删除其中的文件或文件夹，应该使用应用程序的"卸载"功能或通过控制面板中的"添加或删除应用程序"进行删除操作。

📘 提示

在 Windows 7 中的这种删除操作并不是将文件真正地删除，只是将它们放到了回收站中。如果在执行删除操作命令的同时按住 Shift 键，则被删除的项目不会被放到回收站中，而是被永久删除。

⚙️ 动手做 9　搜索文件与文件夹

计算机使用的时间一长，积累的各种文件也很多。查找文件时如记不清存放在哪个磁盘，甚至文件名也记不全，那么可以使用 Windows 7 提供的"搜索"功能来帮忙。

在查找文件时如果用户知道文件名，可以使用文件名来查找，如果记不清楚文件名，可以使用部分文件名或文件中的一个字或词组来查找。

例如，小王下载了一个万能五笔的安装程序存放到了 D 盘，但时间久了她记不清楚下载的文件名，而因为万能五笔安装程序是安装文件，它的后缀是 .exe，因此小王可以搜索在 D 盘驱动器中所有扩展名为 .exe 的文件，基本方法如下：

（1）打开计算机窗口，双击 D 盘图标进入 D 盘。

（2）在地址栏右侧的搜索框中输入想要搜索的文件或文件夹的名称，如这里输入 .exe，则 Windows 7 自动开始搜索，并将查找的结果列出来，如图 2-13 所示。

（3）在结果列表中寻找万能五笔安装文件。

（4）如果要保存搜索结果，在搜索结束后，单击工具栏上的保存搜索命令，打开另存为对话框，利用另存为对话框用户可以保存搜索到的结果。

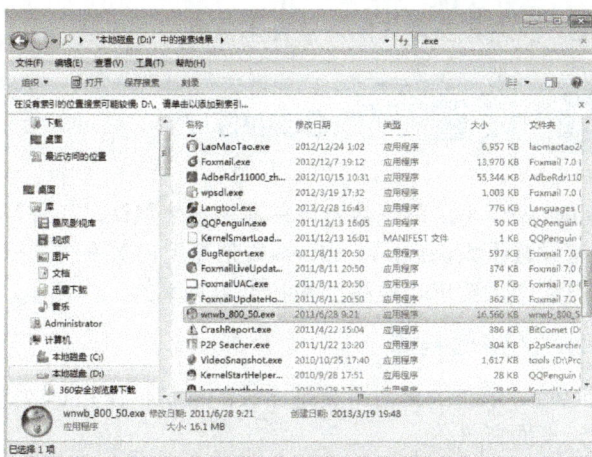

图2-13　搜索结果

提示

　　计算机窗口中的搜索框仅在当前目录中搜索，只有在根目录"计算机"下才会以整台计算机为搜索范围。例如，进入 D 盘目录下，使用搜索栏进行搜索，则系统只在 D 盘中搜索目标文件。如果想在某个特定文件夹中搜索文件，应首先进入此文件夹目录下，然后在搜索框中输入关键字搜索。

⟫ 动手做 10　以不同方式显示文件

　　打开文件夹查看其中的文件时，用户可以按自己的需要来改变文件和文件夹的查看方式，使用不同的查看方式可以收到不同的效果。

　　在计算机窗口中单击工具栏上更改您的视图按钮右侧的更多选项下三角箭头，出现一个下拉菜单，如图 2-14 所示。

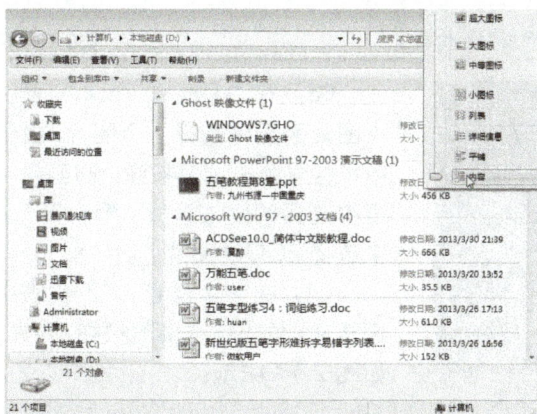

图2-14　选择文件和文件夹的查看方式

　　在菜单中列出了 Windows 7 提供的八种查看方式：超大图标、大图标、中等图标、小图标、列表、详细信息、平铺和内容。Windows 7 默认的是列表方式查看文件。

　　详细信息查看方式是详细列出每一个文件和文件夹的具体信息，包括大小、修改日期和文件类型。图标查看方式则是以图标的形式显示文件和文件夹，平铺和列表两种查看方式，则是按行和列的顺序放置文件和文件夹。

内容查看方式则会显示文件或文件夹的一些基本信息。

项目任务 2-4 ▶ 设置 Windows 7

用户在初次进入 Windows 7 后，系统会为用户提供一个默认的工作环境。由于各人的习惯、爱好不同用户可能对原有设置不太满意，Windows 7 允许用户对系统进行设置。通过各种设置，用户可以得到一个更加符合个人要求、提高工作和学习效率的工作环境。

⋙ 动手做 1　自定义桌面背景

默认情况下，Windows 7 系统的桌面背景是微软的徽标，用户可以选择一幅自己喜爱的图片或更为绚丽的图案作为桌面背景。

例如，这里将公司的 LOGO 作为桌面背景，具体步骤如下：

（1）在桌面的空白处单击鼠标右键，在弹出的快捷菜单中选择个性化命令，打开控制面板个性化窗口，如图 2-15 所示。

（2）单击桌面背景选项，打开桌面背景窗口，如图 2-16 所示。

图2-15　控制面板个性化窗口

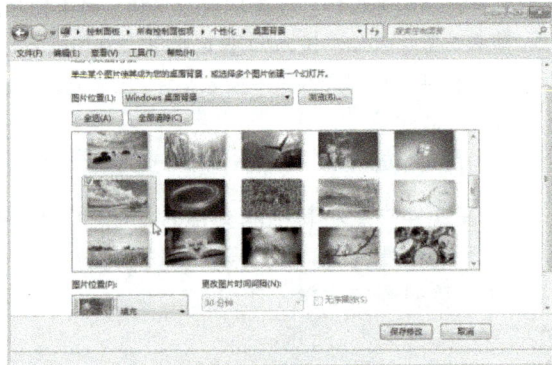

图2-16　桌面背景窗口

图2-17　更改桌面背景的效果

（3）在图片位置（L）列表中选择图片的位置，然后在图片列表中选择一个图片。由于图片存放在素材文件夹中，这里单击浏览按钮，打开浏览文件夹对话框，在对话框中选择案例与素材\模块 02\素材文件夹，在图片列表中选择 LOGO 图片。

（4）在图片位置（P）列表中选择图片的位置，如选择填充，单击保存修改按钮，则桌面背景变为选定的图片，如图 2-17 所示。

📖 **注意**

如果所选背景图片的尺寸符合桌面尺寸，那么在图片位置（P）下拉列表中选择的选项将毫无意义；只有在背景图片的尺寸大于或小于桌面尺寸时，在图片位置（P）下拉列表中的选项才能体现出具体的效果。

📖 **提示**

⬤ ⬤ ⬤

　　用户还可以设置桌面背景图片的模式为放映幻灯片模式。在图片列表中选中多张背景图片，然后在更改图片时间间隔列表中选中切换图片的时间间隔，如选中无序播放复选框，则背景图片无序播放，若取消该复选框的选中状态，则图片按照排列的顺序依次播放。

⠿ 动手做 2　设置 Aero 效果

　　Aero效果是Windows 7中的高级视觉效果功能，其特点是具有透明的磨砂玻璃效果、精致的窗口动画和新窗口颜色。

　　在启用 Aero 效果的 Windows 7 中，任务栏、开始菜单、窗口边框都会具有半透明的磨砂玻璃的效果。用户可以修改 Aero 效果下窗口等处的颜色，具体操作步骤如下：

　　（1）在桌面的空白处单击鼠标右键，在弹出的快捷菜单中选择个性化命令，打开控制面板个性化窗口。

　　（2）单击窗口和颜色选项，打开窗口颜色和外观窗口，如图 2-18 所示。

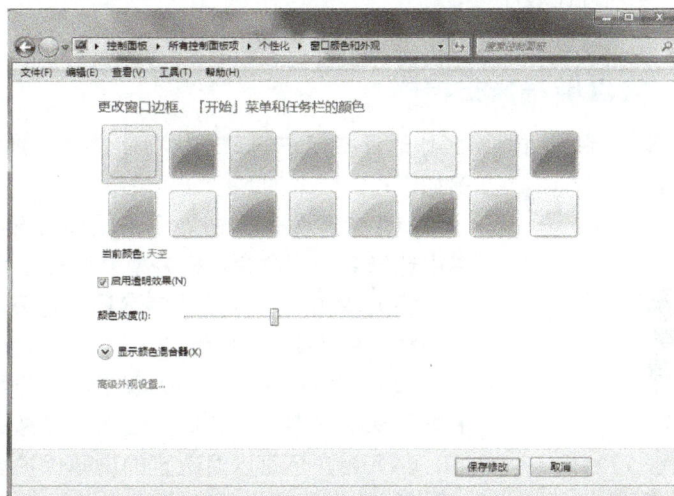

图 2-18　窗口颜色和外观窗口

　　（3）在颜色列表中单击任一种颜色窗格后，当前窗格的颜色将即时发生相应的变化。

　　（4）通过左右拖动颜色浓度的滑块，可以调节所选颜色的浓度。单击显示颜色混合器，在展开的界面中用户还可以做进一步的设置。

　　（5）如果取消启用透明效果复选框的选中状态，则取消透明效果。

　　（6）完成颜色的调整后，单击保存修改按钮。

⠿ 动手做 3　设置屏幕分辨率

　　屏幕的分辨率是指屏幕所支持的像素的多少，它决定了屏幕上显示内容的多少。

　　设置屏幕分辨率的具体步骤如下：

　　（1）在桌面的空白处单击鼠标右键，在弹出的快捷菜单中选择屏幕分辨率命令，打开屏幕分辨率窗口，如图 2-19 所示。

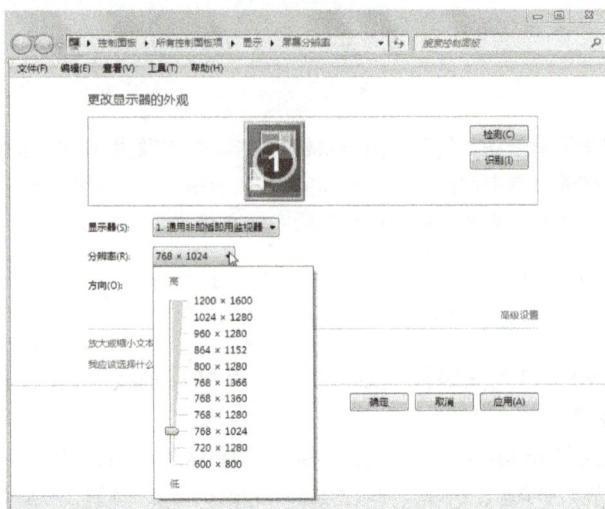

图2-19　设置屏幕分辨率

（2）单击分辨率右侧的按钮，在列表中拖动滑块可以改变屏幕的分辨率。分辨率高，在屏幕上显示的项目多，但尺寸比较小。

（3）设置完毕单击确定按钮。

动手做4　设置屏幕保护程序

屏幕保护程序可以在用户暂时不工作时保护用户的工作状况，设置屏幕保护的具体操作步骤如下：

图2-20　设置屏幕保护程序

（1）在桌面的空白处单击鼠标右键，在弹出的快捷菜单中选择个性化命令，打开控制面板个性化窗口。

（2）单击屏幕保护程序选项，打开屏幕保护程序设置对话框，如图2-20所示。

（3）在屏幕保护程序列表中，用户可以选择一个喜爱的屏幕保护程序，如选择三维文字屏幕保护程序。

（4）用户还可以对选定的屏幕保护程序进行设置，单击设置按钮，打开设置对话框，在对话框中用户可以对三维文字的文字、字体、旋转类型等进行具体的设置。设置对话框会根据用户选用的保护程序项的不同而不同。

（5）在等待文本框中输入时间，在该段时间内，如果计算机没有接收到外部的激励，即没有对计算机进行操作，屏幕保护程序就会自动运行起来。用户可以在输入框中输入或者单击它旁边的微调按钮选择时间，时间的单位为分钟，最小反应时间为1分钟，系统默认的值为10分钟。

（6）单击预览按钮，则可以看到屏幕保护程序的预览效果，随便动一动鼠标，消除屏幕保护，返回到显示属性对话框中。

（7）如果选中在恢复时显示登录屏幕复选框，则在返回原来的屏幕时会出现解除计算机锁定对话框，只有在对话框中输入用户的密码才能返回原来的屏幕。

（8）设置完毕，单击确定按钮。

⁂ 动手做 5　设置系统时间

在 Windows 7 中，系统会自动为存档文件标上日期和时间，以供用户检索和查询。在用户向其他计算机发送电子邮件时，系统也将在邮件中标上本机所设置的日期和时间。

在 Windows 7 的任务栏右侧显示了当前系统的时间，当系统时间和日期不准确时或在特定情况下，用户可以更改系统的时间和日期。

设置系统日期和时间的具体步骤如下：

（1）单击任务栏右侧的时钟图标，打开日期和时间界面。

（2）单击更改日期和时间设置选项，打开日期和时间对话框，如图 2-21 所示。

（3）单击更改日期和时间按钮，打开日期和时间设置对话框，如图 2-22 所示。

图2-21　日期和时间对话框　　　　　　图2-22　日期和时间设置对话框

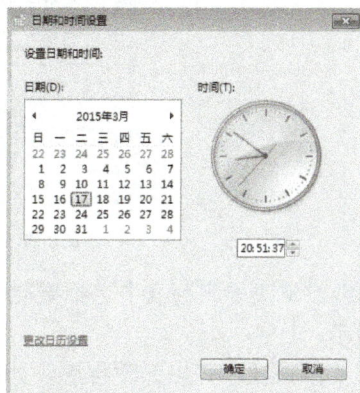

（4）在日期区域用户可以设置当前日期，分别指定年、月、日。

（5）在时间选项区域，非常形象地以钟表的形式显示了系统时间，在其下的输入框中，可以指定当天的准确时间，从左至右依次为小时、分、秒。

（6）设置完毕单击确定按钮。

⁂ 动手做 6　应用软件的安装与卸载

绝大部分应用软件的安装过程是大致相同的。有些较大型的软件如 Delphi、Visual C++等，它们的安装过程需要较多的步骤，用户应该比较清楚每一步的作用和注意事项，相对来说会比较烦琐；而很多中小型软件如办公软件、Windows 管理软件等，它们的安装过程就相对简单得多。

一般来说，应用软件的安装启动有两种方式：一种是从光盘直接安装，当把某个应用程序的安装盘放到光驱中后系统会自动启动安装程序；另一种是通过双击相应的安装图标，一般名称为"Setup"或者"Installation"，双击这样的安装图标同样也可以启动安装程序。另外还有一些程序通过双击该应用软件的图标就可启动安装程序。

启动安装程序，进入欢迎界面，然后按照向导一步一步进行操作。在安装过程中用户只要能够理解向导中每一步骤的安装作用，正确设置其中的选项，就一定可以顺利地将所需要的应用软件安装成功。在安装成功后计算机会给出提示，表示安装成功，有些软件在安装成功后需要重启计算机才能生效。如果安装不成功，计算机也会给出提示，用户可以根据提示重新安装。

对于那些不再使用的应用程序，用户可以将其卸载，以释放更多的磁盘空间。卸载应用程序的具体步骤如下：

（1）在开始菜单中单击控制面板选项，打开控制面板窗口。

（2）在控制面板窗口的查看方式列表中选择小图标的查看方式。在控制面板窗口中单击程序和功能选项，打开程序和功能窗口，如图 2-23 所示。

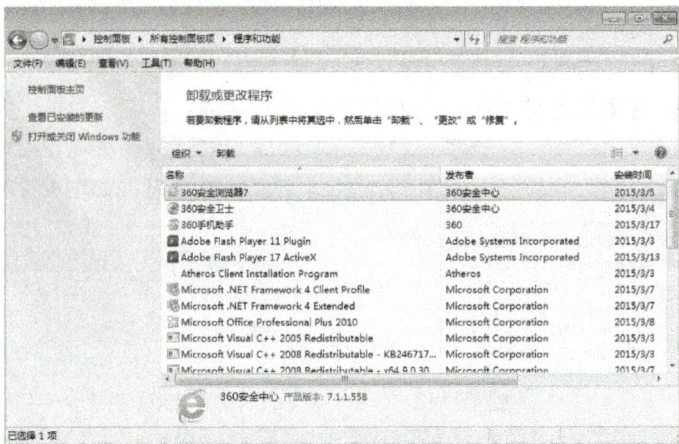

图2-23　程序和功能窗口

（3）在卸载或更改程序列表中选择要删除的应用程序，单击卸载/更改或卸载按钮，系统会给出相应的提示。

（4）单击卸载按钮，开始卸载程序，如果单击取消按钮，则取消卸载。

教你一招

有些应用程序存在于开始菜单的软件包中，有一个卸载程序，如图 2-24 所示，单击这个程序，就可启动该应用软件的卸载程序。

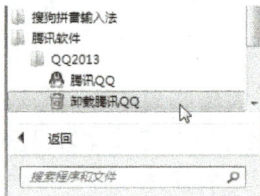

图 2-24　在开始菜单中卸载程序

项目任务 2-5　用户账户管理

Windows 7 是一个多用户多任务的操作系统，它允许每个使用计算机的用户拥有自己的专用工作环境。每个用户都可以为自己建立一个用户账户并设置密码，只有正确输入用户名和密码之后，才能进入系统。每个账户登录后都可以对系统进行自定义设置，这样使用同一台计算机的用户也是相互独立的。

动手做 1　新建用户账户

在安装系统时必须创建一个管理员账户才能使用计算机，如果一台计算机有多个用户使用，计算机管理员可以创建新的账户。

创建账户的具体步骤如下：

（1）在开始菜单中单击控制面板选项，打开控制面板窗口，在查看方式列表中选择小图标，然后单击用户账户选项，打开用户账户窗口，如图 2-25 所示。

（2）单击管理其他账户选项，打开管理账户窗口，如图 2-26 所示。

图2-25　用户账户窗口　　　　　　　　　　图2-26　管理账户窗口

（3）单击创建一个新账户选项，打开创建新账户窗口，在文本框中输入新账户的名称，如前台，然后再选择新账户的类型，如选中标准用户单选按钮，如图 2-27 所示。

（4）设置完毕单击创建账户按钮，返回到管理账户窗口，将创建名为"前台"的用户账户，如图 2-28 所示。

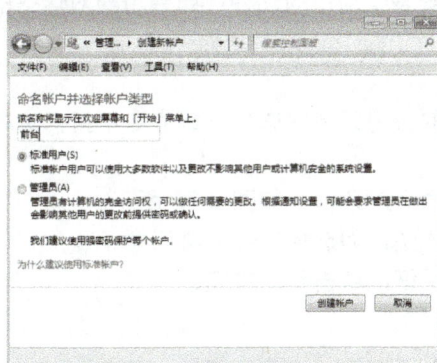

图2-27　创建新账户窗口　　　　　　　　　图2-28　创建新用户账户

动手做 2　更改账户

计算机管理员有权更改自己和其他用户账户的有关信息，并且可以删除账户，而标准账户只能更改自己账户的信息。

更改账户的基本方法如下：

（1）如果用户是以计算机管理员身份登录的，则在控制面板中打开用户账户窗口，单击管理其他账户选项，打开管理账户窗口，单击要修改的用户账户，如"前台"，打开更改账户窗口，如图 2-29 所示。

（2）在窗口中用户可以根据要更改的具体信息单击相应的选项，在出现的对话框中用户可以进行具体的修改。如这里单击创建密码选项，打开创建密码窗口，如图 2-30 所示。

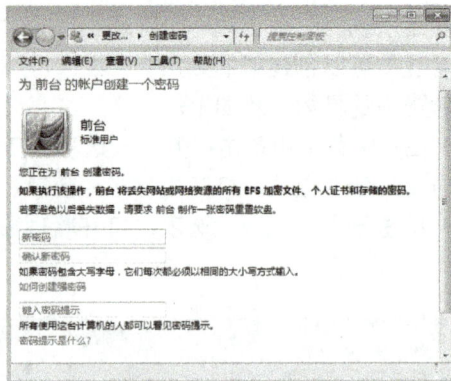

图2-29　更改账户窗口　　　　　　　图2-30　创建密码窗口

（3）输入密码，然后单击创建密码按钮，返回更改账户窗口，密码创建成功，用户可以继续更改账户的其他设置。

项目任务 2-6　中文输入法的使用

计算机要进行汉字处理，必须解决好汉字的输入问题。20 世纪 80 年代以来，计算机汉字输入技术获得了重大突破，各种输入法百花齐放，通过计算机进行汉字处理变得相当方便。

动手做 1　输入法的安装与删除

Windows 7 自带了多种中西文输入法，但是只安装了常用的几种，如果用户对这些输入法不习惯，可以安装自己习惯的输入法。

安装输入法的具体步骤如下：

（1）在语言栏图标上单击鼠标右键，在出现的快捷菜单中选择设置命令，打开文本服务和输入语言对话框，如图 2-31 所示。

（2）在对话框中单击添加按钮，出现添加输入语言对话框，如图 2-32 所示。

（3）在中文（简体，中国）列表中选择一种输入法，如选择简体中文双拼。

（4）单击确定按钮回到文本服务和输入语言对话框，单击确定按钮。

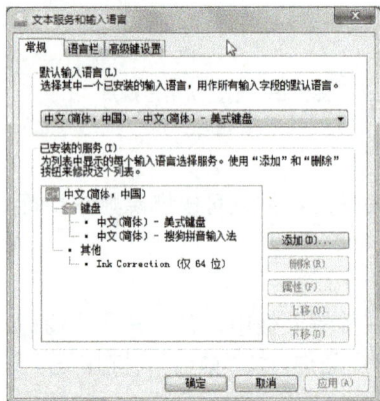
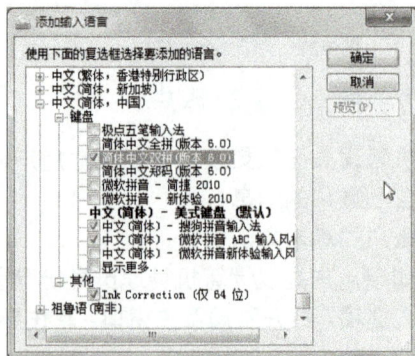

图2-31　文本服务和输入语言对话框　　　　图2-32　添加输入语言对话框

> **提示**
>
> 这种安装方法只能安装 Windows 7 自带的输入法，如果要安装其他的输入法，如五笔、搜狗拼音等输入法，则需使用相应的软件进行安装。

在文本服务和输入语言对话框中的已安装的服务列表中选择要删除的输入法，然后单击删除按钮，即可删除相应的输入法。

> **提示**
>
> 用户删除一种输入法后，该输入法对应的文件并没有从硬盘上真正删除，只是从语言栏中删除了该项。删除的输入法可以再次通过添加输入语言对话框进行添加。

❖ 动手做 2　输入法的使用

默认情况下，刚进入到系统中时出现的是英文输入法，用户可以单击任务栏右端语言栏上语言栏图标■，弹出当前系统已装入的输入法菜单，如图 2-33 所示，单击要选择的输入法。

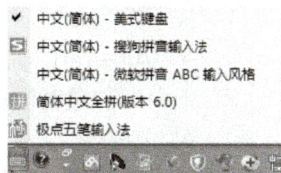

图2-33　选择输入法

> **教你一招**
>
> 用户可以使用 Ctrl+Shift 组合键在英文及各种中文输入法之间进行切换，用 Ctrl+空格键可以在当前中文输入法和英文输入法之间切换。

> **提示**
>
> 用户若要在多个应用程序中输入汉字，则必须在每一个应用程序中都启动所需要的输入法。

在使用不同的输入法输入汉字时具体的操作会有差异，但无论使用哪种输入法输入，都应先输入汉字的编码。例如，这里选择搜狗拼音输入法。

（1）输入汉字的编码，使用全拼输入法输入汉字就是要输入汉字的全部汉语拼音字母。输入汉字的编码后，屏幕上除了原有的输入法状态条外还会出现两个提示区：编码显示行和重码提示区，如图 2-34 所示。

图2-34　编码显示行和重码提示区

编码显示行：显示用户从键盘上输入的汉字编码。当发现输入的编码有错误时，可以按 Esc 键清除编码显示行中的内容，重新输入正确的编码。

重码提示区：显示同一个编码下的不同汉字。由于一个读音可能对应多个汉字，因此在这种编码方式中会产生许多"重码"，需要选择输入哪个汉字。通常情况下，拼音输入法会产生较多的重码。

（2）从重码提示区中选择所需要的汉字或词组：按该汉字或词组前面的数字键或用鼠标单击数字，相应的汉字就会出现在屏幕上。如果所需的汉字或词组位于候选项的第一位，则按空格键就可输入该汉字或词组。

（3）重码翻页。当重码提示区中没有我们所需要的字词时，可以通过翻页操作查找。用户可以使用鼠标单击重码提示区右侧的翻页按钮进行翻页。

课后练习与指导

一、选择题

1. 按下键盘上的（　　）组合键，在屏幕的中央会显示一个任务列表框。

   A．Alt+Tab　　　　B．Alt+Shift　　　　C．Alt+Ctrl　　　　D．Alt+Del

2. 下面哪种是对话框中的类别？（　　）

   A．列表框　　　　B．选项卡　　　　C．单选按钮　　　　D．标题栏

3. 下面打开"计算机"窗口的操作是（　　）。

   A．在桌面上用鼠标左键单击计算机图标　　B．在桌面上用鼠标左键双击计算机图标

   C．在桌面上用鼠标右键单击计算机图标　　D．在桌面上用鼠标右键双击计算机图标

4. 下面哪几种符号不能在文件名中使用？（　　）

   A．\　　　　　　B．=　　　　　　C．*　　　　　　D．,

5. 下面哪种扩展名对应可执行文件？（　　）

   A．BAT　　　　　B．EXE　　　　　C．SYS　　　　　D．BAK

6. Word 文档的扩展名是下面哪一项？（　　）

   A．XLS　　　　　B．TXT　　　　　C．DOC　　　　　D．DBF

7. 关于文件和文件夹的描述正确的是（　　）。

   A．计算机中的文件没有扩展名

   B．文件在同一个文件夹中不能与另一个文件重名

   C．从大的方面来说文件分为文档、图片、相册、音乐等几种

   D．在 Windows 7 系统中，文件的扩展名由 1~255 个字符组成

8. 下面关于文件与文件夹的管理说法正确的是（　　）。

   A．按住 Shift 键单击鼠标可以选中连续的多个文件

   B．如果要复制文件可以使用 Ctrl+A 组合键

   C．如果文件正被使用，则系统不允许对文件进行重命名的操作

   D．如果要移动文件可以使用 Ctrl+X 组合键

9. 在删除文件时，不将文件放到回收站而是直接删除的操作是（　　）。

   A．选择"文件"菜单中的"删除"命令　　B．按 Del 键

   C．按 Shift+Del 组合键　　　　　　　　D．直接将文件拖到回收站中

10. 在设置桌面背景时，下列哪种不是背景图片在桌面的显示位置？（　　）。

   A．平铺　　　　　B．居中　　　　　C．拉伸　　　　　D．层叠

二、填空题

1．在首次启动 Windows 7 后，发现整个桌面上只有_____一个快捷方式。

2．"开始"菜单由_____、_____、_____、_____、_____以及_____6 部分组成。

3．在"开始"菜单中单击_____命令，系统将停止运行，保存当前的设置并自动关闭电源。

4．文件名一般由_____和_____两部分组成。

5．如果要选择全部文件，可以执行_____菜单中的_____命令；也可以通过按_____按键来执行"全部选定"操作。

6．如果要删除文件夹，可以选择_____菜单中的_____命令或直接单击键盘上的_____键。

7．在复制文件后，按_____键可粘贴文件。

8．在桌面的空白处单击鼠标右键，在快捷菜单中选择"个性化"命令，可打开_____窗口。

9．在启用 Aero 效果的 Windows 7 中，_____、_____、_____都会具有半透明的磨砂玻璃的效果。

10．屏幕的分辨率是指屏幕所支持的像素的多少，它决定了_____。

三、简答题

1．"计算机"窗口主要由哪几部分组成？

2．改变窗口的大小有哪些方法？

3．如何对计算机中的文件进行重命名？

4．如何为一个常用的文件建立桌面快捷方式？

5．如何自定义桌面背景？

6．如何设置屏幕分辨率？

7．如何设置屏幕保护程序？

8．操作系统的系统时间不准确，怎样将其调整为正确的时间？

9．在计算机上安装双拼输入法和搜狗输入法的方法是否相同？

10．应用软件的卸载通常有哪些方法？

四、实践题

练习 1：打开"我的电脑"窗口，完成改变窗口大小、移动窗口、最大化窗口、最小化窗口、关闭窗口等操作。

练习 2：将自己喜爱的图片设置为桌面背景。

练习 3：调整桌面的屏幕分辨率，然后观察不同的分辨率与桌面显示内容的关系。

练习 4：在计算机上创建一个"办公室"的用户账户，并为该账户设置登录密码。

练习 5：按照下述要求进行操作。

（1）建立一个名为 C:\JEWRY 的文件夹，并在其中建立一个新的子文件夹 JAK。

（2）将 C:\TABLE 文件夹删除。

（3）将 C:\UNION\TEAM 文件夹中的文件 MARK.FOX 删除。

（4）将 C:\TAM\UPIN 文件夹中的文件 MAIN.PRG 复制到 C:\CAN\TIN 文件夹中。

（5）将 C:\GIR\SUP 文件夹中的文件 SUBS.MPR 重命名为 TEST.FOX。

练习 6：按照下述要求进行操作。

（1）将考生文件夹下 JIM＼SON 文件夹中的文件 AUTO.BPM 重命名为 QURE.MAP。

（2）将考生文件夹下 TIM 文件夹中的文件夹 LEN 复制到考生文件夹下的 WEEN 文件夹中。

（3）在考生文件夹下的 VOLUE 文件夹中建立一个名为 BEER 的新文件夹。

（4）将考生文件夹下 YEAR＼USER 文件夹中的文件 PAPER.BAS 移到考生文件夹下的 XON 文件夹中，并重命名为 TITLE.FOR。

（5）将考生文件夹下的 HUND 文件夹删除。

模块 03 Word 2010 的基本操作——制作少先队主题活动方案

你知道吗

Word 2010 集一组全面的书写工具和易用界面于一体，可以帮助用户创建和共享美观的文档。Word 2010 全新的面向结果的界面可在用户需要时提供相应的工具，从而便于用户快速设置文档的格式。

应用场景

人们平常所见到的会议通知、请假条等公文，如图 3-1 所示，这些都可以利用 Word 2010 来制作。

育才小学五（4）中队的少先队员要举行学会感恩主题活动，通过这次活动，让队员们了解感恩的重要性和必要性，增强感恩意识，激发感恩之情，同时付诸行动。在举行活动前少先队五（4）中队的辅导员向学校递交了一份“少先队学会感恩主题活动方案”。

如图 3-2 所示，就是利用 Word 2010 制作的“少先队学会感恩主题活动方案”。请读者根据本模块所介绍的知识和技能，完成这一工作任务。

请 假 条

尊敬的王经理：

我因患急性肠炎，今天去医院治疗不能来公司上班，需请病假 1 天，请批准。

申请人：王建民

日期：2015 年 1 月 8 日

图3-1　请假条

少先队学会感恩主题活动方案

活动主题：学会感恩

活动目的：通过这次活动，队员们了解感恩的重要性和必要性，增强感恩意识，激发感恩之情，同时付诸行动。

活动准备：

1、收集有关感恩的资料。

2、阅读有关感恩的故事。

3、全体队员积极准备活动。

活动过程：

一、主持人：少先队五（4）中队“学会感恩”主题活动现在开始。

1、全体起立，出旗，敬礼。

2、唱队歌。

3、全体坐下。

二、主持人：同学们，你们读过这首诗吗？

慈母手中线，游子身上衣。临行密密缝，意恐迟迟归。谁言寸草心，报得三春晖。

图3-2　少先队主题活动方案

相关文件模板

利用 Word 2010 软件的基本功能，还可以完成会议通知、放假通知、通报、通告、公告、寻物启事、寻人启事、辞职申请书、印发通知等工作任务。

为方便读者，本书在配套的资料包中提供了部分常用的文件模板，具体文件路径如图 3-3 所示。

模块03
模板文件
素材
源文件

图3-3 应用文件模板

背景知识

中国少年先锋队（简称"少先队"）是中国少年儿童的群众组织，是少年儿童学习共产主义的地方，是建设社会主义和共产主义的预备队，1949 年 10 月 13 日是中国少年先锋队建队日。

成立少先队的目的：团结教育少年儿童，听党话，爱祖国、爱人民、勤劳动、爱科学、爱护公共财物，努力学习，锻炼身体，参与实践，培养能力，立志为建设中国特色社会主义现代化强国贡献力量，努力成长为社会主义现代化建设需要的合格人才，做共产主义事业的接班人。维护少年儿童的正当权益，让儿童努力学习，将来成为对社会有用的人才。

少先队的主题活动要让队员喜欢并具有强大的教育作用，因此需要认真策划并制作方案。策划不仅是对活动的安排，是创新的设计，更是让少先队活动课有目的、有秩序、有计划、能创造性地开展的保障。

设计思路

在少先队主题活动方案的制作过程中，首先新建一个文档，然后采用熟悉的中文输入法输入文本，在输入文本后对字体和段落格式进行设置，使版面整齐美观，最后还应将文档保存起来。制作少先队主题活动方案的基本步骤可分解为：

（1）创建文档；
（2）输入文本；
（3）设置字体格式；
（4）设置段落格式；
（5）保存文档；
（6）设置文档的页面；
（7）打印文档；
（8）退出 Word 2010。

项目任务 3-1　创建文档

使用 Word 2010 进行文字编辑和处理的第一步就是创建一个文档。在 Word 中有两种基本文件类型，即文档和模板，任何一个文档都必须基于某个模板。创建新文档时 Word 的默认设置是使用 Normal 模板创建文档，用户可以根据需要选择其他适当的模板来创建各种用途的文档。

在 Word 2010 中用户可以利用以下几种方法创建新文档：

- 创建新的空白文档；
- 利用模板创建；
- 创建博客文章；
- 创建书法字帖。

选择开始→所有程序→Microsoft Office→Microsoft Office Word 2010 命令，即可启动 Word 2010。在启动 Word 2010 时将自动使用 Normal 模板创建一个名为"文档 1"的新文档，如图 3-4 所示。表示这是启动 Word 2010 之后建立的第一个文档，如果继续创建其他的空文档，Word 2010 会自动将其取名为"文档 2"、"文档 3"……用户可以在空白文档的编辑区输入文字，然后对其进行格式的编排。

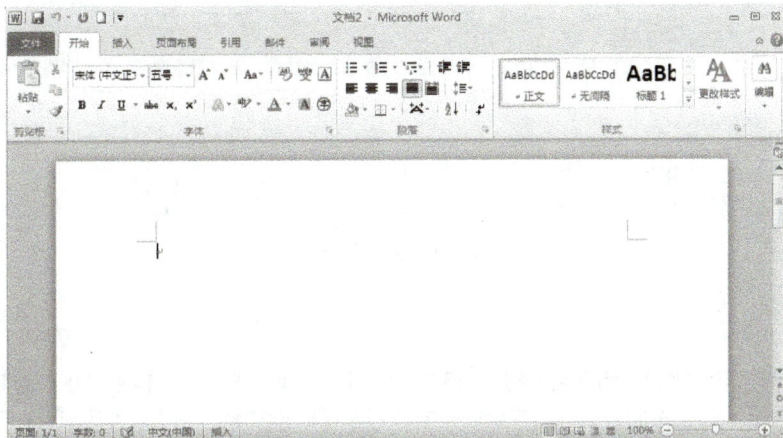

图3-4　新建的Word 2010文档

教你一招

如果在 Word 2010 工作界面中单击快速访问工具栏上的新建按钮，系统也会基于 Normal 模板创建一个新的空白文档。

项目任务 3-2　输入文本

输入文本是 Word 2010 最基本的操作之一，文本是文字、符号、图形等内容的总称。在创建文档后，如果想进行文本的输入，应首先选择一种熟悉的输入法，然后进行文本的输入操作。此外，为了方便文本的输入，Word 2010 还提供了一些辅助功能方便用户的输入，如用户可以插入特殊符号，插入日期和时间等。

动手做 1　使用输入法输入文本

在新建的空白文档的起始处有一个不断闪烁的竖线，这就是插入点，它表示输入文本时的起始位置。

当鼠标在文档中自由移动时鼠标呈现为 I 状，这和插入点处呈现的 I 状光标是不同的。在文档中定位光标，只要将鼠标移至要定位插入点的位置处，当鼠标变为 I 状时单击鼠标即可在当前位置定位插入点。

在输入文本时首先要选择一种中文输入法，用户可以根据自己的爱好选择不同的输入法进行文字的输入。用户可以在任务栏右端的语言栏上单击语言图标，打开"输入法"列表。在输入法列表中选择一种中文输入法，此时任务栏右端语言栏上的图标将会变为相应的输入法图标。

在文档中输入文本时插入点自动从左向右移动，这样用户就可以连续不断地输入文本。当到一行的最右端时系统将向下自动换行，也就是当插入点移到页面右边界时，再输入字符，插入点会自动移到下一行的行首位置。如果用户在一行没有输完时想换一个段落继续输入，可以按回车键，这时不管是否到达页面边界，新输入的文本都会从新的段落开始，并且在上一行的末尾产生一个段落符号 ↵，如图 3-5 所示。

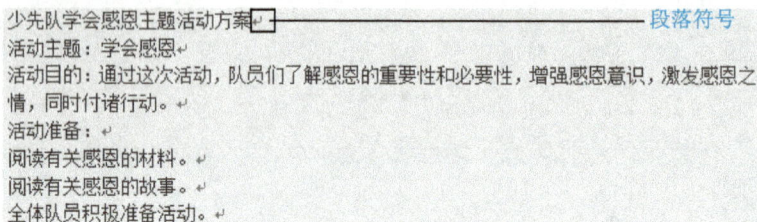

少先队学会感恩主题活动方案↵————————————————段落符号
活动主题：学会感恩↵
活动目的：通过这次活动，队员们了解感恩的重要性和必要性，增强感恩意识，激发感恩之情，同时付诸行动。↵
活动准备：↵
阅读有关感恩的材料。↵
阅读有关感恩的故事。↵
全体队员积极准备活动。↵

图3-5　输入文本

教你一招

在某些情况下（比如当输入地址时），用户可能想为了保持地址的完整性而在到达页边距之前开始一个新的空行，如果按回车键可以开始一个新行但是同时也开始了一个新的段落，为了使新行仍保留在一个段落里面而不是开始一个新的段落，用户可以按下"Shift+Enter"键，Word 就会插入一个换行符并把插入点自动移到下一行的开始处。

动手做 2　修改错误文本

在输入文本过程中，难免会出现输入错误，例如，在输入文本后发现"阅读有关感恩材料"中的"阅读"以及"材料"用词不够准确，此时用户可以对错误的文本进行修改。

如将鼠标移到少先队主题活动方案文档"阅读有关感恩材料"文本的前面，此时鼠标呈现为 I 状，单击鼠标，则将插入点定位在"阅读"文本的前面，此时插入点处呈现 I 状光标。按两下"Del"键删除插入点之后的字"阅读"，然后输入"收集"。

如将鼠标移到少先队主题活动方案文档"材料"文本的后面，单击鼠标将插入点定位在"材料"文本的后面，按"Backspace"键删除插入点之前的文本"材料"，然后输入"资料"。修改文本的效果如图 3-6 所示。

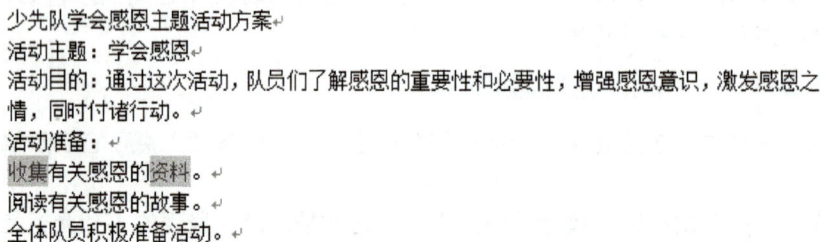

少先队学会感恩主题活动方案↵
活动主题：学会感恩↵
活动目的：通过这次活动，队员们了解感恩的重要性和必要性，增强感恩意识，激发感恩之情，同时付诸行动。↵
活动准备：↵
收集有关感恩的资料。↵
阅读有关感恩的故事。↵
全体队员积极准备活动。↵

图3-6　修改文本的效果

教你一招

用户还可以通过下面的操作来删除错误的输入：

- 按“Ctrl+Backspace”键可以删除插入点之前的字（词）。
- 按“Ctrl+Del“键可以删除插入点之后的字（词）。

动手做 3　选择文本

选择文本是文本的最基本操作，用鼠标选定文本的常用方法是把 I 型的鼠标指针指向要选定的文本开始处，单击鼠标按住左键并拖过要选定的文本，当拖动到选定文本的末尾时，松开鼠标左键，选定的文本呈反白显示。

例如，这里要选择文本“全体起立，出旗，敬礼。”，首先将鼠标指针移到该文本的开始处，单击定位鼠标，然后按住左键拖过文本“全体起立，出旗，敬礼。”后松开鼠标左键，选中的文本反白显示，如图 3-7 所示。

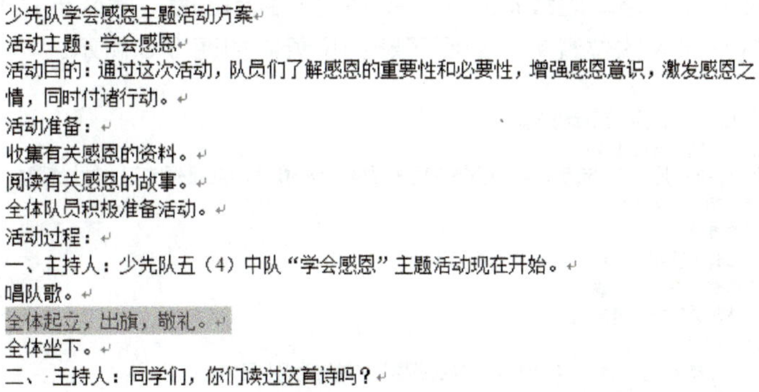

少先队学会感恩主题活动方案
活动主题：学会感恩
活动目的：通过这次活动，队员们了解感恩的重要性和必要性，增强感恩意识，激发感恩之情，同时付诸行动。
活动准备：
收集有关感恩的资料。
阅读有关感恩的故事。
全体队员积极准备活动。
活动过程：
一、主持人：少先队五（4）中队“学会感恩”主题活动现在开始。
唱队歌。
全体起立，出旗，敬礼。
全体坐下。
二、主持人：同学们，你们读过这首诗吗？

图3-7　选择文本

如果要选定多块文本，可以先选定一块文本，然后在按下“Ctrl”键的同时拖动鼠标选择其他的文本，这样就可以选定不连续的多块文本。如果要选定的文本范围较大，用户可以首先在开始选取的位置单击鼠标，接着按下“Shift”键，然后在要结束选取的位置单击鼠标，即可选定所需的大块文本。

用户还可以将鼠标定位在文档选择条中进行文本的选择，文本选择条位于文档的左端紧挨垂直标尺的空白区域，当鼠标移入此区域后，鼠标指针将变为向右箭头状。在要选中的行上单击鼠标即可将该行选中，利用鼠标选择条向上或向下拖动则可以选中多行。

教你一招

使用鼠标选定文本有下面一些常用操作。

- 选定一个单词：鼠标双击该单词。
- 选定一句：按住“Ctrl”键，再单击句中的任意位置，可选中两个句号中间的一个完整的句子。
- 选定一行文本：在选定条上单击鼠标，箭头所指的行被选中。
- 选定连续多行文本：在选定条上按下鼠标左键然后向上或向下拖动鼠标。
- 选定一段：在选择条上双击鼠标，箭头所指的段被选中，也可在段中的任意位置连续三次单击鼠标。

- **选定多段：**将鼠标移到选择条中，双击鼠标并在选择条中向上或向下拖动鼠标。
- **选定整篇文档：**按住"Ctrl"键并单击文档中任意位置的选择条，或使用组合键"Ctrl+A"。
- **选定矩形文本区域：**按下"Alt"键的同时，在要选择的文本上拖动鼠标，可以选定一个矩形块文本区域。

✍ 动手做 4　移动文本

如果我们在普通纸上用笔写文章，如果有些语句的位置需要调整，我们可以划掉原来的文本，然后在需要的位置添加。在 Word 2010 文档中，如果需要调整文本的位置，则用户可以使用剪切粘贴的方法。

如文本"唱队歌。"与"全体起立，出旗，敬礼。"两段的位置应互换，即应先进行"全体起立，出旗，敬礼。"然后再进行"唱队歌。"，此时用户可以使用移动文本的方法将这些文本移动位置。

首先选中文本"全体起立，出旗，敬礼。"，在选择的时候要选中段落符号。将鼠标指针指向选定文本，当鼠标指针呈现箭头状时按住鼠标左键，拖动鼠标时指针将变成 形状，同时还会出现一条虚线插入点。移动虚线插入点到要移到的目标位置"唱队歌。"的前面，松开鼠标左键，选定的文本就从原来的位置被移动到了新的位置，如图 3-8 所示。

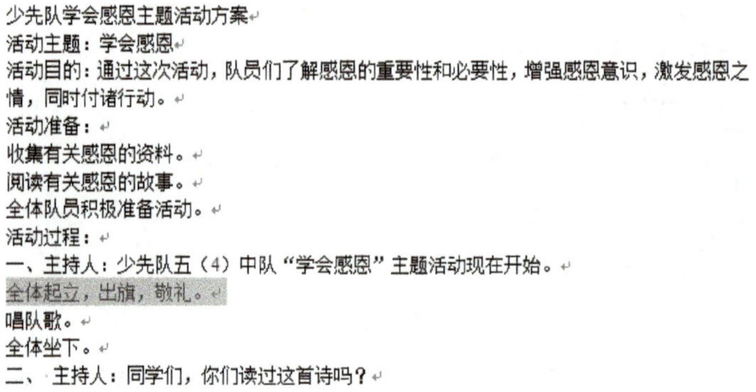

```
少先队学会感恩主题活动方案
活动主题：学会感恩
活动目的：通过这次活动，队员们了解感恩的重要性和必要性，增强感恩意识，激发感恩之
情，同时付诸行动。
活动准备：
收集有关感恩的资料。
阅读有关感恩的故事。
全体队员积极准备活动。
活动过程：
一、主持人：少先队五（4）中队"学会感恩"主题活动现在开始。
全体起立，出旗，敬礼。
唱队歌。
全体坐下。
二、主持人：同学们，你们读过这首诗吗？
```

图3-8　移动文本

提示

如果在拖动鼠标的同时按住 Ctrl 键，则将执行复制文本的操作。

教你一招

如果要长距离地移动文本，例如，将文本从当前页移动到另一页，或将当前文档中的部分内容移动到另一篇文档中，此时如果再用鼠标拖放的办法很显然非常不方便，在这种情况下用户可以利用剪贴板来移动文本。首先选定要移动的文本，然后在开始选项卡的剪贴板组中单击剪切按钮 ，或按快捷键 Ctrl+X，此时剪切的内容被暂时放在剪贴板上。将插入点定位在新的位置，单击开始选项卡剪贴板组中的粘贴按钮，或按快捷键 Ctrl+V，选中的文本被移到了新的位置。

如要进行复制操作，则在开始选项卡的剪贴板组中单击复制按钮或按快捷键 Ctrl+C。

项目任务 3-3 设置字体格式

字符是指作为文本输入的汉字、字母、数字、标点符号等。字符是文档格式化的最小单位，对字符格式的设置决定了字符在屏幕上或打印时的形式。

默认情况下，在新建的文档中输入文本时文字以正文文本的格式输入，即宋体五号字。通过设置字体格式可以使文字的效果更加突出。

❖ 动手做 1 利用功能区设置字符格式

如果要设置的字符格式比较简单，可以利用"开始"选项卡中"字体"组中的按钮进行快速设置。

例如，将少先队主题活动方案文档中标题"少先队学会感恩主题活动方案"的字符格式设置为黑体、小二号、加粗，具体步骤如下：

（1）选中要设置的标题文本。

（2）在开始选项卡的字体组中单击字体组合框后的下三角箭头，打开字体下拉列表，在字体组合框列表中选择黑体，如图 3-9 所示。

（3）单击字号组合框后的下三角箭头，打开字号下拉列表，在字号组合框列表中选择小二，如图 3-10 所示。

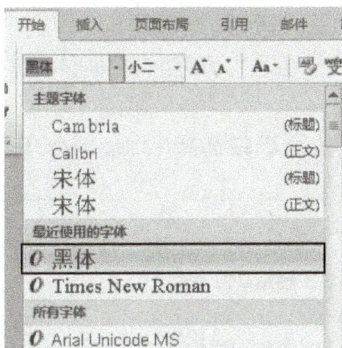

图3-9 选择字体

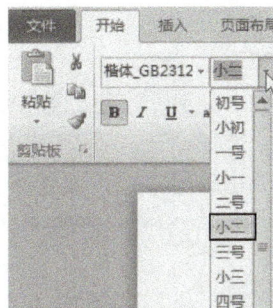

图3-10 选择字号

（4）在字体组中单击加粗按钮 **B**，则设置标题文本的效果如图 3-11 所示。

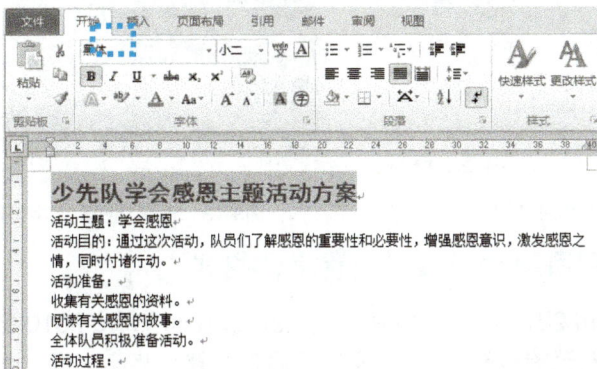

图3-11 设置标题字体格式

用户还可以利用字体组中的其他相关工具按钮来设置字符的字形和效果。

- 加粗 **B**：单击加粗按钮使它呈凹入状，可以使选中文本出现加粗效果，再次单击凹入状的加粗按钮可取消加粗效果。
- 倾斜 *I*：单击倾斜按钮使它呈凹入状，可以使选中文本出现倾斜效果，再次单击凹入状的倾斜按钮可取消倾斜效果。
- 下画线 U ▾：单击下划线按钮使它呈凹入状，可以为选中文本自动添加下划线，单击按钮右侧的下三角箭头可以选择下划线的线型和颜色，再次单击凹入状的下划线按钮取消下划线效果。
- 字体颜色 **A** ▾：单击字体颜色按钮使它呈凹入状，可以改变选中文本字体颜色，单击按钮右侧的下三角箭头选择不同的颜色，选择的颜色显示在该符号下面的粗线上，再次单击凹入状的字体颜色按钮取消字体颜色。
- 删除线 abc：单击删除线按钮使它呈凹入状，可以为选中文本的中间画一条线。
- 下标 x₂：单击下标按钮使它呈凹入状，可在文字基线下方创建小字符。
- 上标 x²：单击上标按钮使它呈凹入状，可在文字基线上方创建小字符。

⠿ 动手做 2 利用对话框设置字符格式

如果要设置的字符格式比较复杂，可以在"字体"对话框中进行设置。

例如，少先队主题活动方案的正文段落中有中文和数字，在设置字体格式时中文和数字应设置成不同的字体格式，此时可以利用对话框设置，具体步骤如下：

（1）在少先队主题活动方案中选定要设置字符格式的正文段落。

（2）单击开始选项卡字体组中右下角的对话框启动器按钮，打开字体对话框，单击字体选项卡，如图 3-12 所示。

（3）在中文字体下拉列表中选择仿宋，在西文字体下拉列表中选择 Times New Roman，在字号列表中选择小三。

（4）单击确定按钮，设置字符格式后的效果如图 3-13 所示。

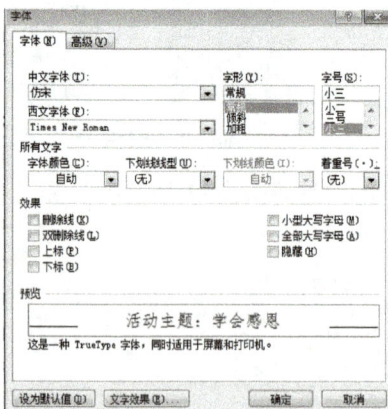

图3-12 字体对话框　　　　　　图3-13 设置文档正文字符格式的效果

⠿ 动手做 3 利用浮动工具栏设置字体格式

浮动工具栏是 Word 2010 中一项极具人性化的功能，当 Word 2010 文档中的文字处于选中状态时，如果用户将鼠标指针移到被选中文字的右侧位置，将会出现一个半透明状态的浮动工具栏。该工具栏中包含了常用的设置文字格式的选项，如设置字体、字号、颜色、居中对齐等选项。将鼠标指针移动到浮动工具栏上将使这些选项完全显示，进而可以方便地设置文字格式。

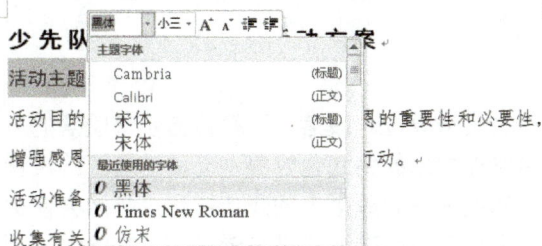

图 3-14 利用浮动工具栏设置字体格式

例如，利用浮动工具栏设置字体，首先选中少先队主题活动方案文档的文本"活动主题"，将鼠标指针移到被选中文字的右侧位置，出现一个半透明状态的浮动工具栏，在工具栏的字体列表中选择黑体，效果如图 3-14 所示。

动手做 4 设置字符间距

字符间距指的是文档中两个相邻字符之间的距离，对于一些特殊的文本适当调整其字符间距可以使文档的版面更美观。通常情况下，采用单位"磅"来度量字符间距。

例如，少先队主题活动方案文档的标题字符较少，用户可以适当调整它们的间距，具体步骤如下：

（1）选中文本"少先队学会感恩主题活动方案"。

（2）单击开始选项卡字体组中右下角的对话框启动器按钮，打开字体对话框，单击高级选项卡，如图 3-15 所示。

（3）在间距下拉列表中选择加宽并在其后的文本框中输入 2 磅，在下面的预览窗口中即可预览到设置字符间距的效果。

（4）单击确定按钮，加宽字符间距后的效果如图 3-16 所示。

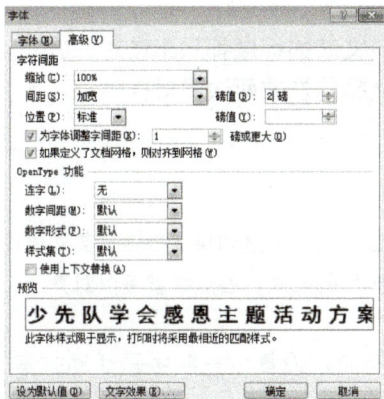

图3-15 设置字符间距

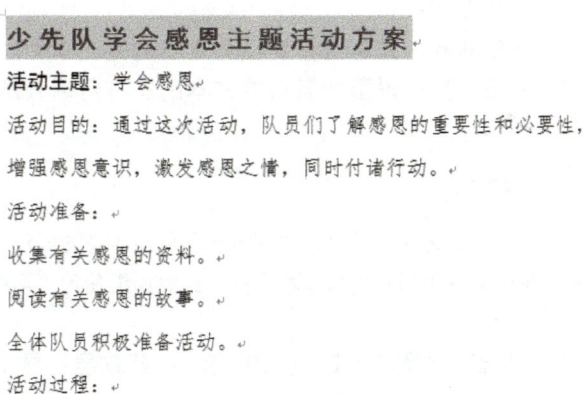

图3-16 设置字符间距的效果

教你一招

在字符间距选项卡中用户还可以通过缩放文本框扩展或压缩文本，用户既可以在下拉列表框中选择 Word 里面已经设定的比例，也可以通过直接单击文本框输入自己所需的百分比，缩放字符只能在水平方向上进行缩小或放大。

一般情况下，字符以行基线为中心，处于标准位置。用户可以根据需要在位置文本框中选择字符位置的类型是标准、提升或降低，如果为字符间距设置了提升或降低选项，则可以在右侧的磅值文本框中设置提升或降低的值。

项目任务 3-4 设置段落格式

段落就是以回车键结束的一段文字，它是独立的信息单位。段落标记符包含了该段落的所有字符格式和段落格式。字符格式表示的是文档中局部文本的格式化效果，而段落格式的设置将帮助用户布局文档的整体外观。如果光有细节上的设置没有段落上的起伏变化，仍然会使文章缺乏感染力而不能吸引读者，要想弥补以上的不足就要对段落格式进行缩进、对齐等格式的设置。

❯❯ 动手做 1 设置段落对齐格式

段落的对齐直接影响文档的版面效果，段落的对齐方式分为水平对齐和垂直对齐，水平对齐方式控制了段落在页面水平方向上的排列方式，垂直对齐方式则可以控制文档中未满页的排布情况。

段落的水平对齐方式控制了段落中文本行的排列方式，在开始选项卡段落组中提供了左对齐、居中对齐、右对齐、两端对齐和分散对齐5个设置对齐方式的按钮。

- 左对齐：指段落中每行文本一律以文档的左边界为基准向左对齐。
- 两端对齐：段落中除了最后一行文本外，其余行的文本的左右两端分别以文档的左右边界为基准向两端对齐。这种对齐方式是文档中最常用的，也是系统默认的对齐方式，平时用户看到的书籍的正文都采用该对齐方式。
- 右对齐：文本在文档右边界被对齐，而左边界是不规则的，一般文章的落款多采用该对齐方式。
- 居中对齐：文本位于文档上左右边界的中间，一般文章的标题都采用该对齐方式。
- 分散对齐：段落所有行的文本的左右两端分别沿文档的左右两边界对齐。

提示

对于中文文本来说，左对齐方式和两端对齐方式没有什么区别。但是如果文档中有英文单词，左对齐将会使文档右边缘参差不齐，此时如果使用"两端对齐"的方式，右边缘就可以对齐了。

通常情况下文章的标题应居中显示，落款居右显示。例如，设置少先队主题活动方案文档的标题居中显示，具体步骤如下：

（1）将鼠标定位在标题"少先队学会感恩主题活动方案"段落中。

（2）单击开始选项卡段落组中的居中按钮，则标题的段落即可居中显示，如图3-17所示。

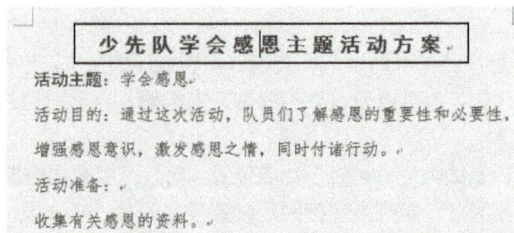

图3-17 设置居中对齐的效果

∷ 动手做 2　设置段落缩进格式

段落缩进可以调整一个段落与边距之间的距离，设置段落缩进还可以将一个段落与其他段落分开，或显示出条理更加清晰的段落层次，方便阅读。利用标尺或在"段落"对话框中都可以设置段落缩进。

缩进可分为首行缩进、左缩进、右缩进和悬挂缩进 4 种方式。

● 左（右）缩进：整个段落中所有行的左（右）边界向右（左）缩进，左缩进和右缩进通常用于嵌套段落。

● 首行缩进：段落的首行向右缩进，使之与其他的段落区分开。

● 悬挂缩进：段落中除首行以外所有行的左边界向右缩进。

用户可以利用段落对话框精确地设置段落的缩进量。

例如，设置少先队主题活动方案文档正文所有段落首行缩进 2 个字符，具体步骤如下：

（1）选中少先队主题活动方案文档正文所有段落。

（2）单击开始选项卡段落组右下角的对话框启动器按钮，打开段落对话框，单击缩进和间距选项卡，如图 3-18 所示。

（3）在缩进区域的特殊格式下拉列表中选择首行缩进，并在磅值文本框中选择或输入 2 字符。

（4）设置完毕单击确定按钮，设置文档段落缩进后的效果如图 3-19 所示。

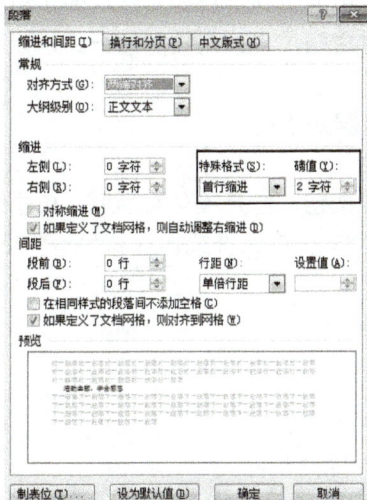

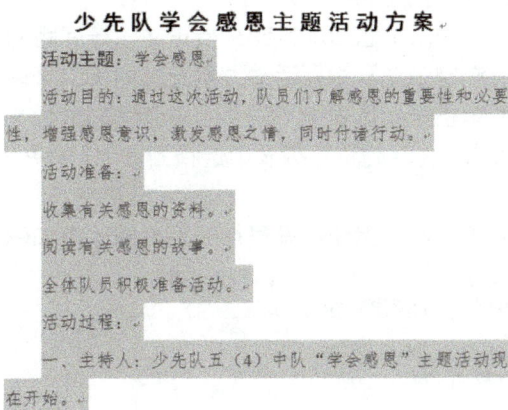

图3-18　设置段落缩进　　　　　　　　　图3-19　设置文档正文段落缩进的效果

∷ 动手做 3　设置段落间距

一篇文档的标题要与后面的文本段落之间留有一些距离并且常常要大于正文各段落之间的距离。设置段落间距最简单的方法是在一段的末尾按回车键来增加空行，但是这种方法的缺点是不够确切。为了能够精确设置段落间距并将它作为一种段落格式保存起来，用户可以在段落对话框中进行设置。

例如，设置少先队主题活动方案文档标题段落与下面段落之间的距离，具体步骤如下：

（1）将插入点定位在标题段落中，或选定该段落。

（2）单击开始选项卡段落组右下角的对话框启动器按钮，打开段落对话框，单击缩进与间距选项卡。在间距区域的段后文本框中选择或输入 1 行，如图 3-20 所示。

（3）单击确定按钮，设置段落间距后的效果如图 3-21 所示。

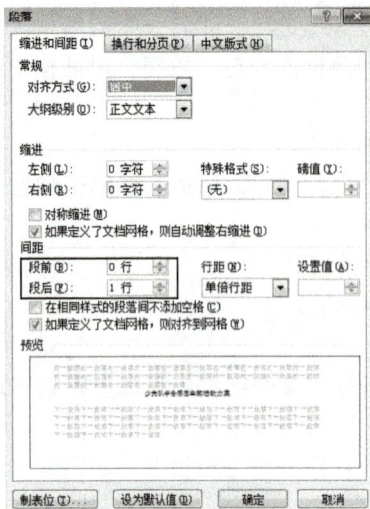

图3-20 设置段落间距　　　　　　　图3-21 设置标题段落间距的效果

※ 动手做 4　设置行间距

行间距是指段落内部行与行之间的距离。如果想在较小的页面上打印文档，使用单倍行距会使正文行与行之间很紧凑。如果要打印出来让别人校对文档，应该用较宽的行距，以便给修改者提供书写批注的空间。

设置少先队主题活动方案文档正文的行间距的具体步骤如下：

（1）选定少先队主题活动方案正文的第二个段落。

（2）单击开始选项卡下段落组右下角的对话框启动器按钮，打开段落对话框，单击缩进与间距选项卡。在行距下拉列表中选择固定值，并在设置值文本框中选择或输入 28 磅，如图 3-22 所示。

（3）单击确定按钮，设置行间距后的效果如图 3-23 所示。

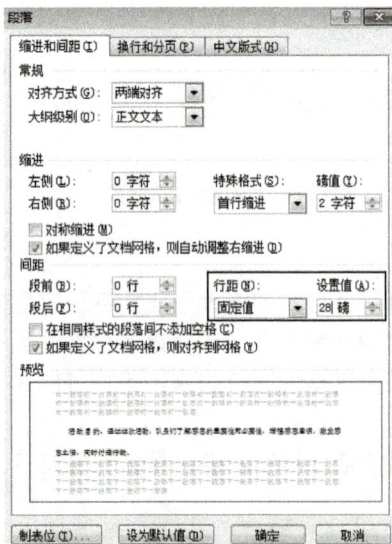

图3-22 设置行距　　　　　　　图3-23 设置行间距的效果

教你一招

用户也可以利用开始选项卡段落组中的行距按钮快速设置行距，将插入点定位在要设置行距的段落中或选中段落，单击行距按钮，然后在下拉列表中选择需要的行距，如图3-24所示。

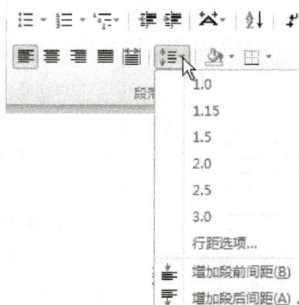

图3-24　利用行距按钮设置行距

动手做 5　格式刷的应用

Word 2010 提供了格式刷的功能，格式刷可以复制文本或段落的格式，利用它可以快速地设置文本或段落的格式。

利用格式刷快速复制文本或段落格式的具体操作方法如下：

（1）选中正文的"活动主题"文本。

（2）双击开始选项卡剪贴板组中的格式刷按钮，此时鼠标光标变成刷子状。

（3）利用格式刷分别拖过"活动目的"、"活动准备"、"活动过程"文本，此时被拖过的文本分别复制"活动主题"的文本格式，再次单击格式刷按钮则结束格式刷的使用。

（4）将鼠标定位在正文第二个段落中。

（5）单击开始选项卡剪贴板组中的格式刷按钮，然后在正文的第一个段落中单击鼠标，此时第一段复制了第二段的段落格式。

（6）双击开始选项卡剪贴板组中的格式刷按钮，然后分别单击正文除第一段和第二段以外的其他段落，再次单击格式刷按钮则结束格式刷的使用。

应用格式刷复制文本或段落格式的效果如图 3-25 所示。

动手做 6　设置编号

在制作文档的过程中，为了增强文档的可读性，使段落条理更加清楚，可在文档各段落前添加一些有序的编号或项目符号。Word 2010 提供了添加段落编号、项目符号和多级编号的功能。

例如，为少先队主题活动方案文档编号，具体操作步骤如下：

（1）选中"活动准备"下面的三个段落。

（2）在开始选项卡下单击段落组中编号按钮右侧的下三角箭头，打开编号列表，如图 3-26 所示。

少先队学会感恩主题活动方案

活动主题： 学会感恩

活动目的： 通过这次活动，队员们了解感恩的重要性和必要性，增强感恩意识，激发感恩之情，同时付诸行动。

活动准备：

收集有关感恩的资料。

阅读有关感恩的故事。

全体队员积极准备活动。

活动过程：

一、主持人：少先队五（4）中队"学会感恩"主题活动现在开始。

图3-25　应用格式刷的效果

63

（3）单击编号下拉列表中的定义新编号格式选项，打开定义新编号格式对话框，在编号样式列表中选择 1，2，3…，在编号格式列表中设置编号后面为顿号，如图 3-27 所示。

（4）单击确定按钮，选中文本应用编号的效果如图 3-28 所示。

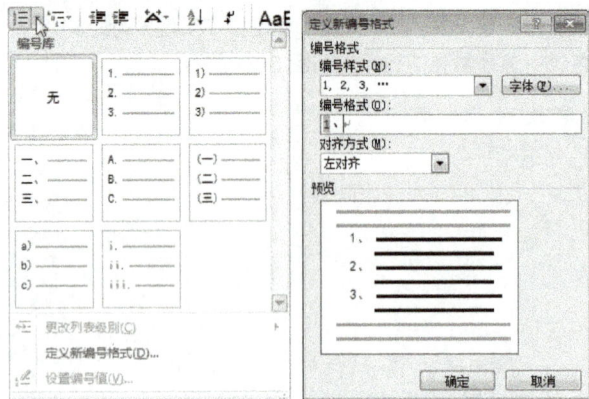

图 3-26 设置编号格式   图 3-27   定义新编号格式对话框   图 3-28   设置编号后的效果

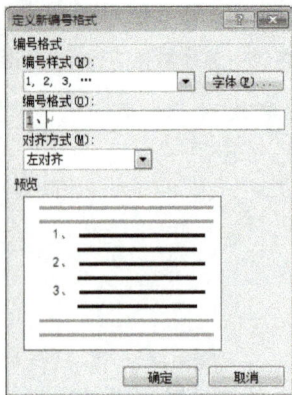

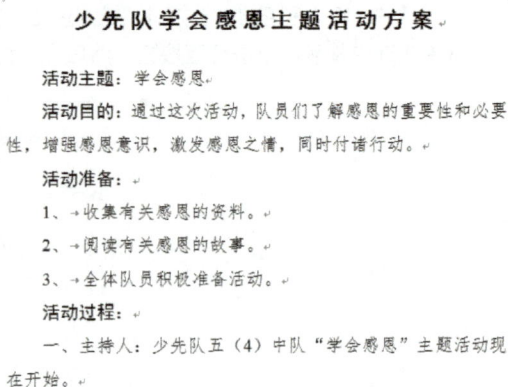

（5）选中"主题活动现在开始"下面的三个段落，在开始选项卡下单击段落组中编号按钮右侧的下三角箭头，打开编号列表，在列表中选择刚才自定义的编号。

（6）利用"Ctrl"键分别选中"诗歌朗诵"、"游戏"、"话题讨论"、"女生独唱"、"折千纸鹤"、"集体合唱"段落，在开始选项卡下单击段落组中编号按钮右侧的下三角箭头，打开编号列表，在列表中选择刚才自定义的编号。

提示

如果在编号列表中选择无选项，则取消设置的编号。

项目任务 3-5　保存文档

在保存文件之前，用户对文件所作的操作仅保留在屏幕和计算机内存中。如果用户关闭计算机，或遇突然断电等意外情况，用户所做的工作就会丢失。因此，用户应及时对文件进行保存。

动手做 1　保存新建文档

虽然 Word 2010 在建立新文档时系统默认了文档的名称，但是它没有分配在磁盘上的文档名，因此，在保存新文档时，需要给新文档指定一个文件名。

保存少先队主题活动方案文档的具体操作步骤如下：

（1）单击文件选项卡，然后单击保存选项，或者在快速访问工具栏上单击保存按钮，打开另存为对话框，如图 3-29 所示。

（2）在保存位置下拉列表中选择文档的保存位置，这里选择 C 盘的案例与素材\模块 03\源文件文件夹。

（3）在文件名文本框中输入新的文档名少先队学会感恩主题活动方案，默认情况下 Word 2010 应用程序会自动赋予相应的扩展名为 Word 文档。

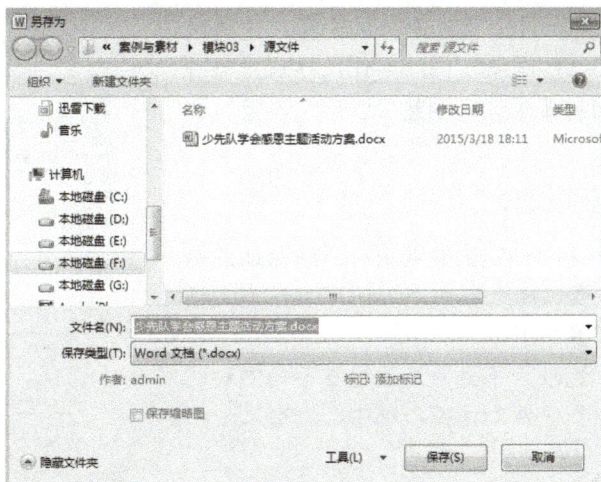

图3-29 另存为对话框

（4）单击保存按钮。

> **提示**
>
> 如果要以其他的文件格式保存新建的文件，可在保存类型下拉列表中选择要保存的文档格式。为了避免 2010 版本创建的文档用 97～2003 版本打不开，用户可以在保存类型下拉列表中选择 Word97-2003 文档。

⚙ 动手做 2　保存修改后文档

对于保存过或者打开的文档，用户对其进行了编辑后，若要保存可直接单击文件选项卡，然后单击保存选项，或单击快速访问工具栏中的保存按钮进行保存，此时不会打开另存为对话框，Word 会以用户原来保存的位置进行保存，并且将以修改过的内容覆盖原来文档的内容。

如果用户需要保存现有文件的备份，即对现有文件进行了修改，但是还需要保留原始文件，或在不同的目录下保存文件的备份，用户也可以使用另存为命令，在另存为对话框中指定不同的文件名或目录保存文件，这样原始文件保持不变。

> **提示**
>
> 此外，如果要以其他的格式保存文件，也可使用另存为命令，在另存为对话框的保存类型下拉列表中列出了可以保存为的文件类型，用户可根据需要选取。

项目任务 3-6　设置文档页面

在基于模板创建一篇文档后，系统将会默认给出纸张大小、页面边距、纸张的方向等。如果用户制作的文档对页面有特殊的要求或者需要打印，这时就需要对页面重新进行设置。

页面设置包括对纸张大小、页边距等的设置，这些设置是打印文档之前必须做的准备工作。另外，在对文档进行排版前最好先对文档的页面进行设置，以避免设置页面打乱编排好的版面。

※ 动手做 1　设置纸张大小

Word 2010 提供了多种预定义的纸张，系统默认的是"A4"纸。可以根据需要选择纸张大小，还可以自定义纸张的大小，具体操作步骤如下：

（1）单击页面布局选项卡下页面设置组右下角的对话框启动器按钮，打开页面设置对话框，单击纸张选项卡，如图 3-30 所示。

（2）在纸张大小下拉列表中选择需要的纸张。

（3）单击确定按钮。

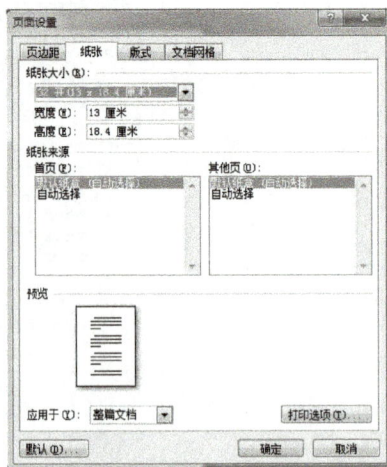

图3-30　设置文档纸张大小

教你一招

在设置纸张大小时用户可以在页面布局选项卡的页面设置组中单击纸张大小按钮，在列表中选择合适的纸张，如图 3-31 所示。如果选择其他页面大小命令，则打开页面设置对话框。

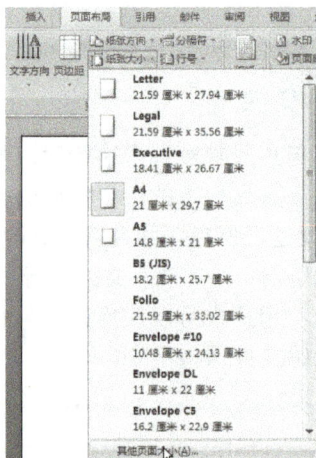

图3-31　纸张大小下拉列表

※ 动手做 2　设置页面边距

页边距是正文和页面边缘之间的距离，在页边距中存在页眉、页脚和页码等图形或文字，为文档设置合适的页边距可以使打印出的文档美观。只有在页面视图中才可以查看页边距的效果，因此设置页边距时应在页面视图中进行。

为少先队主题活动方案文档设置页边距的具体操作步骤如下：

（1）单击页面布局选项卡下页面设置组右下角的对话框启动器按钮，打开页面设置对话框，单击页边距选项卡，如图 3-32 所示。

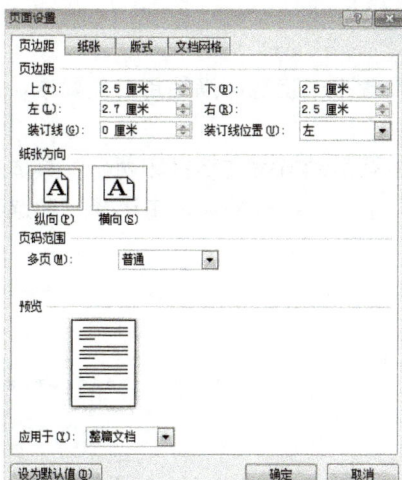

图3-32 设置页边距

（2）在页边距区域的上、下、左、右文本框中分别选择或输入 2.5 厘米，在纸张方向区域选择纵向。

（3）单击确定按钮。

教你一招

在设置页边距时用户可以在页面布局选项卡的页面设置组中单击页边距按钮，在列表中选择合适的页边距，如图 3-33 所示。如果选择自定义边距选项，则打开页面设置对话框。

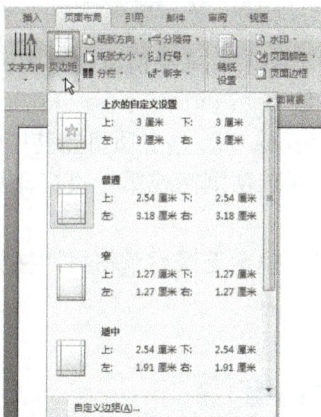

图3-33 页边距下拉列表

项目任务 3-7 打印文档

对教学课件的版面设置完毕后，就可以将教学课件打印出来了，Word 2010 提供了多种打印方式，包括打印多份文档、手动双面打印等功能。

动手做 1 一般打印

一般情况下，默认的打印设置不一定能够满足用户的要求，此时可以对打印的具体方式进行设置。

例如，要将制作的少先队主题活动方案文档打印两份，具体操作步骤如下：

（1）在文档中单击文件选项卡，在打开的菜单中选择打印选项，显示打印窗口，如图 3-34 所示。

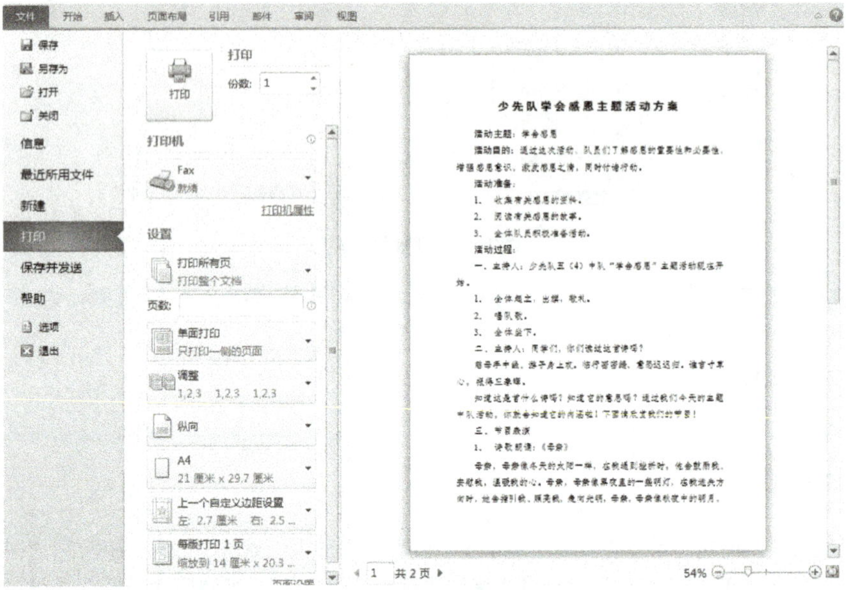

图3-34 打印窗口

（2）单击打印机右侧的下三角箭头，选择要使用的打印机。

（3）在份数文本框中选择或者输入 2。

（4）单击调整右侧的下三角箭头，选中调整选项将完整打印第 1 份后再打印后续几份；选中取消排序选项则完成第一页打印后再打印后续页码。

（5）在预览区域预览打印效果，确定无误后单击打印按钮正式打印。

（6）单击确定按钮。

动手做 2 选择打印的范围

Word 2010 打印文档时，既可以打印全部的文档，也可以打印文档的一部分。用户可以在打印窗口中的打印自定义范围区域设置打印的范围。

在打印窗口中单击打印自定义范围右侧的下三角箭头，打开一个下拉列表，如图 3-35 所示，在列表中选择下面几种打印范围：

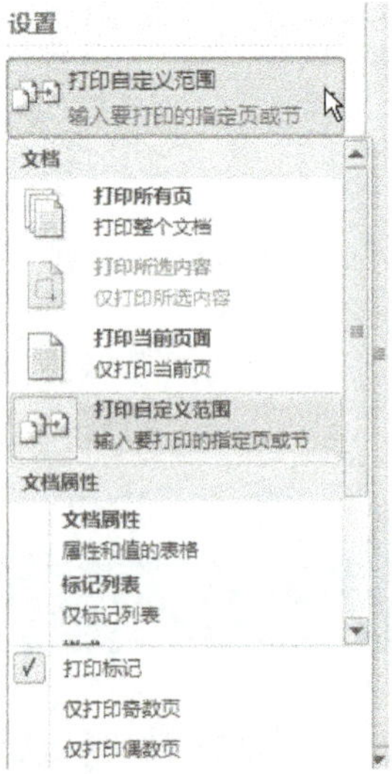

- 选择打印所有页选项，就是打印当前文档的全部页面。
- 选择打印当前页面选项，就是打印光标所在的页面。
- 选择打印所选内容选项，则只打印选中的文档内容，但事先

图3-35 选择打印的范围

必须选中了一部分内容才能使用该选项。

- 选择打印自定义范围选项，则打印指定的页码。在页数编辑框中，用户可以指定要打印的页码，如图 3-36 所示。
- 选择仅打印奇数页选项，则打印奇数页页面。
- 选择仅打印偶数页选项，则打印偶数页页面。

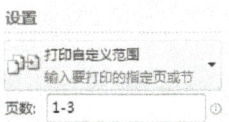

图3-36　输入要打印的页码

项目任务 3-8　退出 Word 2010

对文档的操作全部完成后，用户就可以关闭文档退出 Word 2010 了。退出 Word 2010 程序有以下几种方法：

- 使用鼠标左键单击标题栏最右端的关闭按钮。
- 使用鼠标左键单击标题栏最左端的控制按钮图标，打开控制菜单，然后单击关闭命令。
- 在文件选项卡下选择退出选项。
- 在标题栏的任意处右击，然后在弹出的快捷菜单中选择关闭命令。
- 按 Alt+F4 组合键。

如果在退出之前没有保存修改过的文档，此时 Word 2010 系统就会弹出信息提示对话框，如图 3-37 所示。单击保存按钮，Word 2010 会保存文档，然后

图3-37　关闭文档时的警告对话框

退出；单击不保存按钮，Word 2010 不保存文档，直接退出；单击取消按钮，Word 2010 会取消这次操作，返回到刚才的编辑窗口。

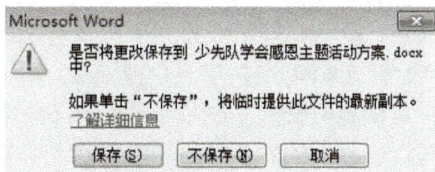

知识拓展

通过前面的任务主要学习了文件的创建与打开方法，文本的输入与修改方法，利用不同的方式设置字体格式，设置字符间距，设置段落的对齐与缩进格式，设置段落的行间距与段落间距，格式刷的应用，以及文档的保存与另存方法。这些操作都是 Word 2010 的基本操作，另外还有一些基本操作在前面的任务中没有运用到，下面就介绍一下。

动手做 1　使用模板创建文档

如果用户需要创建一个专业型的文档，如会议记录、备忘录、出版物等，而用户对这些专业文档的格式并不熟悉，则用户可以利用 Word 2010 提供的模板功能来建立一个比较专业化的文档。

单击文件选项卡，然后单击新建选项，则在右侧显示可用模板文件列表，如图 3-38 所示。在 Office.com 模板下单击所需模板类别，然后选择需要的模板，如这里选择 2010 年日历。在列表中选择一个模板，则右侧会显示出该模板的样子，如图 3-39 所示。

单击下载按钮，则开始从网上下载模板。模板下载完毕后，自动打开一个模板文档，用户可以在模板文件中对文档进行编辑，然后保存。

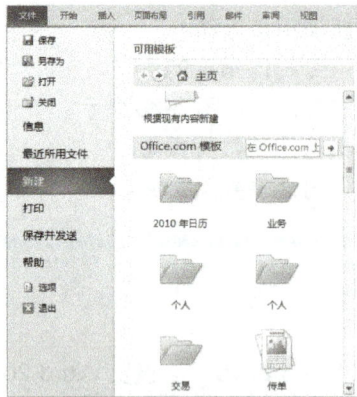

图3-38　可用模板文件列表　　　　　　　　图3-39　选择模板文件

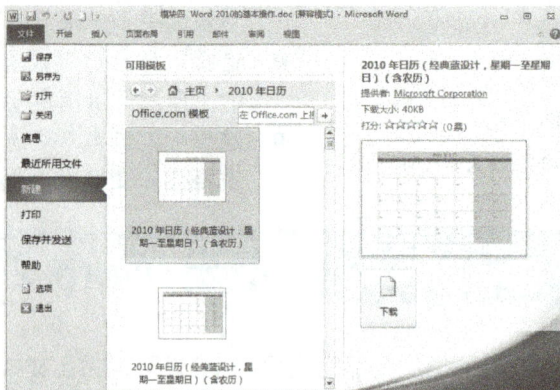

❖ 动手做 2　Office 剪贴板

前面介绍的使用剪贴板复制和移动文本的操作使用的是系统剪贴板，使用系统剪贴板一次只能移动或复制一个项目，当再次执行移动或复制操作时，新的项目将会覆盖剪贴板中原有的项目。Office 剪贴板独立于系统剪贴板，它由 Office 创建，使用户可以在 Office 的应用程序如 Word、Excel 中共享一个剪贴板。Office 的剪贴板的最大优点是一次可以复制多个项目并且用户可以将剪贴板中的项目进行多次粘贴。单击开始选项卡剪贴板组中右下角的对话框启动器按钮，在界面的右侧打开剪贴板窗格，如图 3-40 所示。

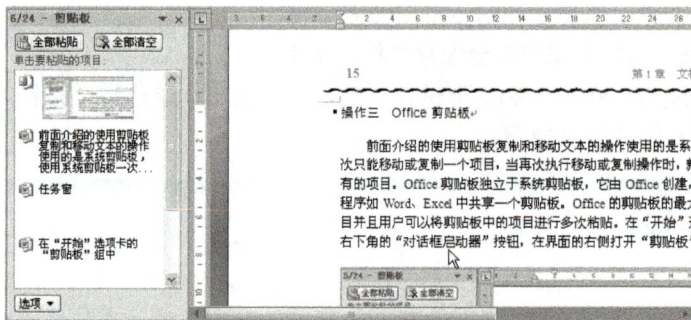

图3-40　剪贴板任务窗格

在使用 Office 剪贴板时应首先打开剪贴板窗格，然后在剪贴板功能组中选择剪切或复制选项，接下来就可以向 Office 剪贴板中复制项目了。剪贴板中可存放包括文本、表格、图形等 24 个项目对象，如果超出了这个数目最旧的对象将自动从剪贴板上删除。

在 Office 剪贴板中单击一个项目，即可将该项目粘贴到当前文档中光标所在的位置。单击 Office 剪贴板中各项目后的下三角箭头，在打开的列表中选择粘贴选项，也可以将所选项目粘贴到文档中当前光标所在的位置。如果在 Office 剪贴板窗格中单击全部粘贴按钮，可将存储在 Office 剪贴板中的所有项目全部粘贴到文档中去。如果要删除剪贴板中的一个项目，可以单击要删除项目后的下三角箭头，在打开的下拉列表中选择删除选项，如果要删除 Office 剪贴板中的所有项目，在任务窗格中单击全部清空按钮即可。

有了 Office 剪贴板，用户可以在编辑具有多种内容对象的文档时获得更多的方便。例如，用户可以事先将所需要的各种对象，如文本、表格和图形等预先制作好，并将它们都复制到 Office 剪贴板中。然后在 Word 2010 中再根据编制内容的需要，随时随地将它们一一复制到文档的相应位置，从而避免反复调用各种工具软件所带来的烦琐操作。

动手做 3　符号的输入

用户在文档中输入文本时有些符号是不能从键盘上直接输入的，由于它们平时很少用到所以没有定义在键盘上，用户可以使用符号对话框插入它们。具体步骤如下：

（1）将插入点定位在要插入特殊字符的位置。

（2）在功能选项区单击插入选项卡，然后在符号组中单击符号按钮，打开下拉列表，如图 3-41 所示。在列表中用户可以选择常用的符号，如果列表中没有需要的符号则选择其他符号选项，打开符号对话框，在对话框中单击符号选项卡，如图 3-42 所示。

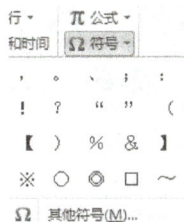

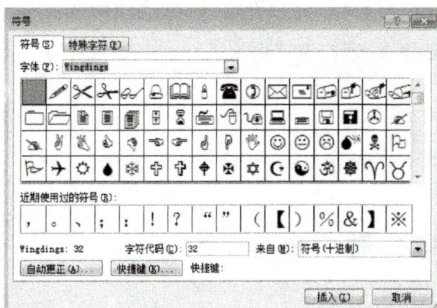

图3-41　符号列表　　　　　　图3-42　符号对话框

（3）在字体下拉列表中选择一种字体，如果该字体有子集在子集下拉列表中选择符号子集。

（4）在符号列表中选择要插入的符号，单击插入按钮，便可在文档中插入所选的符号；也可在符号列表框中直接双击要插入的符号将它插入到文档中。

（5）不用关闭符号对话框，将鼠标定位在文档中要插入符号的位置，在符号列表中继续选择要插入的符号，单击插入按钮。

（6）插入符号完毕单击关闭按钮，关闭符号对话框。

动手做 4　打开文档

最常规的打开文档的方法是在资源管理器或我的电脑中找到要打开文档所在的位置双击该文档。不过这对于正在文档中编辑的用户来说比较麻烦，用户可以直接在 Word 2010 中打开已有的文档。

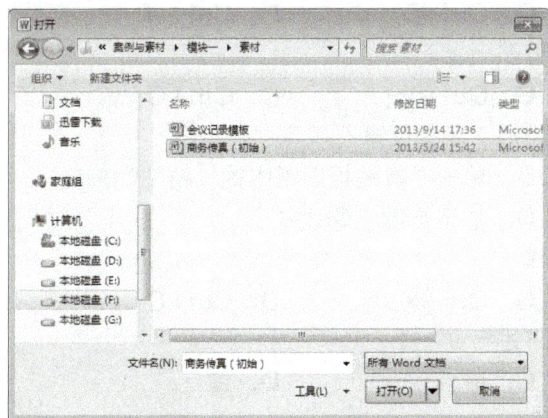

图3-43　打开对话框

在 Word 2010 中如果要打开一个已经存在的文档，可以利用打开对话框将其打开。Word 2010 可以打开不同位置的文档，如本地硬盘、移动硬盘或与本机相连的网络驱动器上的文档。

利用打开对话框打开文档的具体步骤如下：

（1）单击文件选项卡，然后单击打开选项，或者在快速访问工具栏上单击打开按钮，都可以打开打开对话框，如图 3-43 所示。

（2）在打开对话框中选择文件所在的文件夹，在文件名列表中选择所需的文件。

71

（3）单击打开按钮，或者在文件列表中双击要打开的文件名，文档打开。

➤➤ 动手做 5　设置项目符号

为了增强文档的可读性，使段落条理更加清楚，用户可以为文档中的段落设置项目符号。设置项目符号的具体操作步骤如下：

（1）选中要设置项目符号的段落，在开始选项卡下，单击段落组中项目符号选项右侧的下三角箭头，打开一个下拉列表，如图 3-44 所示。

（2）单击项目符号库中的某一个项目符号，则选中的段落被应用了项目符号。

如果对系统提供的项目符号或编号不满意，可单击项目符号下拉列表中的定义新项目符号命令，打开定义新项目符号对话框，如图 3-45 所示。在对话框中，用户可以单击符号、图片按钮选则图片或符号作为项目符号。

图3-44　项目符号列表　　　　　图3-45　定义新项目符号对话框

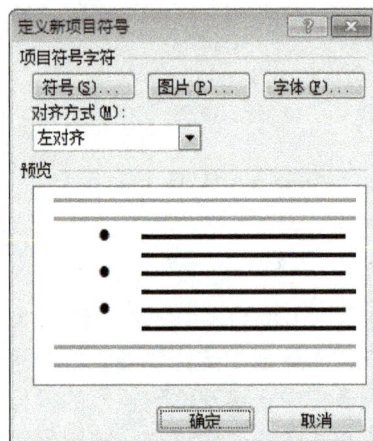

🔑 课后练习与指导

一、选择题

1. 按（　　）组合键可以选中整个文档。

　　A. Ctrl+A　　　　　B. Ctrl+V　　　　　C. Ctrl+B　　　　　D. Ctrl+N

2. 按（　　）组合键可以将所选内容暂存到剪贴板上。

　　A. Ctrl+ Shift　　　B. Ctrl+S　　　　　C. Ctrl+X　　　　　D. Ctrl+C

3. 下面哪种方法可以将剪贴板上的内容粘贴到插入点的位置？（　　）

　　A. 按组合键"Ctrl+S"　　　　　　　　B. 单击"剪贴板"组中的"粘贴"按钮

　　C. 按组合键"Ctrl+V"　　　　　　　　D. 按组合键"Ctrl+C"

4. 按（　　）组合键可以执行复制文本的操作。

　　A. Ctrl+B　　　　　B. Ctrl+S　　　　　C. Ctrl+X　　　　　D. Ctrl+D

5. 为文档设置项目编号应在（　　）选项卡下进行。

　　A. 文件　　　　　　B. 开始　　　　　　C. 段落　　　　　　D. 编号

6. 打印文档应在（　　）选项卡下进行。

　　A. 文件　　　　　　B. 开始　　　　　　C. 页面布局　　　　D. 打印

二、填空题

1．用鼠标选定文本时如果在按住_____键的同时，在要选择的文本上拖动鼠标，可以选定一个矩形块文本区域。

2．在输入文本的过程中，按_____键可以删除插入点之前的字符，按_____键可以删除插入点之后的字符。

3．在输入文本时当到达页边距之前要结束一个段落时用户可以按_____键，如果用户不想另起一个段落而是想切换到下一行，可以按_____键。

4．Office 2010 剪贴板中可存放包括文本、表格、图形等_____个对象，如果超出了这个数目_____将自动被从剪贴板上删除。

5．在设置纸张大小时用户可以在_____选项卡的_____组中单击"纸张大小"按钮，在列表中选择合适的纸张。

6．如果在 Word 2010 工作界面中，单击_____上的"新建"按钮，系统会基于 Normal 模板创建一个新的空白文档。

7．段落的水平对齐方式控制了段落中文本行的排列方式，段落的水平对齐方式可分为_____、_____、_____、_____和_____5 种对齐方式。

8．段落缩进可以调整一个段落与边距之间的距离，缩进可分为_____、_____、_____和_____4 种方式。

三、简答题

1．退出 Word 2010 有哪几种方法？

2．保存文档时，单击快速访问工具栏上的"保存"按钮是否会打开"另存为"对话框？

3．设置字体格式有哪几种方法？

4．如何在文档中插入特殊符号？

5．设置纸张大小有哪几种方法？

6．如何应用格式刷？

四、实践题

练习 1：制作如图 3-46 所示的文档。

高速 CMOS 的静态功耗

在理想情况下，CMOS 电路在非开关状态时没有直流电流从电源 Vcc 到地，因而器件没有静态功耗。

然而，由于半导体本身的特性，在反向偏置的二极管 PN 结必然存在着微小的漏电流。这些漏电流是由二极管区域内热产生的载流子造成的，当温度上升时，热产生载流子的数目增加，因而漏电流增大。

对所有的 CMOS 器件，漏电流通常用 Icc 表示。这是当全部输入端加上 Vcc 或地电平和全部输出端开路时从 Vcc 到地的直流电流。

对 54/74HC 系列，在一般手册中均给出了在 25℃（室温）、85℃、125℃时的 Icc 规范值。

图3-46　练习1效果

（1）打开"案例与素材\模块 03\素材\练习 1 素材"文档。

（2）将标题段文字（"高速 CMOS 的静态功耗"）设置为小二号蓝色黑体、居中、字符间距加宽 2 磅、段后间距 1 行。

（3）将正文各段文字中的中文文字设置为 12 磅宋体、英文文字设置为 12 磅 Times New

Roman 字体。

（4）将正文第三段（"然而……因而漏电流增大。"）移至第二段（"对所有的 CMOS 器件……直流电流。"）之前。

（5）设置正文各段首行缩进 2 字符、行距为 1.25 倍行距。

（6）设置页面上、下、左、右边距各为 3 厘米。

效果图位置：案例与素材\模块 03\源文件\练习 1 效果

练习 2：制作如图 3-47 所示的文档。

硬 盘 的 发 展 突 破 了 多 次 容 量 限 制

容量恐怕是最能体现硬盘发展速度的了，从当初 IBM 发布世界上第一款 5MB 容量的硬盘到现在，硬盘的容量已经达到了上百 GB。

硬盘容量的增加主要通过增加单碟容量和增加盘片数来实现。单碟容量就是硬盘盘体内每张盘片的最大容量，每块硬盘内部有若干张碟片，所有碟片的容量之和就是硬盘的总容量。

单碟容量的增长可以带来三个好处：

◆→硬盘容量的提高。由于硬盘盘体内一般只能容纳 5 张碟片，所以硬盘总容量的增长只能通过增加单碟容量来实现。

◆→传输速度的增加。因为盘片的表面积是一定的，那么只有增加单位面积内数据的存储密度。这样一来，磁头在通过相同的距离时就能读取更多的数据，对于连续存储的数据来说，性能提升非常明显。

◆→成本下降。举例来讲，同样是 40GB 的硬盘，若单碟容量为 10GB，那么需要 4 张盘片和 8 个磁头；要是单碟容量上升为 20GB，那么需要 2 张盘片和 4 个磁头；对于单碟容量达 40GB 的硬盘来说，只要 1 张盘片和 2 个磁头就够了，能够节约很多成本。

目前硬盘单碟容量正在飞速增加，但硬盘的总容量增长速度却没有这么快，这是硬盘减少盘片数的结果，出于成本和价格两方面的考虑，两张盘片是比较理想的平衡点。

图3-47　练习2效果

（1）打开"案例与素材\模块 03\素材\练习 2 素材"文档。

（2）将标题段文字（"硬盘的发展突破了多次容量限制"）设置为 16 磅深蓝色黑体、加粗、居中、字符间距加宽 2 磅。

（3）设置正文各段首行缩进 2 字符、行距为固定值 24 磅、段前间距为 0.5 行。

（4）为文档中所有"容量"一词添加下划线。

（5）为正文第四段至第六段添加项目符号"◆"。

效果图位置：案例与素材\模块 03\源文件\练习 2 效果

练习 3：利用 Word 2010 提供的模板功能制作一个请假条。

本练习利用联机的计算机上网下载一个请假条模版，然后输入自己需要的文本，效果如图 3-48 所示。

效果图位置：案例与素材\模块 03\源文件\练习 3 效果

请·假·条

尊敬的王经理：

我因患急性肠炎，今天去医院治疗不能来公司上班，需请病假 1 天，请批准。

→　　　　　　　　　　　　→申请人：王建民

→　　　　　　　　　　　　→日期：2015 年 1 月 8 日

图3-48　练习3效果

插入和编辑文档对象——
制作黄山风景区宣传页

你知道吗

Word 2010 可以把图形对象与文字对象结合在一个版面上，实现图文混排，轻松地设计出图文并茂的文档。在文档中使用图文混排可以增强文章的说服力，并且使整个文档的版面显得美观大方。而表格是编辑文档时常见的文字信息组织形式，它结构严谨、效果直观。以表格的方式组织和显示信息，可以给人一种清晰、简洁、明了的感觉。

应用场景

人们平常所见到的产品说明、打折促销等宣传单，如图4-1所示，这些都可以利用Word 2010软件的图文混排功能来制作。

图4-1　宣传单

印制风景名胜区的宣传页是风景区最常用的市场推广手段之一，如图 4-2 所示，就是利用 Word 2010 图文混排功能制作的黄山风景区宣传页。请读者根据本模块所介绍的知识和技能，完成这一工作任务。

图4-2　黄山风景区宣传页

图4-2　黄山风景区宣传页（续）

相关文件模板

利用 Word 2010 软件的图文混排功能，还可以完成电子板报、名片、日历、元旦贺卡、教师节贺卡、圣诞贺卡、促销海报、篮球赛海报、产品宣传单、降价宣传单、签到表、简历、办公用品申领表等工作任务。

为方便读者，本书在配套的资料包中提供了部分常用的文件模板，如图 4-3 所示。

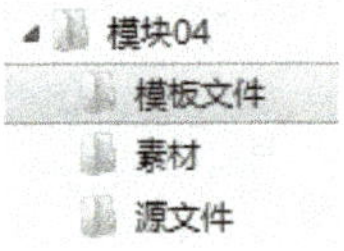

图4-3　常用的文件模板

背景知识

中国的景观旅游资源相当丰富，这些风景名胜区从不同的角度可以有不同的划分，以其主要景观的不同，大体上可分为如下八种类型：①湖泊风景区（白洋淀、杭州西湖、武汉东湖、新疆天山天池、青海湖）；②山岳风景区（黄山、泰山、衡山、华山）；③森林风景区（西双版纳、湖南张家界、四川卧龙、湖北神农架）；④山水风景区（桂林漓江、长江三峡、武夷九曲溪）；⑤海滨风景区（海南天涯海角、厦门、大连）；⑥休闲疗养避暑胜地（河北北戴河、江西庐山）；⑦宗教寺庙名胜区（九华山、敦煌莫高窟、洛阳龙门、嵩山、武当山等）；⑧革命纪念地（延安、涉县、西柏坡、遵义）。

设计思路

在对黄山风景区宣传页的设计过程中，应利用图片、艺术字、文本框以及表格对风景区介绍宣传页进行设计。制作风景区介绍宣传页的基本步骤可分解为：

（1）应用图片；

（2）应用艺术字；

（3）应用文本框；

（4）应用表格；

（5）绘制自选图形。

项目任务 4-1　在文档中应用图片

在文档中添加图片，可以使文档更加美观大方。Word 2010 是一套图文并茂、功能强大的图文混排系统。它允许用户在文档中导入多种格式的图片文件，并且可以对图片进行编辑和格式化。下面首先为培训班宣传页插入图片来美化它。

∴ 动手做 1　插入图片

用户可以很方便地在 Word 2010 中插入图片，图片可以是一张剪贴画、一张照片或一幅图画。在 Word 2010 中可以插入多种格式的外部图片，如*.bmp、*.pcx、*.tif 和*.pic 等。

在风景区宣传页中插入图片的具体操作步骤如下：

（1）新建一个文档，将其命名为"黄山风景区宣传页"，将插入点定位在文档中。

（2）单击插入选项卡下插图组中的图片按钮，打开插入图片对话框，如图 4-4 所示。

（3）在对话框中找到要插入图片所在的文件夹，选中要插入的图片文件。

（4）单击插入按钮，被选中的图片插入到文档中，如图 4-5 所示。

图4-4　插入图片对话框　　　　图4-5　插入图片的效果

提示

图形插入在文档中的位置有两种：嵌入式和浮动式。嵌入式图片直接放置在文本中的插入点处，占据了文本的位置；浮动式图片可以插入在图形层，可在页面上自由地移动，并可将其放在文本或其他对象的上面或下面。在默认情况下，Word 2010 插入的图片为嵌入式，而插入的图形是浮动式。

∴ 动手做 2　设置图片版式

用户可以通过 Word 2010 的版式设置功能，将图片置于文档中的任何位置，并可以设置不同的环绕方式得到各种环绕效果。

这里将黄山风景区宣传页中的图片设置为四周型环绕的图片版式，具体操作步骤如下：

（1）在图片上单击鼠标左键选中图片。

（2）单击格式选项卡下排列组中的自动换行按钮，打开一个下拉列表，如图 4-6 所示。

（3）在自动换行下拉列表中选择所需要的环绕方式，这里选择四周型环绕选项。

图4-6　自动换行下拉列表

教你一招

用户还可以通过单击格式选项卡下排列组中的位置按钮，打开一个下拉列表，如图 4-7 所示。在列表中用户可以选择图片的文字环绕位置，如果单击其他布局选项按钮则打开布局对话框，如图 4-8 所示。在布局对话框的位置选项卡中用户可以设置图片的详细位置，在文字环绕选项卡中用户可以设置文字环绕方式。

图4-7　位置下拉列表　　　　　　　图4-8　布局对话框

动手做 3　调整图片位置

在文档中如果插入图片的位置不合适也会使文档的版面显得不美观，用户可以对图片的位置进行调整。

例如，对宣传页中新插入的图片位置进行适当的调整，具体操作步骤如下：

（1）在图片上单击鼠标左键选中图片，将鼠标移至图片上，当鼠标变成 ✛ 形状时，按下鼠标左键并拖动鼠标，图片则跟随鼠标移动，效果如图 4-9 所示。

（2）到达合适的位置时松开鼠标即可，调整图片位置后的效果如图 4-10 所示。

图4-9　调整图片位置　　　　　　　　　　图4-10　调整图片位置后的效果

动手做 4　设置图片大小

在插入图片时如果图片的大小合适，图片可以显著地提高文档质量，但如果图片的大小不合适，则不但不会美化文档还会使文档变得混乱。

如果文档中对图片的大小要求并不是很精确，可以利用鼠标快速地进行调整。当选中图片后在图片的四周将出现 8 个控制点，如果需要调整图片的高度，可以移动鼠标到图片上或下边的控制点上，当鼠标变成↕形状时向上或向下拖动鼠标即可调整图片的高度；如果需要调整图片的宽度，将鼠标移动到图片左或右边的控制点上，当鼠标变成↔形状时向左或向右拖动鼠标即可调整图片的宽度；如果要整体缩放图片，移动鼠标到图片右下角的控制点上，当鼠标变成↘形状时，拖动鼠标即可整体缩放图片。

例如，要对宣传页中的图片进行整体缩放，具体操作步骤如下：

（1）在图片上单击鼠标左键选中图片。

（2）移动鼠标到图片右下角的控制点上，当鼠标变成↘形状时，按下鼠标左键并向外拖动鼠标，此时会出现一个虚线框，表示调整图片后的大小，如图 4-11 所示。

（3）当图片到达合适位置时松开鼠标，调整图片大小后的效果如图 4-12 所示。

图4-11　调整图片大小时的效果　　　　　　图4-12　调整图片大小后的效果

教你一招

在实际操作中如果需要对图片的大小进行精确的调整，可以在格式选项卡的大小组中进行设置，如图 4-13 所示。用户还可以单击大小组右侧的对话框启动器，打开布局对话框大小选项卡，如图 4-14 所示。在对话框中更改图片的大小有两种方法。一种方法是在高度和宽度选项区域直接输入图片高度和宽度的确切数值。另一种方法是在缩放区域输入高度和宽度相对于原始尺寸的百分比；如果选中锁定纵横比复选框，则 Word 2010 将限制所选图片的高与宽的比例，以便高度与宽度相互保持原始的比例。此时如果更改对象的高度，则宽度也会根据相应的比例进行自动调整，反之亦然。

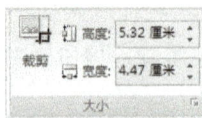

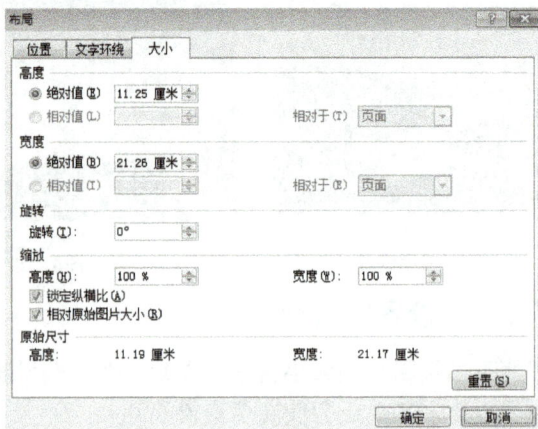

图4-13　大小组　　　　　图4-14　布局对话框大小选项卡

动手做5　裁剪图片

如果用户只需要图片中的某一部分而不是全部，在插入图片后，用户可以利用裁剪功能将图片中多余的部分裁剪掉，只保留用户需要的部分。裁剪通常用来隐藏或修整部分图片，以便进行强调或删除不需要的部分。裁剪功能经过增强后，现在可以轻松裁剪为特定形状、经过裁剪来适应或填充形状，或裁剪为通用图片纵横比（纵横比：图片宽度与高度之比。重新调整图片尺寸时，该比值可保持不变）。

图4-15　裁剪图片

裁剪插入图片的具体操作步骤如下：

（1）在插入的图片上单击鼠标选中图片，在格式选项卡下大小组中单击裁剪按钮，此时会在图片上显示 8 个尺寸控制点，如图 4-15 所示。

（2）将鼠标指向图片下侧的中心裁剪控点并向上拖动，则图片的下侧被裁剪。

（3）再次单击裁剪按钮，或按 Esc 键结束操作。

在裁剪图片时用户可以执行下列操作之一：

- 如果要裁剪某一侧，请将该侧的中心裁剪控点向里拖动。
- 如果要同时均匀地裁剪两侧，按住 Ctrl 键的同时将任意一侧的中心裁剪控点向里拖动。
- 如果要同时均匀地裁剪全部四侧，按住 Ctrl 键的同时将一个角部裁剪控点向里拖动。
- 如果要放置裁剪，请移动裁剪区域（通过拖动裁剪方框的边缘）或图片。
- 若要向外裁剪（或在图片周围添加），请将裁剪控点拖离图片中心。

教你一招

如果要将图片裁剪为精确尺寸，首先选中图片，然后单击格式选项卡下图片样式组右侧的对话框启动器，打开设置图片格式对话框。在裁剪窗格图片位置区域的宽度和高度文本框中输入所需数值，如图 4-16 所示。

按照相同的方法在文档中再插入 6 张图片，设置图片的版式为四周型，适当调整图片的大小与位置，效果如图 4-17 所示。

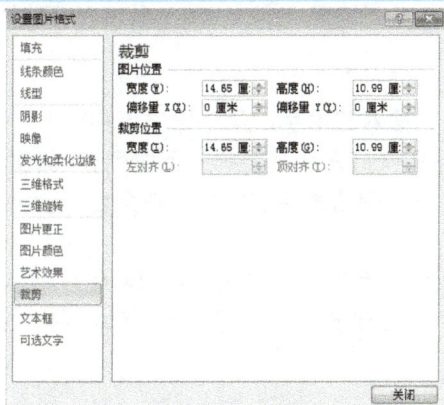

图4-16　精确裁剪图片　　　　　　图4-17　在文档中插入其他图片

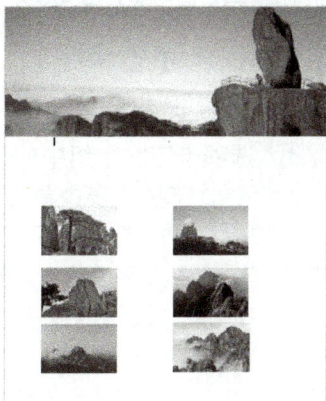

⁑ 动手做 6　设置图片的样式

在 Word 2010 中加强了对图片的处理功能，在插入图片后用户还可以设置图片的样式。

例如，对宣传页中的图片设置样式和图片效果，具体操作步骤如下：

（1）选中迎客松图片，在格式选项卡的图片样式组中单击图片样式列表后面的下三角箭头，打开图片外观样式列表，如图 4-18 所示。

（2）在列表中选择一种样式，如选择棱台矩形选项，则图片的样式变为如图 4-18 所示的效果。

（3）按照相同的方法为其他 5 张小图片设置相同的样式。

图4-18　设置图片样式

项目任务 4-2　应用艺术字

通过对字符的格式设置，可将字符设置为多种字体，但远远不能满足文字处理工作中对字

81

形艺术性的设计需求。使用 Word 2010 提供的艺术字功能，可以创建出各种各样的艺术字效果。

动手做 1　创建艺术字

为了使宣传页更具艺术性，可以在宣传页中插入艺术字，具体操作步骤如下：

（1）单击插入选项卡下文本组中的艺术字按钮，打开艺术字样式下拉列表，如图 4-19 所示。

（2）在艺术字样式下拉列表中单击第三行第五列艺术字样式后，在文档中会出现一个请在此放置您的文字编辑框，如图 4-19 所示。

（3）在编辑框中输入文字"黄山风景名胜区"，选中输入的文字，切换到开始选项卡，然后在字体下拉列表中选择华文新魏，在字号下拉列表中选择初号字号，插入艺术字的效果如图 4-20 所示。

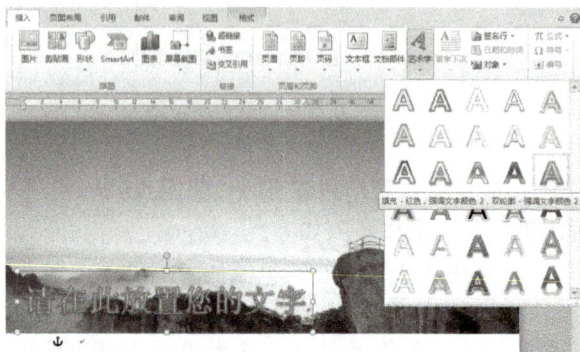

图4-19　艺术字样式下拉列表

图4-20　插入艺术字的效果

动手做 2　设置艺术字样式

在插入艺术字后，用户还可以对插入的艺术字设置效果，具体操作步骤如下：

（1）选中艺术字编辑框中的艺术字，切换到绘图工具下的格式选项卡。

（2）单击艺术字样式组中文本填充按钮右侧的下三角箭头，打开一个下拉列表。在下拉列表中选择主题颜色区域的红色，强调文字颜色 2，如图 4-21 所示。

（3）单击艺术字样式组中文本轮廓按钮右侧的下三角箭头，打开一个下拉列表。在下拉列表中选择无轮廓，如图 4-22 所示。

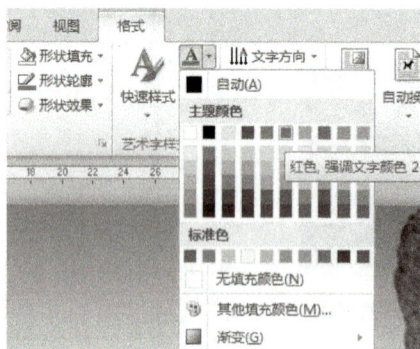

图4-21　文本填充下拉列表

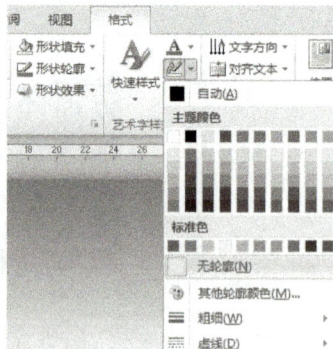

图4-22　文本轮廓下拉列表

（4）单击艺术字样式组中文字效果按钮右侧的下三角箭头，打开一个下拉列表。在下拉列表中选择棱台选项中的柔圆，如图 4-23 所示。设置完毕，艺术字变为如图 4-24 所示的效果。

图4-23　文字效果下拉列表　　　　　　　　图4-24　艺术字的最终效果

❖ 动手做 3　调整艺术字位置

可以明显看出，艺术字在宣传页中的位置不够理想，因此需要调整它的位置使之符合要求。由于在插入艺术字的同时插入了艺术字编辑框，因此调整艺术字编辑框的位置即可调整艺术字的位置。

调整艺术字位置的具体操作步骤如下：

（1）在艺术字上单击鼠标左键，显示出艺术字编辑框。

（2）将鼠标移动至艺术字编辑框边框上，按住鼠标左键当鼠标呈 ✛ 形状时，按下鼠标左键拖动鼠标移动艺术字编辑框。

（3）文本框到达合适位置后，松开鼠标，移动艺术字的效果如图 4-25 所示。

图4-25　艺术字被调整位置后的效果

项目任务 4-3　应用文本框

在文档中灵活使用 Word 2010 中的文本框对象，可以将文字和其他各种图形、图片、表格等对象在页面中独立于正文放置并方便地定位。

❖ 动手做 1　绘制文本框

根据文本框中文本的排列方向，可将文本框分为"横排"和"竖排"两种。在横排文本框中输入文本时，文本在到达文本框右边的框线时会自动换行，用户还可以对文本框中的内容进行编辑，如改变字体、字号大小等。

在产品宣传页中绘制文本框并输入文本，具体操作步骤如下：

（1）单击插入选项卡下文本组中的文本框按钮，在打开的下拉列表中单击绘制文本框选项，鼠标变成十形状。

（2）按住鼠标左键拖动，在宣传页中绘制出一个大小合适的文本框，如图 4-26 所示。

（3）将插入点定位在文本框中，在文本框中输入相应的文本。输入的文本默认的字体为宋体，字号为五号，效果如图 4-27 所示。

图4-26　绘制文本框后的效果　　　　　　　　图4-27　在文本框中输入文本

动手做 2　设置文本框格式

默认情况下，绘制的文本框带有边线，并且有白色的填充颜色。边线和填充颜色影响了宣传单的版面美观，可以将文本框的线条颜色和填充颜色设置为"无颜色"，使文本框具有透明效果，从而不影响整个版面的美观。

设置文本框的具体操作步骤如下：

（1）在文本框的边线上单击鼠标左键选中活动地址文本框，在格式选项卡单击形状样式组中的形状填充按钮，打开一个下拉列表，在下拉列表中选择无填充颜色选项，如图 4-28 所示。

（2）单击形状样式组中的形状轮廓按钮，打开一个下拉列表，在下拉列表中选择无轮廓，如图 4-29 所示。

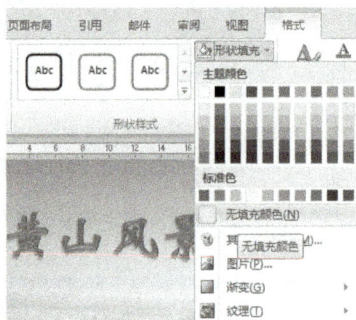

图4-28　形状填充下拉列表　　　　　　　　图4-29　形状轮廓下拉列表

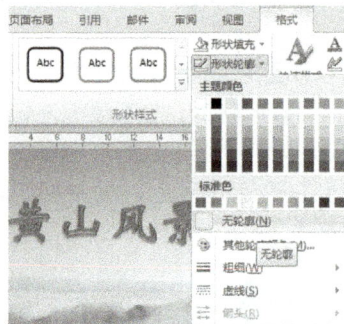

（3）选中文本框中的文本，单击开始选项卡下字体组中的文本效果按钮，在下拉列表中选择第四行第二列字体，如图 4-30 所示。

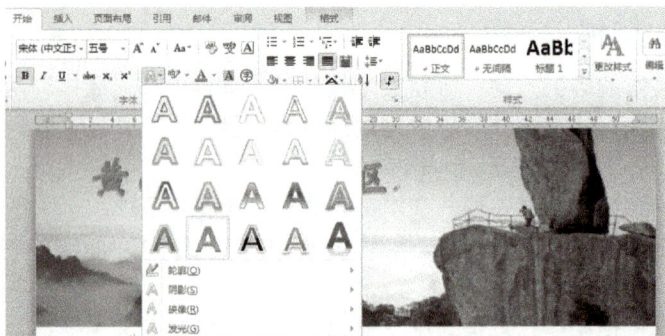

图4-30　设置文本框的效果

（4）将鼠标移动至文本框右下角的控制点上，当鼠标显示为双向箭头形状时拖动鼠标适当调整文本框的大小。

（5）将鼠标移动至文本框边框上，按住鼠标左键当鼠标呈 ⬚ 形状时，按下鼠标左键拖动鼠标移动文本框。

（6）文本框到达合适位置后，松开鼠标。返回到文档中，在文本框的区域之外单击鼠标，文本框的虚线会立即消失，设置文本框格式后的效果如图 4-31 所示。

按照相同的方法在其他 6 个图片的右侧绘制一个文本框，在文本框中输入相应的介绍文字，设置文本框的格式为无填充颜色、无轮廓，字体为宋体、小五，效果如图 4-32 所示。

图4-31 设置文本框格式的效果

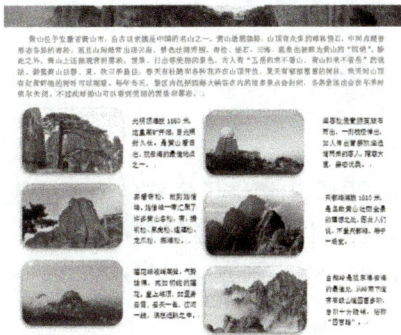

图4-32 在文档中应用文本框的最终效果

❖ 动手做 3 设置图形的对齐方式

用户可以利用功能区的命令把文本框、浮动型的图片以及绘制图形按照某种对齐方式进行对齐，对齐图形的具体操作步骤如下：

（1）选中迎客松图片，按住"Ctrl"键将鼠标指向迎客松图片右侧的文本框，当鼠标变为箭头状时单击鼠标同时选中图片和文本框，继续按住"Ctrl"键依次单击右侧的图片和文本框，将这一行的图片和文本框同时选中。

（2）单击格式选项卡，在排列组中单击对齐按钮，打开对齐列表，在列表中首先选中对齐所选对象选项，然后选择上下居中对齐，如图 4-33 所示。

采用相同的方法对齐宣传页中的图片和文本框。

图4-33 对齐图形

对齐列表中各命令的功能如下：

- 选择左对齐命令，即可将各图形对象的左边界对齐。
- 选择左右居中命令，即可将各图形对象横向居中对齐。
- 选择右对齐命令，即可将各图形对象的右边界对齐。

- 选择顶端对齐命令，即可将各图形对象的顶边界对齐。
- 选择上下居中命令，即可将各图形对象纵向居中对齐。
- 选择底端对齐命令，即可将各图形对象的底边界对齐。
- 选择横向分布命令，即可将各图形对象在水平方向上等距离排列。
- 选择纵向分布命令，即可将各图形对象在竖直方向上等距离排列。

项目任务 4-4 应用表格

表格是由水平的行和垂直的列组成的，行与列交叉形成的方框称为单元格。

▷▷ 动手做 1 创建表格

在 Word 2010 中提供了多种创建表格的方法，可以使用"表格"按钮、"插入表格"对话框或直接绘制表格等方法来创建表格。

如果创建的表格行列数比较少，可以利用"表格"按钮，但是创建的表格不能设置自动套用格式和列宽，而是需要在创建表格后作进一步的调整。

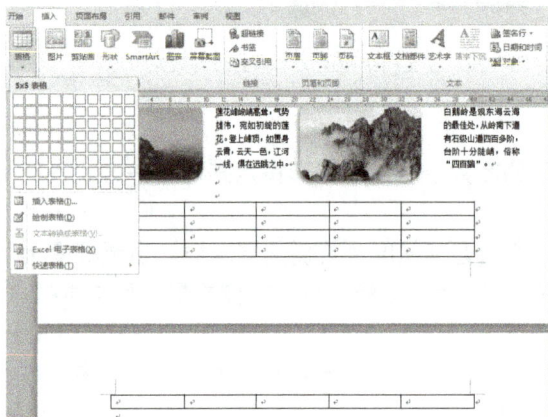

图4-34　创建表格

这里利用"表格"按钮在宣传页中创建一个表格，具体操作步骤如下：

（1）将鼠标定位在最后一行图片和文本的下面。

（2）在插入选项卡下的表格组中单击表格按钮，出现一个下拉列表，在插入表格网格区域按住鼠标左键沿网格左上角向右拖动指定表格的列数，向下拖动指定表格的行数。

（3）这里选择列数为 5，行数为 5，如图 4-34 所示。

（4）松开鼠标，完成插入表格的操作。

提示

在宣传页中插入表格后用户会发现表格的最后一行进入到了下一页，此时用户可以将宣传页文档的下页面边距设置为零，则表格显示在一页中，效果如图 4-35 所示。

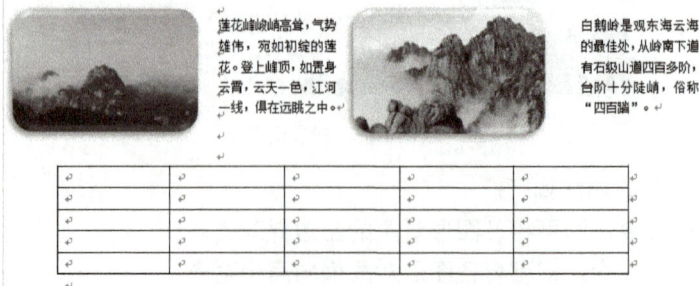

图4-35　设置页边距后的表格效果

动手做 2　在表格中插入行（列）

在创建表格时可能有的行（列）不能满足要求，此时可以在表格中插入行（列）使表格的行（列）能够满足需要。

如果用户希望在表格的某一位置插入行（列），首先将鼠标定位在对应位置，然后选择"布局"选项卡下"行和列"组中的选项即可。

例如，在表格的最后插入一个新行，具体操作步骤如下：

（1）将插入点定位在最后一行的任意单元格中。

（2）在布局选项卡下行和列组中单击在下方插入按钮，则在表格的最后插入一个空白行，效果如图 4-36 所示。

图4-36　表格插入行后的效果

教你一招

将鼠标定位到最后一行边框线的外面，按键盘上的"Enter"键，也可在当前行的下面插入一个新的空白行。

动手做 3　在表格中删除多余列（行）

插入表格时，对表格的行或列控制得不好将会出现多余的行或列，用户可以根据需要将多余的行或列删除。在删除单元格、行或列时，单元格、行或列中的内容同时也被删除。

例如，宣传页中的表格在插入时多插入了一列，用户可将它删除，具体步骤如下：

（1）将鼠标定位在最后一列的任意单元格中。

（2）在布局选项卡下行和列组中单击删除按钮，打开一个下拉列表，如图 4-37 所示。

（3）单击删除列选项，则所选的列被删除。

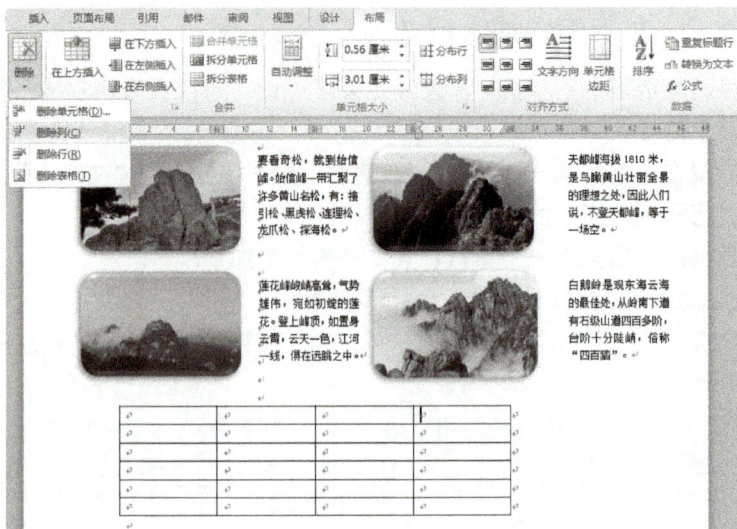

图4-37　删除下拉列表

✵ 动手做 4　合并单元格

Word 2010 允许将多个单元格合并成一个单元格，或者将一个单元格拆分为多个单元格，这为制作复杂的表格提供了极大的便利。

在调整表格结构时，如果需要让几个单元格变成一个单元格，可以利用 Word 2010 提供的合并单元格功能。

例如，对宣传页中表格的单元格进行合并，具体操作步骤如下：

（1）将鼠标定位在表格第一列第一个单元格中，按住鼠标左键向下拖动，选中第一列的所有单元格。

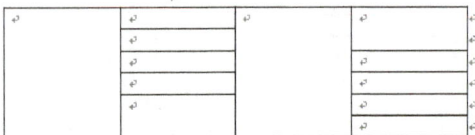

图4-38　合并单元格的效果

（2）单击布局选项卡下合并组中的合并单元格按钮，则选中的单元格被合并为一个单元格。

按照相同的方法将第三列的单元格合并为一个单元格，将第二列的最后两个单元格合并为一个单元格，将第四列的前两个单元格合并为一个单元格，合并单元格的效果如图 4-38 所示。

✵ 动手做 5　调整列宽

对于已有的表格，为了让各列的宽度与内容相符，用户可以调整列宽。在 Word 2010 中不同的列可以有不同的宽度，同一列中各单元格的宽度也可以不同。

调整宣传页中表格列宽的具体操作步骤如下：

（1）将鼠标指针移动到第一列的右侧列边框线上，当出现一个改变大小的列尺寸工具 ⬌ 时按住鼠标左键拖动鼠标，此时出现一条垂直的虚线，显示列改变后的宽度，到达合适位置松开鼠标即可，如图 4-39 所示。

（2）将鼠标定位在第二列的单元格中，切换到布局选项卡，在单元格大小组中的表格列宽文本框中选择或输入 5.5 厘米。

（3）将鼠标定位在第三列的单元格中，切换到布局选项卡，在单元格大小组中的表格列宽文本框中选择或输入 6.5 厘米。

（4）将鼠标定位在第四列的单元格中，切换到 布局 选项卡，在 单元格大小 组中的 表格列宽 文本框中选择或输入 5 厘米。表格调整列宽后的效果如图 4-40 所示。

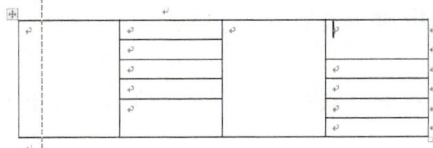

图4-39　拖动鼠标改变列宽　　　　　图4-40　表格调整列宽的效果

教你一招

如果在拖动鼠标时按住"Shift"键，将会改变边框左侧一列的宽度，并且整个表格的宽度将发生变化，但是其他各列的宽度不变。如果在拖动鼠标时按住"Ctrl"键，则边框右侧的各列宽度发生均匀变化，整个表格宽度不变。如果在拖动鼠标时按住"Alt"键，可以在标尺上显示列宽。

动手做 6　调整行高

在 Word 2010 中不同的行可以有不同的高度，但同一行中的所有单元格必须具备相同的高度。

在调整行高时用户可以利用鼠标拖动快速调整，将鼠标指针移动到要调整行高的行边框线上，当出现一个改变大小的行尺寸工具 ⇥ 时按住鼠标左键向下拖动鼠标，此时出现一条水平的虚线，显示改变行高度后的位置，当行高调整合适时松开鼠标，如图 4-41 所示。

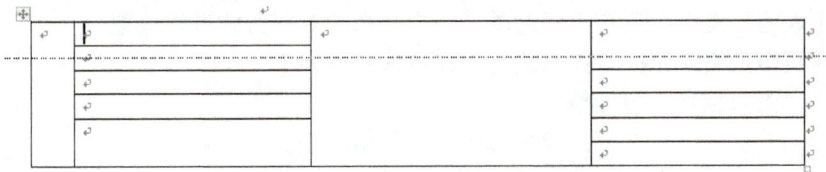

图4-41　利用鼠标拖动调整行高

用户还可以将鼠标定位在行中，然后切换到 布局 选项卡，在 单元格大小 组中的 表格行高 文本框中选择或输入具体的行高。

动手做 7　在表格中输入文本

在表格中输入文本与在文档中输入文本的方法一样，都是先定位插入点，创建好表格后插入点默认地定位在第一个单元格中。如果需要在其他单元格中输入内容，只要用鼠标单击该单元格即可定位插入点，再向表格中输入数据就可以了。

如果在单元格中输入文本时出现错误，按"Backspace"键删除插入点左边的字符，按"Del"键删除插入点右边的字符。在宣传页的表格中输入文本的效果如图 4-42 所示。

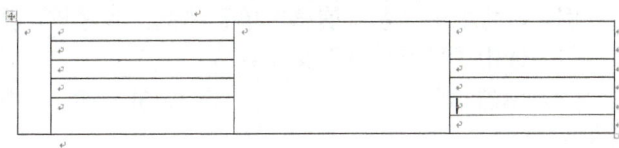

图4-42　在表格中输入文本的效果

默认状态下，表格中的文本都是横向排列的，在特殊情况下用户可以更改表格中文字的排列方向。

例如，将表中"景点信息"单元格的文本竖排，具体操作方法如下：

（1）选中"景点信息"文本。

（2）单击布局选项卡下对齐方式组中的文字方向按钮，则"景点信息"文本竖排，效果如图 4-43 所示。

图4-43　文本竖排的效果

（3）利用鼠标拖动选中除"景点信息"以外表格中的所有文本，切换到开始选项卡，在字体组的字号列表中选择小五。

动手做 8　设置单元格的对齐方式

设置表格中文本的格式和在普通文档中一样，可以采用设置文档中文本格式的方法设置表格中文本的字体、字号、字形等格式，此外还可以设置表格中文字的对齐方式。

单元格默认的对齐方式为"靠上两端对齐"，即单元格中的内容以单元格的上边线为基准向左对齐。如果单元格的高度较大，但单元格中的内容较少、不能填满单元格时，顶端对齐的方式会影响整个表格的美观，用户可以对单元格中文本的对齐方式进行设置。

设置宣传页中表格单元格对齐方式的具体操作步骤如下：

（1）选中"景点信息"单元格。

（2）在布局选项卡下对齐方式组中单击中部居中按钮。

（3）选中除"景点信息"以外表格中的所有单元格。

（4）在布局选项卡下对齐方式组中单击中部两端对齐按钮。设置单元格对齐后的效果如图 4-44 所示。

图4-44　设置文本对齐后的效果

动手做 9　设置表格边框和底纹

文字可以通过使用 Word 2010 提供的修饰功能变得更加漂亮，表格也不例外。颜色、线条、底纹可以随心所欲设置，任意选择。

例如，为宣传页中的表格设置边框和底纹，具体操作步骤如下：

（1）单击表格左上角的控制按钮 ✛，选中整个表格。

（2）单击设计选项卡下绘图边框组右侧的对话框启动器，打开边框和底纹对话框，如

图4-45 边框和底纹对话框

图 4-45 所示。

（3）单击边框选项卡，在设置区域单击自定义按钮，在样式列表中选择实线，在颜色下拉列表中选择橙色，强调文字颜色 6，深色 25%，在宽度列表中选择 1.0 磅。

（4）在右侧用鼠标单击表格内部的横线和竖线。

（5）在宽度列表中选择颜色 1.5 磅。

（6）在右侧用鼠标单击表格的四个外部边框线。

（7）单击确定按钮。

（8）在设计选项卡下表格样式组中单击底纹按钮，打开一个下拉列表，在列表中选择深蓝，文字 2，淡色 80%。为表格设置边框和底纹的效果如图 4-46 所示。

景点信息	地址：黄山市黄山区汤口镇	最佳季节：四季皆宜。春（3-5 月）观百花竞开，松枝吐翠，山鸟飞歌；夏（6-8 月）观松、云雾及避暑休闲；秋（9-11 月）观青松、苍石、红枫、黄菊等自然景色；冬（12-2 月）观冰雪之花及雾松，如遇极寒天气，还能欣赏到冰瀑奇观。	开放时间：淡季 7:30-16:00，旺季 6:00-17:00
	类型：山岳/山岭		旅游咨询：0559-5561111
	等级：AAAAA		旅游投诉：0559-5562222
	游玩时间：建议 1-3 天		天气查询：0559-5586570
	门票：淡季（12 月-2 月）150 元，旺季（3 月-11 月）230 元。		医疗急救：0559-5580120

图4-46 设置边框和底纹的效果

教你一招

在边框和底纹对话框中单击底纹选项卡，则用户可以在对话框中设置底纹。在设计选项卡下表格样式组中单击边框按钮，则用户可以为表格设置边框。

项目任务 4-5 绘制自选图形

利用 Word 2010 的绘图功能，用户可以轻松快速地绘制出各种外观专业、效果生动的图形来。对于绘制出来的图形可以调整其大小，进行旋转、翻转、添加颜色等。用户还可以将绘制的图形与其他图形组合，制作出各种更复杂的图形。

动手做 1 绘制自选图形

用户可以利用"插入"选项卡下"插图"组中的"形状"按钮方便地在指定的区域绘图。绘制自选图形的基本方法如下：

（1）单击插入选项卡下插图组中的形状按钮，打开形状下拉列表，如图 4-47 所示。

（2）在形状列表中的矩形区域中单击矩形按钮，此时鼠标变为十形状，在文档中拖动鼠标，绘制出一个与页面一样大小的矩形，如图 4-47 所示。

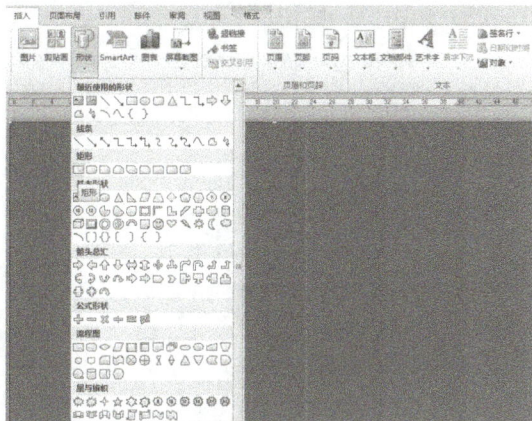

图4-47 绘制矩形

动手做 2　设置自选图形的叠放次序

在绘制自选图形时最先绘制的图形被放置到了底层，用户可以根据需要重新调整自选图形的叠放次序。设置图形叠放次序的基本方法如下：

（1）在绘制的矩形上单击鼠标选中图形。

（2）切换到格式选项卡，单击排列组中下移一层右侧的箭头，在列表中选择衬于文字下方，则绘制的矩形被放在了最下层，如图 4-48 所示。

图4-48　设置自选图形的叠放次序

动手做 3　设置自选图形效果

在绘制自选图形后，用户可以为绘制的自选图形设置效果，具体操作步骤如下：

（1）在绘制的矩形上单击鼠标，选中矩形。

（2）切换到格式选项卡，单击形状样式组右侧的对话框启动器按钮，打开设置形状格式对话框。

（3）单击左侧的填充选项，在右侧的填充区域选择渐变填充选项，在预设颜色下拉列表中选择雨后初晴，类型下拉列表中选择射线，方向下拉列表中选择中心辐射，如图 4-49 所示。

（4）单击左侧的线条颜色选项，在右侧的线条颜色区域选择无线条选项，如图 4-50 示。

（5）单击关闭按钮。

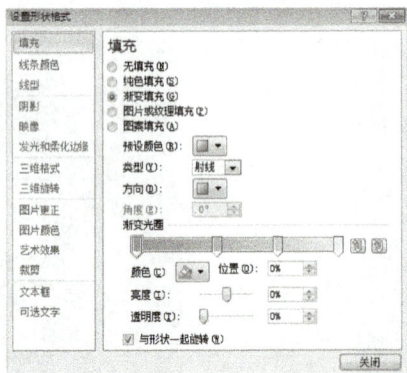

图4-49　设置填充效果

图4-50　设置线条颜色

（6）在格式选项卡的形状样式组中单击形状效果按钮，在列表中选择棱台中的艺术装饰，则自选图形被应用了棱台效果，如图 4-51 所示。

图4-51 为自选图形应用棱台效果

知识拓展

通过前面的任务主要学习了应用图片、应用艺术字、应用表格、绘制图形的基本操作，另外还有一些基本操作在前面的任务中没有运用到，下面就介绍一下。

≫动手做 1 插入剪贴画

Word 2010 提供了一个功能强大的剪辑管理器，在剪辑管理器中的 Office 收藏集中收藏了多种系统自带的剪贴画，使用这些剪贴画可以活跃文档。收藏集中的剪贴画是以主题为单位进行组织的。例如，想使用 Word 2010 提供的与"自然"有关的剪贴画时，可以选择"自然"主题。

在文档中插入剪贴画的具体操作步骤如下：

（1）将插入点定位在要插入剪贴画的位置。

（2）单击插入选项卡插图组中的剪贴画按钮，打开剪贴画任务窗格。

（3）在剪贴画任务窗格的搜索文字文本框中输入要插入剪贴画的主题，例如，输入"自然"。在结果类型下拉列表中选择所要搜索的剪贴画的媒体类型。如果选中包括 Office.com 内容复选框，则可以在网上进行搜索。单击搜索按钮，出现如图 4-52 所示的任务窗格。

图4-52 插入剪贴画

（4）单击需要的剪贴画，即可将其插入到文档中。

⠿ 动手做 2　插入屏幕截图

用户可以快速而轻松地将屏幕截图插入到 Office 文件中，以增强可读性或捕获信息，而无须退出正在使用的程序。Microsoft Word、Excel、Outlook 和 PowerPoint 中都提供此功能，用户可以使用此功能捕获在计算机上打开的全部或部分窗口的图片。无论是在打印文档上，还是在用户设计的 PowerPoint 幻灯片上，这些屏幕截图都很容易读取。

屏幕截图适用于捕获可能更改或过期的信息（例如，重大新闻报道或旅行网站上提供的讲求时效的可用航班和费率的列表）的快照。此外，当用户从网页和其他来源复制内容时，通过任何其他方法都可能无法将它们的格式成功传输到文件中，而屏幕截图可以帮助用户实现这一点。如果用户创建了某些内容（如网页）的屏幕截图，而源中的信息发生了变化，也不会更新屏幕截图。

在 Word 2010 中使用屏幕截图的具体操作步骤如下：

（1）将插入点定位在要插入屏幕截图的位置。

（2）在插入选项卡的插图组中，单击屏幕截图按钮，如图 4-53 所示。

（3）用户可以执行下列操作之一：

图4-53　"屏幕截图"按钮

- 若要添加整个窗口，则单击可用视窗库中的缩略图。
- 若要添加窗口的一部分，则单击屏幕剪辑，当指针变成十时，按住鼠标左键以选择要捕获的屏幕区域。

在进行屏幕剪辑时如果有多个窗口打开，应先单击要剪辑的窗口，然后再在要插入屏幕截图的文档中单击屏幕剪辑。当用户单击屏幕剪辑时，正在使用的程序将最小化，只显示它后面的可剪辑的窗口。另外，屏幕截图只能捕获没有最小化到任务栏的窗口。

⠿ 动手做 3　自由绘制表格

Word 2010 提供了用鼠标绘制任意不规则的自由表格的强大功能，创建任意不规则自由表格的具体方法如下：

（1）单击插入选项卡下表格组中的表格按钮，在打开的下拉列表中选择绘制表格选项，此时鼠标指针变成铅笔形状 。

（2）在文档窗口内移动鼠标到目的位置，按住鼠标左键不放拖动鼠标，出现可变的虚线框，松开鼠标左键，即可画出表格的矩形边框，如图 4-54 所示。

图4-54　绘制表格边框

（3）边框绘制完成后，利用笔形指针可以在边框内任意绘制横线、竖线和斜线，创建出不规则的表格，如图 4-55 所示。

（4）单击设计选项卡下绘图边框组中的擦除按钮，这时鼠标指针变成橡皮状 ，在要删除的线上单击鼠标即可删除表格的框线，如图 4-56 所示。

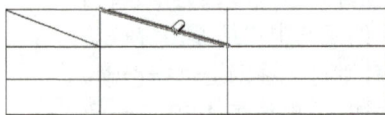

图4-55　绘制不规则的表格　　　　图4-56　删除表格中的边框线

动手做 4　拆分单元格

用户还可以将表格中的单元格进行拆分，基本步骤如下：

（1）将鼠标指针定位在要拆分的单元格中。

（2）单击布局选项卡下合并组中的拆分单元格按钮，或者在单元格上单击鼠标右键选择拆分单元格命令，打开拆分单元格对话框，如图 4-57 所示。

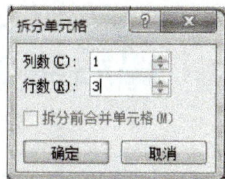

图4-57　拆分单元格对话框

（3）在列数文本框中选择或输入要拆分的列数，在行数文本框中选择或输入要拆分的行数。

（4）单击确定按钮。

在拆分单元格时如果用户选中的是多个单元格，则在拆分单元格对话框中用户还可以选中拆分前合并单元格复选框，这样在拆分时首先将选中的多个单元格进行合并，然后再拆分。

动手做 5　文本转换为表格

如果以前用户输入过和表格内容类似的信息，现在可以直接把它变成表格分析，这样可以减少重复输入提高工作效率。

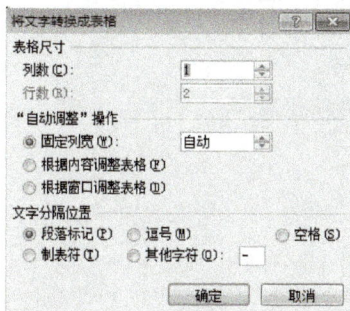

图4-58　将文字转换成表格对话框

将文本内容转换为表格的具体步骤如下：

（1）在需要转换文本的适当位置添加必要的分隔符，单击开始选项卡段落组中的显示/隐藏编辑标记按钮，可以查看文本中是否包含适当的分隔符，选中需要转换为表格的文本。

（2）在插入选项卡的表格组中单击表格按钮，在下拉列表中选择文本转换成表格选项，打开将文字转换成表格对话框，如图 4-58 所示。

（3）在列数文本框中显示出系统辨认的列数，用户也可以在列数文本框中选择或输入所需的列数。

（4）在行数文本框中显示的是表格中将要包含的行数。

（5）在自动调整操作区域中设置适当的列宽。

（6）在文字分隔位置区域中选择确定列的分隔符。

（7）单击确定按钮，选中的文本将自动转换为一个表格。

动手做 6　表格转换为文本

将表格转换为文本的具体步骤如下：

（1）将插入点定位在表格中的任意单元格中。

（2）在布局选项卡下数据组中单击表格转换成文本按钮，打开表格转换成文本对话框，如图 4-59 所示。

（3）在文字分隔符区域选中一种文字分隔符。

（4）单击确定按钮，表格即可转化为普通的文本。

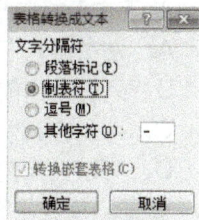

图4-59　表格转换成文本对话框

动手做 7　向自选图形中添加文字

在各类自选图形中，除了直线、箭头等线条图形外，其他的所有图形都允许向其中添加文字。有的自选图形在绘制好后可以直接添加文字，例如，绘制的标注等。有些图形在绘制好后则不能直接添加文字，在自选图形上单击鼠标右键，然后在快捷菜单中选择添加文字命令即可向自选图形中添加文字。

课后练习与指导

一、选择题

1. 选中图片，单击"格式"选项卡下（　　）组中的"自动换行"按钮，在列表中可以设置图片的版式。

    A．排列　　　　　　　　B．文字环绕　　　　　　C．位置　　　　　　　　D．布局选项

2. 关于设置图片下列说法正确的是（　　）。

    A．用户可以利用鼠标拖动调整图片大小

    B．用户可以对插入的图片进行裁剪

    C．用户可以在"格式"选项卡下"大小"组中直接设定图片的大小

    D．嵌入式的图片可以在文档中自由移动

3. 关于艺术字下列说法正确的是（　　）。

    A．插入的艺术字，用户还可以重新对艺术字的阴影样式进行设置

    B．选择艺术字样式后，就不必再设置插入艺术字的字体以及字号了

    C．插入艺术字后，用户就不能重新编辑艺术字的文本内容

    D．插入艺术字后，用户还可以重新对艺术字的填充效果进行设置

4. 关于文本框下列说法错误的是（　　）。

    A．文本框可以分为"横排"和"竖排"两种

    B．用户可以在文本框中插入图片，并设置图片的版式

    C．用户可以对文本框中的文本设置段落缩进和段落间距

    D．用户可以对绘制文本框的边框和填充效果进行设置

5. 关于自选图形下列说法错误的是（　　）。

    A．有的自选图形在绘制好后可以直接添加文字

    B．有些图形在绘制好后不能直接添加文字，这样的图形只能用文本框添加文字

    C．绘制的自选图形用户可以设置填充效果

    D．绘制的自选图形用户可以精确地调整其大小

6. 关于在表格中插入行或列下列说法正确的是（　　）。

    A．在"插入"选项卡的"表格"组中可以设置插入行或列

    B．只能在当前行的下方插入行

    C．可以在当前列的左侧插入列

    D．可以在当前列的右侧插入列

7. 关于删除表格行或列下列说法正确的是（　　）。

    A．用户可以删除鼠标定位的行　　　　　　B．用户可以删除鼠标定位的列

    C．用户可以删除鼠标定位的单元格　　　　D．用户可以删除鼠标定位的表格

8. 关于调整表格行高和列宽下列说法错误的是（　　）。

    A．不同的列可以有不同的宽度，同一列中各单元格的宽度也必须相同

    B．不同的行可以有不同的高度，同一行中各单元格的高度也必须相同

    C．用鼠标拖动可以调整行高

    D．用鼠标拖动可以调整单元格宽度

二、填空题

1. 单击_____选项卡下"插图"组中的"图片"按钮，打开"插入图片"对话框。

2. 单击_____选项卡下"艺术字样式"组中的_____按钮，在下拉列表中可以设置艺术字的填充效果。

3. 选中绘制的自选图形，在_____选项卡中单击_____组右侧的对话框启动器按钮，可以打开"设置形状格式"对话框。

4. 选中绘制的文本框，在"格式"选项卡的"形状样式"组中单击_____按钮，在下拉列表中可以设置文本框的线条样式。

5. 选中图片，在_____选项卡的_____组中单击"图片样式"列表后面的下三角箭头，可以打开"图片外观样式"列表。

6. 单击"插入"选项卡下_____组的"表格"按钮，在下拉列表中选择_____选项，可以打开"插入表格"对话框。

7. 在"布局"选项卡下_____组中单击_____按钮，可在当前行的下方插入一个空白行。

8. 单击"布局"选项卡下_____组中的_____按钮，则选中的单元格被合并为一个单元格。

9. 在"布局"选项卡下_____组中单击_____按钮，可打开"表格转换成文本"对话框。

10. 单击_____选项卡下_____组中的"文字方向"按钮，可以改变单元格中文字的排列方向。

三、简答题

1. 设置图片大小有哪几种方法？
2. 如何设置艺术字的填充效果？
3. 在文档中插入剪贴画的基本方法是什么？
4. 如何自由绘制表格？
5. 如何拆分单元格？
6. 为单元格添加边框和底纹有哪些方法？
7. 怎样将文本转换为表格？
8. 如何裁剪图片？
9. 如何设置图形的对齐方式？
10. 如何设置图片的样式？

四、实践题

练习1：制作如图4-60所示的图文混排文档。

（1）自定义纸张大小，设置纸张的宽度为16厘米，高度为12厘米。

（2）在文档中插入图片文件"案例与素材\模块04\素材\练习1素材图片.jpg"。

（3）设置图片的文字环绕方式为"衬于文字下方"。

（4）调整图片大小，使图片的宽度为16厘米，高度为12厘米。

（5）在文档中插入艺术字，艺术字样式为"第四行第二列"，字体为"华文新魏"，字号为"36"。

（6）在文档中插入文本框，设置上方文本框中的字体为"华文楷体"，字号为"四号"，设置下方文本框中的字体为"隶书"，字号为"四号"，设置两个文本框中文本的行间距为固定值

18 磅。

（7）设置文本框无填充颜色，无线条颜色。

效果图位置：案例与素材\模块 04\源文件\练习 1 效果

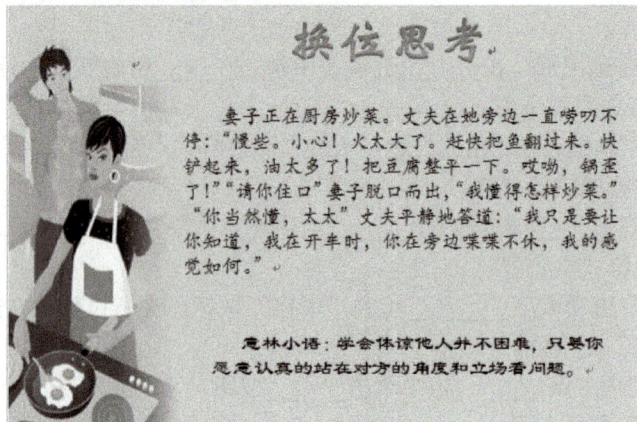

图4-60　练习1最终效果

练习 2：制作如图 4-61 所示的表格。

（1）打开"案例与素材\模块 04\素材\练习 2 素材"文档。

（2）将文档中的文本转换为表格。

（3）在表格最右边插入一空列，输入列标题"总分"，然后在其他单元格中输入总分。

（4）设置表格各列列宽为 2.8 厘米，设置表格各行行高为 0.8 厘米。

（5）设置表格中文本的对齐方式为水平居中。

（6）设置表格外框线为 1.5 磅单实线，表内线为 1 磅点划线。

效果图位置：案例与素材\模块 04\源文件\练习 2 效果

考　生　号	数　　学	外　　语	语　　文	总　　分
12144091A	78	82	80	240
12144084B	82	87	80	249
12144087C	94	93	86	273
12144085D	90	89	91	270

图4-61　练习2最终效果

练习 3：打开"案例与素材\模块 04\素材\WORD1.docx"文档，按照要求完成下列操作并以该文件名保存文件，最终效果如图 4-62 所示。

（1）将文中所有的"谐音"替换为"泛音"并加下划线。

（2）将标题段文字（"音调、音强与音色"）设置为三号红色宋体、加粗、居中并添加黄色底纹，段后间距 1 行。

（3）正文文字（"声音是模拟……加以辨认"）设置为小四号宋体，各段落左、右各缩进 1.5 字符，首行缩进 2 字符，行间距为 1.5 倍行距。

（4）将表格标题（"不同种类声音的频带宽度"）设置为四号宋体、倾斜、居中，段前间距 1.5 行，段后间距 0.5 行。

（5）将文中最后 7 行统计数字转换成一个 7 行 2 列的表格，表格居中，列宽 3 厘米，行高

0.8 厘米，表格中的第一行文字设置为黑体、五号，其余各行文字设置为五号，表格内容对齐方式为水平居中。

效果图位置：案例与素材\模块 04\源文件\ WORD1.docx

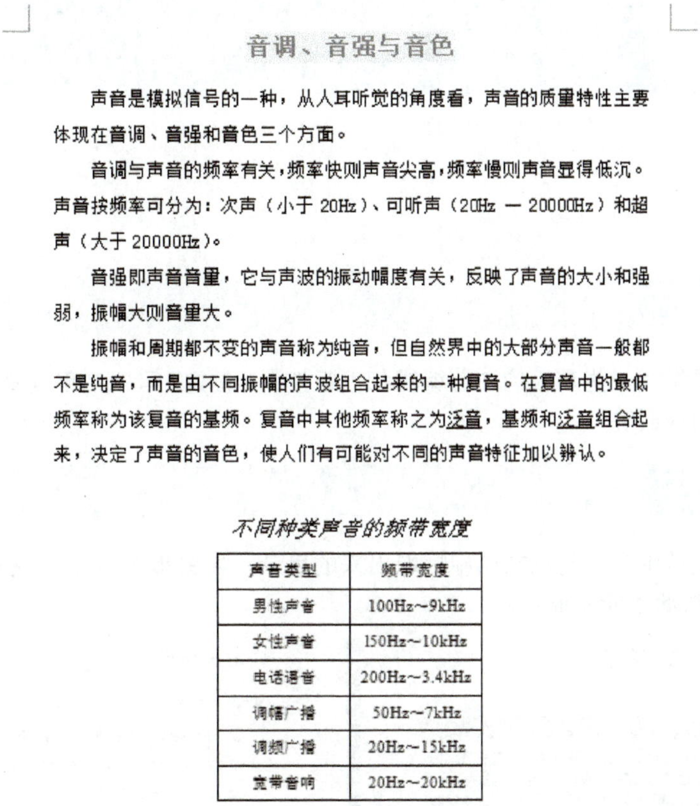

音调、音强与音色

声音是模拟信号的一种，从人耳听觉的角度看，声音的质量特性主要体现在音调、音强和音色三个方面。

音调与声音的频率有关，频率快则声音尖高，频率慢则声音显得低沉。声音按频率可分为：次声（小于 20Hz）、可听声（20Hz — 20000Hz）和超声（大于 20000Hz）。

音强即声音音量，它与声波的振动幅度有关，反映了声音的大小和强弱，振幅大则音量大。

振幅和周期都不变的声音称为纯音，但自然界中的大部分声音一般都不是纯音，而是由不同振幅的声波组合起来的一种复音。在复音中的最低频率称为该复音的基频。复音中其他频率称之为泛音，基频和泛音组合起来，决定了声音的音色，使人们有可能对不同的声音特征加以辨认。

不同种类声音的频带宽度

声音类型	频带宽度
男性声音	100Hz～9kHz
女性声音	150Hz～10kHz
电话语音	200Hz～3.4kHz
调幅广播	50Hz～7kHz
调频广播	20Hz～15kHz
宽带音响	20Hz～20kHz

图4-62　WORD1最终效果

你知道吗

Word 2010 提供了一些高级的文档编辑和排版技术，例如，可以应用样式快速格式化文档，为文档设置特殊的版面等。

应用场景

人们平常在文档中会见到从文档中提取出来的目录，如图 5-1 所示，这些可以利用 Word 2010 软件的页面排版功能来制作。

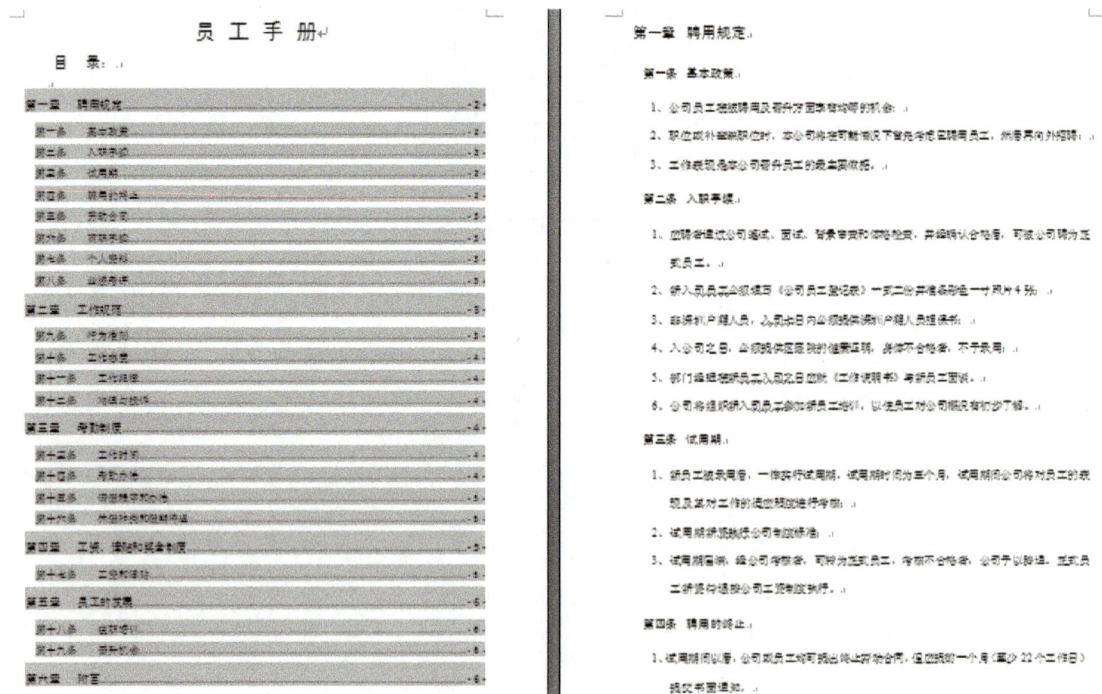

图5-1　文档中提取的目录

前台工作的表现直接影响着公司的形象，所以作为前台文员除了必须了解前台文员的工作职责外，还要掌握公司的前台接待礼仪。如图 5-2 所示，就是利用 Word 2010 制作的"前台工作人员礼仪培训"文档。请读者根据本模块所介绍的知识和技能，完成这一工作任务。

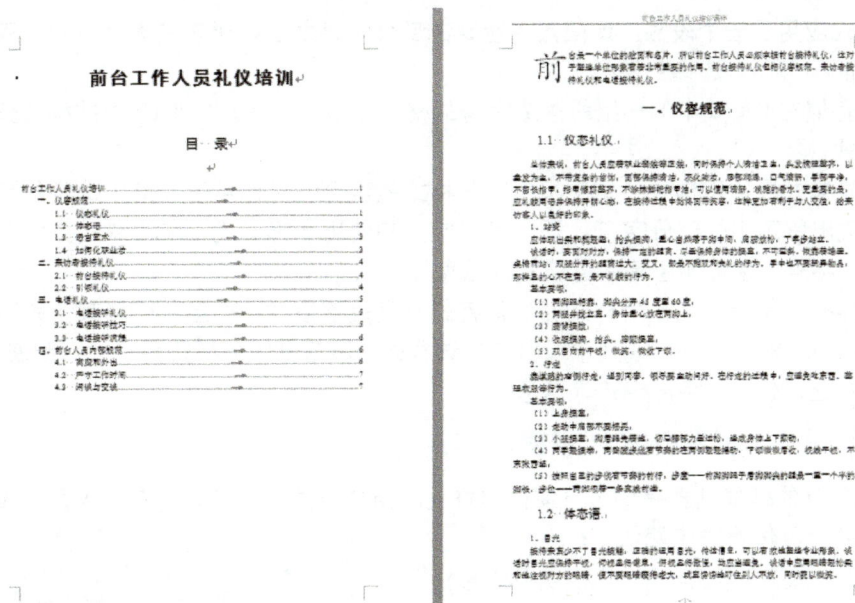

图5-2 "前台工作人员礼仪培训"文档

相关文件模板

利用 Word 2010 软件的页面功能，还可以完成产品说明书、教学课件、商务回复函、项目评估报告、可行性研究报告等工作任务。

为方便读者，本书在配套的资料包中提供了部分常用的文件模板，如图 **5-3** 所示。

图5-3 常用的文件模板

背景知识

公司前台是一个单位的脸面和名片，所以前台工作人员必须掌握公司前台接待礼仪，这对于塑造公司形象有着非常重要的作用。公司前台接待礼仪包括仪容规范、电话接待礼仪和来访者接待礼仪。

设计思路

在编排"前台工作人员礼仪培训"文档版面的过程中，首先在文档中应用样式来快速设置文档标题，然后将目录提取出来。编排"前台工作人员礼仪培训"文档版面的基本步骤可分解为：

（1）应用样式；

（2）制作目录；

（3）添加页眉、页脚；

（4）设置特殊格式的版面。

项目任务 5-1　应用样式

样式是指一组已经命名的字符样式或者段落样式。每个样式都有唯一确定的名称，用户可以将一种样式应用于一个段落，或段落中选定的部分字符之上，能够快速地完成段落或字符的格式编排，而不必逐个选择各种样式指令。

样式是存储在 Word 中的一组段落或字符的格式化指令，Word 2010 中的样式分为字符样式和段落样式：

- 字符样式是指用样式名称来标识字符格式的组合，只作用于段落中选定的字符。如果要突出段落中的部分字符，那么可以定义和使用字符样式，字符样式只包含字体、字形、字号、字符颜色等字符格式的信息。

- 段落样式是指用某一个样式名称保存的一套段落格式，一旦创建了某个段落样式，就可以为文档中的一个或几个段落应用该样式。段落样式包括段落格式、制表符、边框、图文框、编号、字符格式等信息。

动手做 1　利用样式列表使用样式

Word 2010 的样式列表提供了方便使用样式的用户界面，在"前台工作人员礼仪培训"文档中使用样式，具体操作步骤如下：

（1）打开存放在"案例与素材\模块 05\素材"文件夹中名称为"前台工作人员礼仪培训（初始）"的文件，在文档中选中要应用样式的段落，这里选中"前台工作人员礼仪培训"。

（2）单击开始选项卡下样式组中的样式列表。

（3）在样式列表中单击标题 1，应用样式后的效果如图 5-4 所示。

按照相同的方法为"前台工作人员礼仪培训"文档中"一、仪容规范"、"二、来访者接待礼仪"、"三、电话礼仪"以及"四、前台人员内部规范"应用"副标题"样式。

图5-4　应用样式"标题1"后的效果

动手做 2　创建新样式

Word 2010 提供了许多常用的样式，如正文、脚注、各级标题、索引、目录等。对于一般的文档来说这些内置样式就能够满足工作需要，但在编辑一篇复杂的文档时这些内置的样式往往不能满足用户的需求，用户可以自己定义新的样式来满足特殊排版格式的需要。

例如，在"前台工作人员礼仪培训"文档中创建一个"小标题"的新样式，具体操作步骤如下：

（1）单击开始选项卡下样式组中右下角的对话框启动器按钮，打开样式任务窗格，在任务窗格的底端单击新建样式按钮，打开根据格式设置创建新样式对话框，如图 5-5 所示。

（2）在属性区域的名称文本框中输入小标题；在样式类型下拉列表框中选择段落；在样式基准下拉列表框中选择正文；在后续段落样式下拉列表框中选择正文。

（3）在格式区域的字体下拉列表中选择黑体，在字号下拉列表中选择小三。

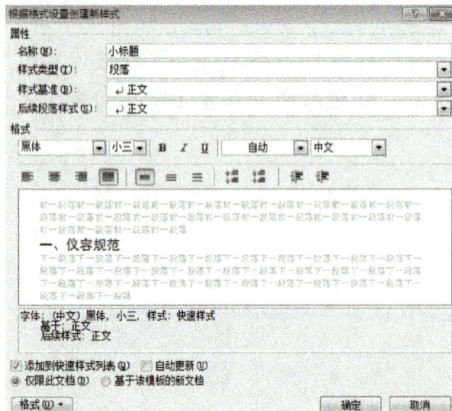

图5-5　根据格式设置创建新样式对话框

（4）单击格式按钮打开一个菜单，在菜单中选择段落命令，打开段落对话框，单击缩进和间距选项卡，如图 5-6 所示。

（5）在常规区域的大纲级别下拉列表框中选择 3 级，在间距区域的段前文本框中选择或输入 0.5 行，在段后文本框中选择或输入 0.5 行。

（6）单击确定按钮，返回根据格式设置创建新样式对话框。

（7）如果选中添加到快速样式列表复选框，则可将创建的样式添加到样式列表中。单击确定按钮，新创建的样式便出现在样式任务窗格中，如图 5-7 所示。

（8）选中"1.1　仪态礼仪"段落，然后在任务窗格中单击新创建的小标题样式，应用小标题样式后的效果如图 5-7 所示。

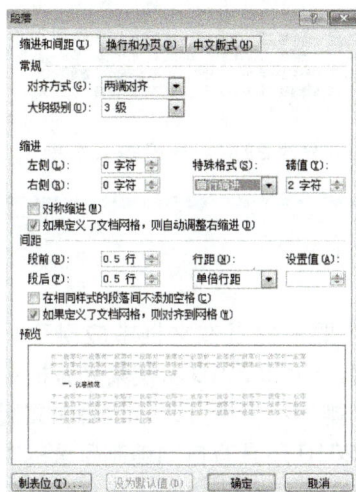

图5-6　段落对话框

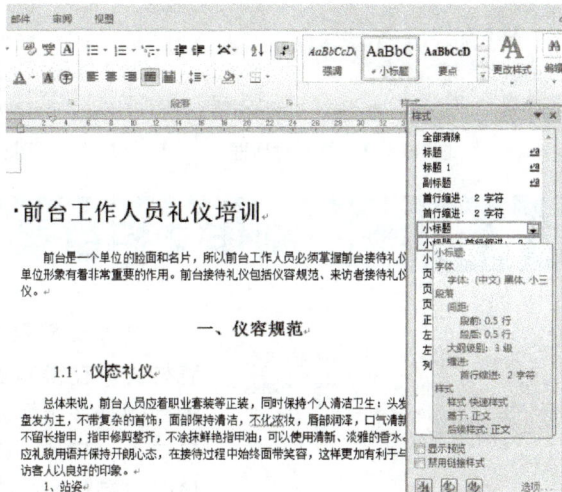

图5-7　应用新创建的样式

按照相同的方法将文档中类似的文本都设置为小标题的样式。

提示

所谓基准样式，就是新建样式在其基础上进行修改的样式，后续段落样式就是应用该段落样式后面的段落默认的样式。

⁙ 动手做 3　修改样式

应用样式后如果对所应用的标题样式不满意，用户可以修改样式，在文档中不仅可以利用样式列表快速应用和修改样式，而且还可以利用"样式"任务窗格应用和修改样式，具体操作步骤如下：

（1）单击开始选项卡下样式组中的样式列表。

（2）在样式列表的标题 1 样式上单击鼠标右键，弹出一个快捷菜单，如图 5-8 所示。

（3）在弹出的快捷菜单中选择修改按钮，打开修改样式对话框。在格式区域的字体下拉列表中选择黑体，单击居中按钮，如图 5-9 所示。

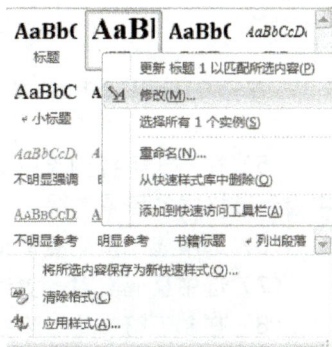

图5-8　样式快捷菜单

（4）选中自动更新复选框，单击确定按钮，文档中应用了标题1样式的"前台工作人员礼仪培训"变为如图5-10所示。

图5-9　修改样式对话框

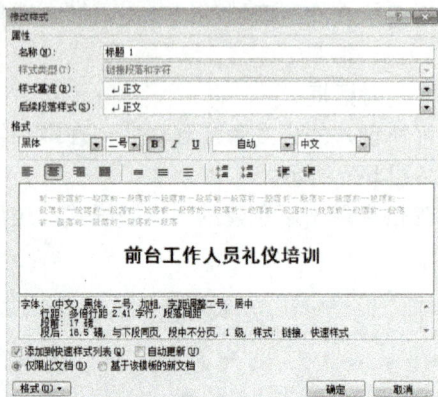

图5-10　应用修改后的"标题1"样式效果

项目任务 5-2　制作文档目录

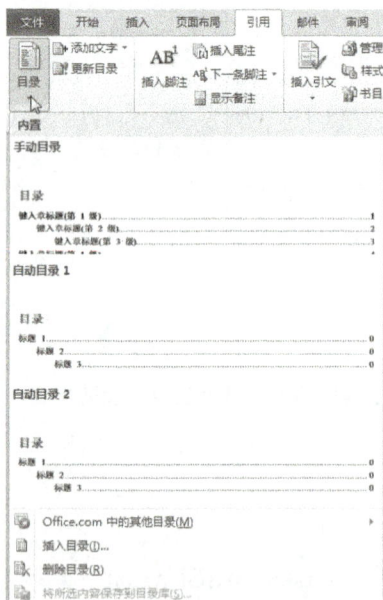

图5-11　内置目录下拉列表

制作文档目录的首要前提是在文档中应用了一些标题样式，在编制目录时，Word 2010将搜索带有指定样式的标题，按照标题级别排序，引用页码，然后在文档中显示目录。另外，Word 2010还具有自动编制目录的功能。编制目录后，可以利用它按住Ctrl键单击鼠标，从而跳转到文档中的相应标题。

这里将"前台工作人员礼仪培训"文档的目录提取出来，具体操作步骤如下：

（1）在文档标题后新建一行，然后输入文本"目录"，设置"目录"文本字体为黑体，字号为小二，居中显示。将鼠标定位在"目录"下面的一个新段中。

（2）单击引用选项卡下目录组中的目录按钮，打开内置目录下拉列表，如图5-11所示，用户在列表中选择一种内置的目录样式即可。

（3）在内置目录下拉列表中单击插入目录选项，打开如图5-12所示的目录对话框。

（4）在显示级别文本框中选择或输入目录显示的级别为4级。

（5）在格式下拉列表中选择一种目录格式，例如，选择来自模板选项，可以在打印预览框中看到该格式的目录效果。

（6）选中显示页码复选框，在目录的每一个标题后面显示页码。

（7）选中页码右对齐复选框，使目录中的页码居右对齐。

（8）在制表符前导符下拉列表框中指定标题与页码之间的分隔符为点线。

（9）单击确定按钮，提取目录的效果如图5-13所示。

前台工作人员礼仪培训

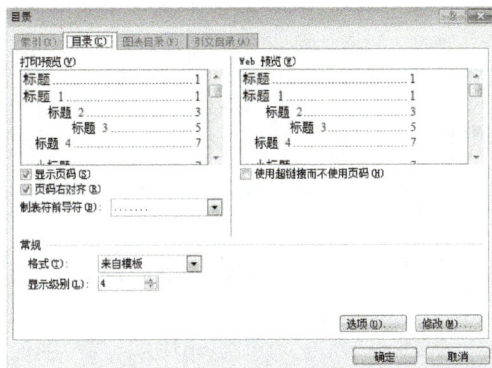

目 录

图5-12 目录对话框

图5-13 提取出的目录效果

项目任务 5-3 添加页眉和页脚

页眉和页脚是指在文档页面的顶端和底端重复出现的文字或图片等信息。在草稿视图方式下用户无法看到页眉和页脚，在页面视图中看到的页眉和页脚会变淡。用户可以将首页的页眉和页脚设置成与其他页不同的样式，还可以将奇数页和偶数页的页眉和页脚设置成不同的样式。在页眉和页脚中还可以插入域，如在页眉和页脚中插入时间、页码，就是插入了一个提供时间和页码信息的域。当域的内容被更新时，页眉和页脚中的相关内容就会发生变化。

页眉和页脚与文档的正文处于不同的层次上，因此，在编辑页眉和页脚时不能编辑文档的正文，同样在编辑文档正文时也不能编辑页眉和页脚。

例如，在"前台工作人员礼仪培训"文档中创建页眉和页脚，具体步骤如下：

（1）将插入点定位在文档中的任意位置。

（2）单击插入选项卡下页眉和页脚组中的页眉按钮，打开一个下拉列表，在下拉列表中选择编辑页眉选项，进入页眉和页脚编辑模式。此时用户可以在页眉区和页脚区进行编辑，方法和在文档正文中编辑的方法相同。

（3）在设计选项卡的选项组中选中首页不同和奇偶页不同复选框，这样在页眉区域会显示首页页眉、奇数页页眉、偶数页页眉、首页页脚、奇数页页脚、偶数页页脚字样。

（4）将鼠标定位在偶数页页眉区域，然后输入文本"公司形象的载体 企业文化的传播"，在奇数页页眉区域输入文本"前台工作人员礼仪培训课件"。

（5）选中奇数页页眉的"前台工作人员礼仪培训课件"段落，在开始选项卡下段落组中单击下框线按钮右侧的下三角箭头，打开一个列表，在列表中选择下框线。

（6）选中偶数页页眉的"公司形象的载体 企业文化的传播"段落，在开始选项卡下段落组中单击下框线按钮右侧的下三角箭头，打开一个列表，在列表中选择下框线，设置页眉的效果如图5-14所示。

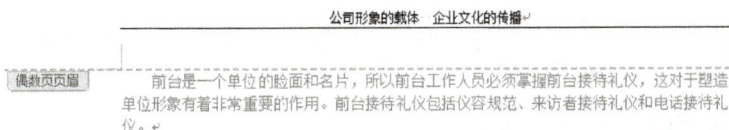

公司形象的载体 企业文化的传播

偶数页页眉

前台是一个单位的脸面和名片，所以前台工作人员必须掌握前台接待礼仪，这对于塑造单位形象有着非常重要的作用。前台接待礼仪包括仪容规范、来访者接待礼仪和电话接待礼仪。

图5-14 设置页眉的效果

前台工作人员礼仪培训课件

和地注视对方的眼睛，但不要眼睛瞪得老大，或直愣愣地盯住别人不放，同时配以微笑。

基本要领：

嘴：微笑不露牙齿，嘴角的两端略起，发自内心，自然坦诚，切不可假笑。

2、手势

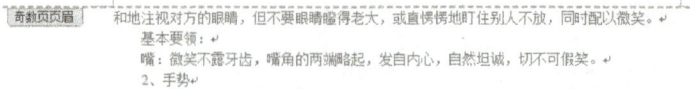

图5-14 设置页眉的效果（续）

（7）将鼠标定位在奇数页页脚区域，单击设计选项卡下页眉和页脚组中的页码按钮，打开一个下拉菜单。

（8）在下拉菜单中选择页面底端（B）按钮，在打开的子菜单中选择合适的页码样式，这里选择普通数字 2，如图 5-15 所示。

（9）将鼠标定位在偶数页页脚区域，单击设计选项卡下页眉和页脚组中的页码按钮，打开一个下拉菜单。在下拉菜单中选择页面底端（B）按钮，在打开的子菜单中选择合适的页码样式，这里选择普通数字 2。

（10）单击设计选项卡下页眉和页脚组中的页码按钮，打开一个下拉菜单。在下拉菜单中选择设置页码格式命令，打开页码格式对话框，如图 5-16 所示。

图5-15 选择页码样式

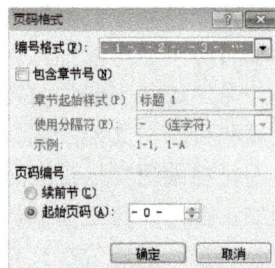

图5-16 页码格式对话框

（11）切换到设计选项卡，单击关闭组中的关闭页眉和页脚按钮，返回文档。

（12）在编号格式列表中选中第二种选项，在页码编号区域选中起始页码选项，然后在后面的文本框中输入或选择 0。单击确定按钮，设置页脚的效果如图 5-17 所示。

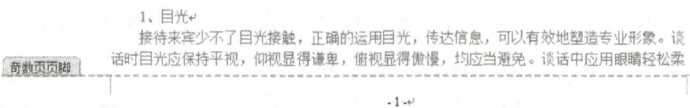

1、目光

接待来宾少不了目光接触，正确的运用目光，传达信息，可以有效地塑造专业形象。谈话时目光应保持平视，仰视显得谦卑，俯视显得傲慢，均应当避免。谈话中应用眼睛轻松柔

-1-

图5-17 设置页脚的效果

项目任务 5-4 设置特殊格式的版面

在编排文档版面时往往需要一些特殊的格式，例如，用户可以利用分栏排版技术来美化文档页面。

动手做 1 设置首字下沉

首字下沉是文档中常用的一种排版方式，就是将段落开头的第一个或若干个字母、文字变

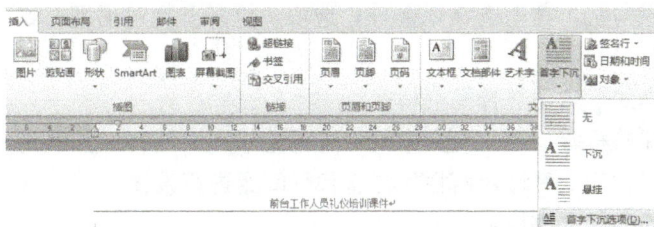

前台是一个单位的脸面和名片，所以前台工作人员必须掌握前台接待礼仪，这对于塑造单位形象有着非常重要的作用。前台接待礼仪包括仪容规范、来访者接待礼仪和电话接待礼仪。

图5-18　选择首字下沉选项

为大号字，从而使文档的版面出现跌宕起伏的变化，使文档更具层次感。

例如，将文档中正文第一段第一个文字"前"字设置为首字下沉的效果，具体步骤如下：

（1）将鼠标定位在正文第一段中。

（2）单击插入选项卡下文本组中的首字下沉按钮，打开一个下拉列表，如图 5-18 所示。

（3）在下拉列表中选择首字下沉选项按钮，打开首字下沉对话框，如图 5-19 所示。

（4）在字体下拉列表中选择一种字体，这里选择华文行楷。

（5）在下沉行数文本框中选择或输入下沉的行数，这里选择数值 3。

（6）单击确定按钮，设置首字下沉后的效果如图 5-20 所示。

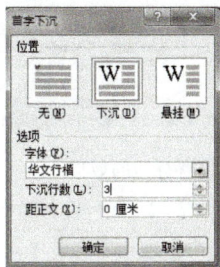

图5-19　首字下沉对话框

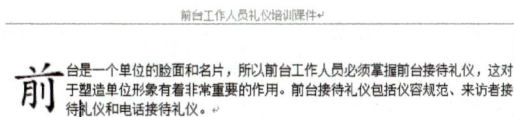

图5-20　设置首字下沉的效果

提示

在首字下沉对话框中，选择位置区域的无选项，可取消首字下沉的效果。

动手做 2　分栏排版

分栏是经常使用的一种页面方式，在报纸杂志中被广泛使用。分栏排版可以使文本从一栏的底端连续接到下一栏的顶端，用户只有在页面视图方式和打印预览视图方式下才能看到分栏的效果，在普通视图方式下，只能看到按一栏宽度显示的文本。

使用功能区中的"分栏"按钮可以快速创建分栏版面，如果用户要创建比较复杂的分栏，可以在"分栏"对话框中进行设置。

例如，将文档中"1.4　如何化职业妆"中化妆的步骤设置分栏，具体步骤如下：

（1）选中文档化妆的步骤共 8 个段落。

（2）单击页面布局选项卡下页面设置组中的分栏按钮，打开一个下拉列表，如图 5-21 所示。

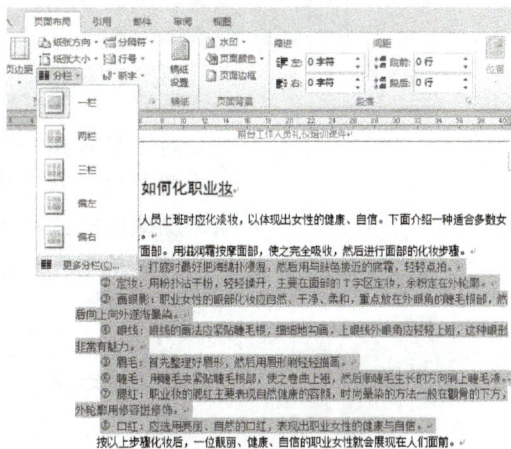

图5-21　分栏下拉列表

（3）在列表中用户可以选择一种分栏方式，这里选择更多分栏选项，打开分栏对话框，如图 5-22 所示。

（4）在预设选项区域选中一种分栏样式，这里选择两栏样式。

（5）选中栏宽相等则被分栏的宽度保持相等，在间距文本框中选择或输入 2 字符。如果用户取消栏宽相等复选框，则还可以在宽度和间距区域对两栏的栏宽和栏间距进行设置。

（6）选中分隔线复选框，则在栏之间添加分隔线。

（7）在应用于下拉列表中选择应用的范围，这里选择所选文字。

（8）单击确定按钮。选中的文本进行分栏后的效果如图 5-23 所示。

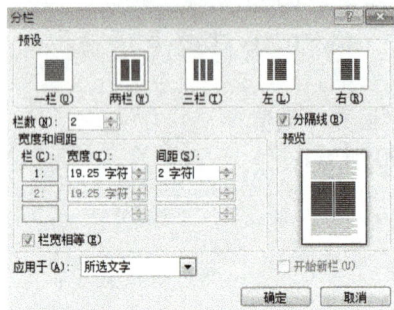

图5-22　分栏对话框　　　　图5-23　设置分栏的效果

教你一招

在分栏对话框的预设区域选择一栏可将设置的分栏取消。在取消分栏时用户还可以取消分栏文档中的部分文档的分栏。在分栏文档中选中要取消分栏的部分文本，然后在分栏对话框的预设区域选择一栏，单击确定按钮后，系统将自动为文档分节，选中的文本被分在一节中，该节的分栏版式被取消。

知识拓展

通过前面的任务主要学习了应用样式、提取文档目录、添加页眉和页脚、设置特殊版面格式的基本操作，另外还有一些基本操作在前面的任务中没有运用到，下面就介绍一下。

动手做 1　删除样式

对于那些用户不常用的样式是没有必要保留的，在删除样式时系统内置的样式是不能被删除的，只有用户自己创建的样式才可以被删除。删除样式的具体操作步骤如下：

（1）单击开始选项卡下样式组中右下角的对话框启动器按钮，打开样式任务窗格。

（2）在样式任务窗格的列表中选中要删除的样式，单击鼠标右键，在快捷菜单中选择删除命令，如图 5-24 所示。

（3）在出现的警告对话框中单击是按钮，选中的样式将从样式列表中删除。

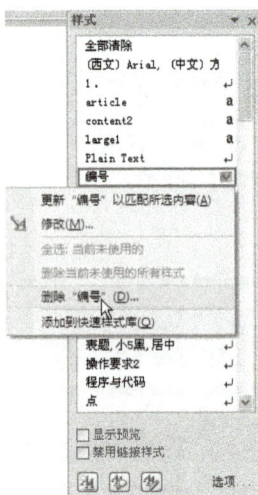

图5-24　删除样式

❖ 动手做 2　更新目录

用户在提取目录后，如果对文档进行了修改，比如改变了文档页码或文档标题，这样在按照目录中的页码进行查找时，势必会存在误差，因此需要更新目录。

具体操作步骤如下：

（1）选中需要更新的目录，被选中的目录发暗。

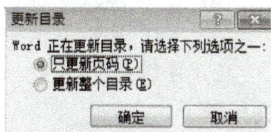

（2）单击引用选项卡下目录组中的更新目录按钮，打开更新目录对话框，如图 5-25 所示。

图5-25　更新目录对话框

（3）如果选中只更新页码单选按钮，则只更新目录中的页码，保留原目录格式；如果选中更新整个目录单选按钮，则重新编辑更新后的目录。这里需选中只更新页码单选按钮。

（4）单击确定按钮，系统将对目录进行更新。

🔍 课后练习与指导

一、选择题

1．关于分栏下列说法正确的是（　　　）。
　　A．用户可以自定义栏的列数
　　B．对于系统预置的分栏，用户不能调整栏间距
　　C．用户可以在栏与栏之间添加分隔线
　　D．用户可以对整篇文档分栏，也可以对部分文本分栏

2．关于页眉和页脚下列说法正确的是（　　　）。
　　A．在草稿视图方式下用户无法看到页眉和页脚
　　B．页眉和页脚与文档的正文处于相同的层次上，在编辑页眉时可以编辑文档的正文
　　C．在同一篇文档中用户可以设置首页不同的页眉和页脚
　　D．在同一篇文档中用户可以设置奇偶页不同的页眉和页脚

3．关于文档中的目录下列说法正确的是（　　　）。
　　A．只有在文档中应用了一些标题样式才能在文档中提取出目录
　　B．在 Word 2010 中内置了几种目录样式
　　C．目录被转换为普通文本后不能再进行更新
　　D．在提取目录时用户还可以选择目录的样式

4．关于首字下沉下列说法错误的是（　　　）。
　　A．首字下沉分为"下沉"和"悬挂"两种形式
　　B．用户可以设置首字下沉的行数
　　C．用户可以设置首字下沉距正文的距离
　　D．在设置首字下沉后用户不能再更改首字下沉的字体与字号

5．关于样式下列说法正确的是（　　　）。
　　A．样式分为字符样式和段落样式
　　B．用户可以删除样式列表中的所有样式
　　C．用户可以创建新的样式
　　D．用户可以对样式列表中的所有样式进行修改

二、填空题

1．在＿＿＿＿＿＿＿选项卡下＿＿＿＿＿＿组中的"分栏"下拉列表中用户可以设置分栏。

2．单击＿＿＿＿＿＿选项卡下＿＿＿＿＿＿组中的"首字下沉"按钮，在下拉列表中可以设置首字下沉的格式。

3．字符样式是指用样式名称来标识＿＿＿＿＿＿，段落样式是指用某一个样式名称＿＿＿＿＿＿。

4．在"开始"选项卡下＿＿＿＿＿＿组中的"样式"列表中用户可以设置样式。

5．所谓基准样式，就是＿＿＿＿＿＿＿＿＿＿＿＿，后续段落样式，就是应用该段落样式后面的段落＿＿＿＿＿＿。

6．编制目录后，可以利用它按住＿＿＿＿＿＿键单击鼠标，即可跳转到文档中的相应标题。

7．单击＿＿＿＿＿选项卡下＿＿＿＿＿＿＿组中的"页眉"按钮，进入页眉和页脚编辑模式。

8．单击＿＿＿＿＿选项卡下＿＿＿＿＿＿组中的"更新目录"按钮，打开"更新目录"对话框。

三、简答题

1．系统内置了哪几种分栏方式？

2．如何创建奇偶页不同、首页不同的页眉和页脚？

3．在文档中如何取消分栏文档？

4．如何设置悬挂式的首字下沉？

5．如何对样式进行修改？

6．提取文档目录的前提是什么？

7．如何更新提取的目录？

8．如何创建一个新的样式？

四、实践题

练习1：制作如图5-26所示的文档。

（1）打开"案例与素材\模块05\素材\练习1素材"文档。

（2）按图所示在文档中设置页眉，页眉段落添加下边框。

（3）按图所示设置首字下沉，下沉两行，下沉字体为楷体。

（4）按图所示设置等宽添加分隔线的三栏，并调整各栏中的内容。

效果图位置：案例与素材\模块05\源文件\练习1效果

图5-26　练习1效果

模 块 06 Excel 2010 的基本操作——制作羊年主题日历

你知道吗

Excel 2010 是一个优秀的电子表格软件，主要用于电子表格方面的各种应用，可以方便地对数据进行组织、分析，把表格数据用各种统计图形象地表示出来。Excel 2010 是以工作表的方式进行数据运算和分析的，因此数据是工作表中重要的组成部分，是显示、操作以及计算的对象。只有在工作表中输入一定的数据，然后才能根据要求完成相应的数据运算和数据分析工作。

应用场景

人们平常所见到的通讯录、考勤表、差旅费报销单等表格，如图 6-1 所示，这些都可以利用 Excel 2010 软件来制作。

在日常的工作和学习中我们经常用到或看到日历，如图 6-2 所示，就是利用 Excel 2010 制作的羊年日历表。请读者根据本模块所介绍的知识和技能，完成这一工作任务。

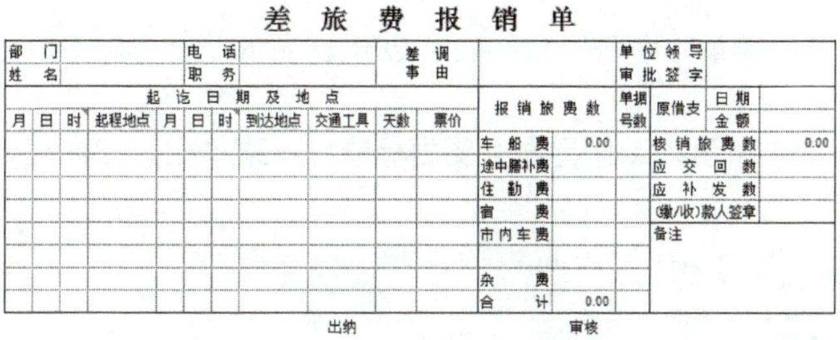

图6-1 差旅费报销单

2015年(农历乙未羊年)1月日历表						
一	二	三	四	五	六	日
			休 1 元旦	休 2 十二	休 3 十三	班 4 十四
5 小寒	6 十六	7 十七	8 十八	9 十九	10 二十	11 廿一
12 廿二	13 廿三	14 廿四	15 廿五	16 廿六	17 廿七	18 廿八
19 廿九	20 大寒	21 初二	22 初三	23 初四	24 初五	25 初六
26 初七	27 腊八节	28 初九	29 初十	30 十一	31 十二	

图6-2 羊年日历表

相关文件模板

利用 Excel 2010 软件还可以完成工资表、考勤表、发票、考研报名表、通讯录、考试日程安排表、产品保修记录表、个人健康记录表、装修费用清单、财务报销单、会员名单等工作任务。为方便读者，本书在配套的资料包中提供了部分常用的文件模板，如图 6-3 所示。

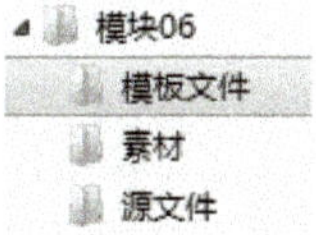

图6-3 常用的文件模板

背景知识

日历是一种日常使用的出版物，用于记载日期等相关信息。每页显示一日信息的叫日历，每页显示一个月信息的叫月历，每页显示全年信息的叫年历。有多种形式，如挂历、座台历、年历卡等，如今又有了电子日历。

真正的日历产生，大约在 1100 多年前的唐顺宗永贞元年，皇宫中就已经使用皇历。最初一天一页，记载国家、宫廷大事和皇帝的言行。皇历分为十二册，每册的页数和每月的天数一样，每一页都注明了天数和日期。如今通行的日历，不管是纸质出版物还是手机应用、电子台历，通常都会载有公历、农历和干支历这三种历法。

设计思路

在制作羊年日历表的过程中，首先要创建工作簿并在工作表中输入数据，然后对工作表进行修饰，最后保存工作簿。制作羊年日历表的基本步骤可分解为：

（1）创建工作簿并输入数据；
（2）编辑工作表；
（3）单元格的格式化；
（4）调整行高与列宽；
（5）添加边框和底纹；
（6）应用文本框；
（7）操作工作表；
（8）保存、关闭与打印工作簿。

项目任务 6-1　创建工作簿

单击开始按钮，打开开始菜单，在开始菜单中执行 Microsoft Office → Microsoft Office Excel 2010 命令，可启动 Excel 2010。

启动 Excel 2010 后的工作界面如图 6-4 所示。工作界面主要由标题栏、菜单栏、工具栏、编辑栏、状态栏和工作簿窗口等组成。

图6-4　Excel 2010工作界面

启动 Excel 2010 以后，系统将自动打开一个默认名为"工作簿 1"的新工作簿，除了 Excel

自动创建的工作簿以外，还可以在任何时候新建工作簿。若创建了多个工作簿，新建的工作簿依次被暂时命名为"工作簿 2"、"工作簿 3"、"工作簿 4"……

在工作簿中一些窗口元素的作用和 Word 中的类似，如标题栏、快速访问工具栏及功能等，这些窗口元素在这里不作详细介绍，下面只对编辑栏、状态栏和工作簿窗口进行简单的介绍。

1. 编辑栏

编辑栏用来显示活动单元格中的数据或使用的公式，在编辑栏中可以对单元格中的数据进行编辑。编辑栏的左侧是名称框，用来定义单元格或单元格区域的名字，还可以根据名字查找单元格或单元格区域。如果单元格定义了名称则在名称框中显示当前单元格的名字，如果没有定义名字，则在名称框中显示活动单元格的地址名称。

在单元格中输入内容时，除了在单元格中显示内容外，还在编辑栏右侧的编辑区中显示。有时单元格的宽度不能显示单元格的全部内容，则通常要在编辑栏的编辑区中编辑内容。把鼠标指针移动到编辑区中时，在需要编辑的地方单击鼠标选择此处作为插入点，可以插入新的内容或者删除插入点左、右的字符。

当插入函数或输入数据时，在编辑栏中会有 3 个按钮。

- 取消按钮 ✕：单击该按钮取消输入的内容。
- 输入按钮 ✓：单击该按钮确认输入的内容。
- 插入函数按钮 fx：单击该按钮执行插入函数的操作。

2. 状态栏

状态栏位于窗口的底部，用来显示当前有关的状态信息。例如，准备输入单元格内容时，在状态栏中会显示"就绪"的字样。

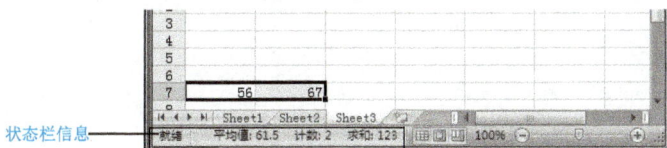

图6-5 状态栏信息

栏的"自动计数"区中显示求和结果及平均值。

在工作表中如果选中了某几个单元格区域，在状态栏中有时会显示一栏信息，如图 6-5 所示。这是 Excel 的自动计算功能。检查数据汇总时，可以不必输入公式或函数，只要选择这些单元格，就会在状态

如果要计算的是选择数据的平均值、个数、最大值或最小值等，则要在状态栏的自动计算区中单击鼠标右键，打开一个快捷菜单，如图 6-6 所示，选择所需的命令即可。

3. 单元格

工作簿由若干工作表组成，工作表又由单元格组成，单元格是 Excel 工作簿组成的最小单位。在工作表中白色的长方格就是单元格，是存储数据的基本单位，在单元格中可以填写数据。

在工作表中单击某个单元格，此单元格边框加粗显示，被称为活动单元格，并且活动单元格的行号和列号突出显示。可向活动单元格内输入数据，这些数据可以是字符串、数字、公式、图形等。单元格可以通过位置标识，每一个单元格均有对应的

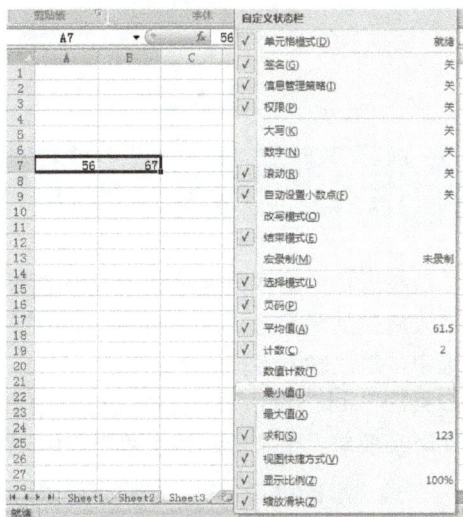

图6-6 更改自动计算方式菜单

113

行号和列标，例如：第 C 列第 7 行的单元格表示为 C7。

4. 工作表

工作表位于工作簿窗口的中央区域，由行号、列标和网络线构成。工作表也称为电子表格，是 Excel 完成一项工作的基本单位，是由 65536 行和 256 列构成的一个表格，其中行是自上而下按 1 到 65536 进行编号，而列号则由左到右采用字母 A，B，C……进行编号。

使用工作表可以对数据进行组织和分析，可以同时在多张工作表上输入并编辑数据，并且可以对来自不同工作表的数据进行汇总计算。

工作表的名称显示于工作簿窗口底部的工作表标签上。要从一个工作表切换到另一个工作表进行编辑，可以单击工作表标签进行工作表的切换，活动工作表的名称以单下划线显示并呈凹入状态。默认的情况下，工作簿由 Sheet1、Sheet2、Sheet3 这三个工作表组成。工作簿最多可以包括 255 张工作表和图表，一个工作簿默认工作表的多少可以根据用户的需要决定。若要创建新的工作表，单击插入工作表按钮即可，如图 6-7 所示。

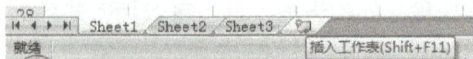

图6-7　在工作簿中新建工作表

教你一招

在 Excel 工作环境中如果要创建新的空白工作簿，单击快速访问栏上的新建按钮，则自动创建一个新的空白工作簿。单击文件选项卡，在下拉菜单中选择新建选项，打开新建窗口，如图 6-8 所示。在可用模板列表中双击空白工作簿图标，也可创建新的空白工作簿。

图6-8　新建窗口

项目任务 6-2　在工作表中输入数据

在表格中输入数据是编辑表格的基础，Excel 2010 提供了多种数据类型，不同的数据类型在表格中的显示方式是不同的。如果要在指定的单元格中输入数据，应首先单击该单元格将其选中，然后输入数据。输入完毕，可按回车键确认，同时当前单元格自动下移。输入完毕后，如果按"Tab"键，则当前单元格自动右移。用户也可以单击"编辑栏"上的 ✓ 按钮确认输入，此时当前单元格不变。如果单击"编辑栏"上的 ✗ 按钮则可以取消本次输入。

∷ 动手做 1　输入字符型数据

在 Excel 2010 中，字符型数据包括汉字、英文字母、数字、空格以及其他合法的在键盘上能直接输入的符号，字符型数据通常不参与计算。在默认情况下，所有在单元格中的字符型数据均设置为左对齐。

如果要输入中文文本，首先将要输入内容的单元格选中，然后选择一种熟悉的中文输入法直接输入即可。如果用户输入的文字过多，超过单元格的宽度，会产生两种结果：

- 如果右边相邻的单元格中没有数据，则超出的文字会显示在右边相邻的单元格中。
- 如果右边相邻的单元格中含有数据，那么超出单元格的部分不会显示。没有显示的部分在加大列宽或以折行的方式格式化该单元格后，可以看到该单元格中的全部内容。

例如，在新创建的空白工作簿的"Sheet1"工作表的"A2"单元格中输入文本"2015年（农历乙未羊年）1月日历表"，具体操作步骤如下：

（1）用鼠标单击"A2"单元格将其选中。

（2）在单元格中直接输入"2015年（农历乙未羊年）1月日历表"，如图 6-9 所示。

（3）输入完毕，按回车键确认，同时当前单元格自动下移。

图6-9　在单元格中输入文本型数据

动手做 2　输入数字

Excel 2010 中的数字可以是 0、1……以及正号、负号、小数点、分数号"/"、百分号"%"、货币符号"￥"等。在默认状态下，系统把单元格中的所有数字设置为右对齐。

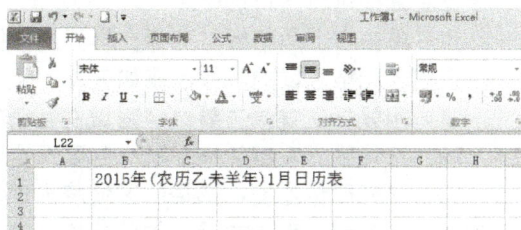

如果要在单元格中输入正数，可以直接在单元格中输入。例如，要输入日期"1"，首先选中"E3"单元格，然后直接输入数字"1"。

按相同的方法在工作表中输入文本与数字，效果如图 6-10 所示。

在输入数字时如果要在单元格中输入负数，可在数字前加一个负号，或者将数字括在括号内，例如，输入"−50"和"（50）"都可以在单元格中得到−50。

输入分数比较麻烦一些，如果要在单元格中输入 1/5，首先选取单元格，然后输入一个数字 0，再输入一个空格，最后输入"1/5"，这样表明输入了分数 1/5。如果不先输入 0 而直接输入 1/5，系统将默认这是日期型数据。

图6-10　在工作表中输入文本和数据的效果

项目任务 6-3　编辑工作表

在工作簿中输入数据后，为了保障数据的正确性，用户还可以根据需要对输入的数据进行修改、移动或复制等操作。

动手做 1　单元格、行和列的选择

在对单元格或单元格区域的格式设置之前，首先要选中进行格式设置的对象。如果所操作的对象是单个单元格，只单击需编辑的单元格即可。如果用户所操作的对象是一些单元格的集合，就需要先选定数据内容所在的单元格区域，然后再进行格式化的操作。

用户可以利用鼠标或键盘选择连续的单元格区域和不连续的单元格区域。在对工作表进行

格式化时，经常需要选择某行（列），有时需要选择多行（列）或不连续的行（列）甚至整个工作表。

- 选择列时，将鼠标指针移动到所要选择列的列标上，当鼠标指针变为↓状时，单击鼠标左键，则整列被选中；
- 选择连续的多列时，只需将鼠标指针移到某列的列标上，单击左键不放并拖动，拖动到所要选择的最后一列时松开鼠标左键即可；
- 选择不连续的多列时，可在选定一部分列后，在按住"Ctrl"键的同时选择其他的列。

选择行的方法与选择列的方法类似，只需将鼠标指针移到该行的行号上，当鼠标变成➡状时单击左键即可将该行选中。

用户单击左上角行标与列标交界处的按钮，可将工作表中的所有单元格选中。

选定单元格区域的具体步骤如下：

（1）用鼠标左键单击要选定区域左上角的单元格，此时鼠标指针变为✚状。

（2）按住鼠标左键并拖动鼠标到要选定区域的右下角。

（3）松开鼠标左键，选择的区域将出现与底色不同的颜色显示。其中，只有第一个单元格正常显示，表明它为当前活动的单元格，其他均为蓝色。当选择不正确时，需要取消选择，可用鼠标单击工作表中的任意单元格，或者按任意方向键。

提示

用户也可以使用键盘选定连续的单元格区域，首先选中要选定区域左上角的单元格，然后按下"Shift"键，最后再按键盘上的方向键来选定范围。在利用鼠标选定不连续的单元格区域时，当选定第一个区域后，按住"Ctrl"键再选定其他区域。

动手做 2　移动或复制数据

单元格中的数据可以通过移动或复制操作，将数据移动或复制到同一个工作表中的不同位置或其他的工作表中。如果移动或复制的源单元格或单元格区域中含有公式，移动或复制到新的位置时，公式会因单元格区域的变化产生新的计算结果。Excel 2010 中对单元格中的数据进行移动和复制的操作，主要用鼠标拖动或利用菜单命令来完成。

移动或者复制的源单元格和目标单元格相距较近时，可以使用操作方法简单快捷的鼠标拖动实现移动和复制数据的操作。

如果移动或者复制的源单元格和目标单元格相距较远，可以利用开始选项卡下剪切板组中的复制、剪切和粘贴按钮来复制或移动单元格中的数据。

例如，在日历表中输入数据时最后两行内容输错了位置，因此需要将这部分内容的位置移动。由于这里移动的源单元格和目标单元格相距较近，因此可以使用鼠标拖动来移动数据。

利用拖动鼠标的方法移动数据的具体步骤如下：

（1）选定要移动的单元格或单元格区域。

（2）将鼠标移到选定区域的边框线上，当鼠标变为✛状时按住左键拖动鼠标到指定区域。

（3）当到达目的位置后松开鼠标即完成数据的移动操作，效果如图 6-11 所示。

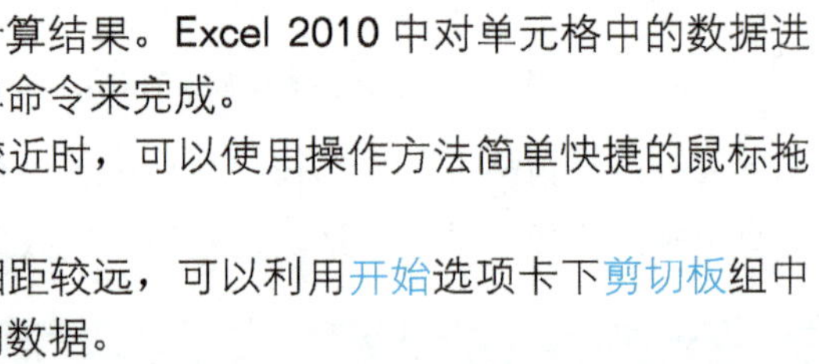

图6-11　移动数据的效果

教你一招

若要实现复制操作，可将鼠标移到选定区域的边框线上，当鼠标变为✥状时按下“Ctrl”键，此时鼠标变为右上方带加号的箭头形状，按住鼠标左键拖动将执行数据的复制操作，当拖动到指定的位置时松开鼠标即可。

提示

在利用鼠标移动数据时，如果目标单元格区域含有数据，则会打开警告对话框，如图 6-12 所示。单击确定按钮，则目标单元格区域中的数据将被替换，单击取消按钮，则取消移动操作。

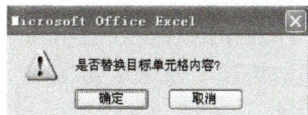

图6-12 警告对话框

动手做 3 修改数据

单元格中的内容输入有误或是不完整时就需要对单元格内容进行修改，当单元格中的一些数据内容不再需要时，用户可以将其删除。修改与删除是编辑工作表数据中常用的两种操作。

如果单元格中的数据出现错误，用户也可以输入新数据覆盖旧数据。用户可以单击要被替代的单元格，然后直接输入新的数据即可。若用户并不想用新数据代替旧数据，而只是修改旧数据的内容，则可以使用编辑栏或双击单元格，然后进行修改。

在日历表中，因文字错误，需将“初八”改为“腊八节”，具体步骤如下：

	A	B	C	D	E	F	G	H
1		2015年(农历乙未羊年)1月日历表						
2		一	二	三	四	五	六	日
3					1	2	3	4
4					元旦	十二	十三	十四
5		5	6	7	8	9	10	11
6		小寒	十六	十七	十八	十九	二十	廿一
7		12	13	14	15	16	17	18
8		廿二	廿三	廿四	廿五	廿六	廿七	廿八
9		19	20	21	22	23	24	25
10		廿九	大寒	初二	初三	初四	初五	初六
11		26	27	28	29	30	31	
12		初七	腊八节	初九	初十	十一	十二	

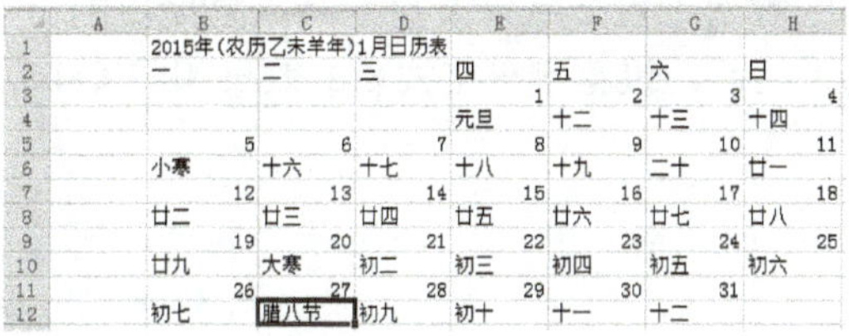

图6-13 修改数据

（1）单击要修改内容的单元格，这里选中“C12”，此时在编辑栏中显示该单元格中的内容“初八”。

（2）直接输入“腊八节”，输入完毕，单击编辑栏中的“√”按钮确认输入。修改后的效果如图 6-13 所示。

教你一招

用户直接双击要修改数据的单元格，此时在单元格中出现闪烁的光标，这时用户可以直接在单元格中修改部分数据。按“Backspace”键可以删除光标左侧的字符，按“Del”键可以删除光标右侧的字符。

项目任务 6-4 单元格的格式化

在工作表的单元格中存放的数据类型有多种，用户在设置工作表格式时可以根据单元格中存放数据类型的不同将它们设置为不同的格式。

动手做 1 合并单元格

在对单元格中存放的数据类型进行格式化前，需要对一些单元格进行合并，以实现美观大方的表格样式。

对日历表内容进行单元格合并的具体步骤如下：

（1）选中需要合并的单元格，这里选中"B1:H1"。

（2）单击开始选项卡下对齐方式组中的合并后居中按钮，日历表标题居中显示。设置后的效果如图 6-14 所示。

图6-14　标题合并单元格后的效果

⁂ 动手做 2　设置字符格式

默认情况下工作表中的中文为宋体、11 磅。为了使工作表中的某些数据能够突出显示，也为了使版面整洁美观，通常需要将不同的单元格设置成不同的效果。

这里设置日历表标题的字符格式为黑体，字号为 16 磅，加粗，具体步骤如下：

（1）选中要设置字符格式的单元格区域，这里选中标题单元格。

（2）单击开始选项卡下字体组中字号组合框后的下三角箭头，打开字号下拉列表。

（3）在字号组合框列表中选择 16。

（4）按照相同的方法，设置"一"、"二"等字体的字符格式为黑体，字号为 14 磅，"1"、"2"等字体的字符格式为黑体，字号为 18 磅，设置"元旦"、"十二"等字体的字符格式为宋体，字号为 10 磅。

（5）选中"G2:H3"单元格区域，在字体组中单击字体颜色右侧的下三角箭头，在颜色列表中选中红色；按相同的方法设置节气以及星期六、星期日的日期字体颜色为红色。设置字符格式后的效果如图 6-15 所示。

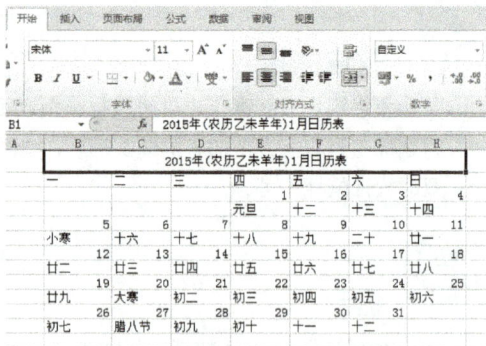

图6-15　设置字符后的效果

教你一招

如果用户设置的字符格式复杂，也可以利用对话框来设置字符格式。选中要设置字体格式的单元格区域，单击开始选项卡下字体组右下角的对话框启动器按钮，打开设置单元格格式对话框，选择字体选项卡，如图 6-16 所示。在对话框中用户可以对字符格式进行详细的设置。

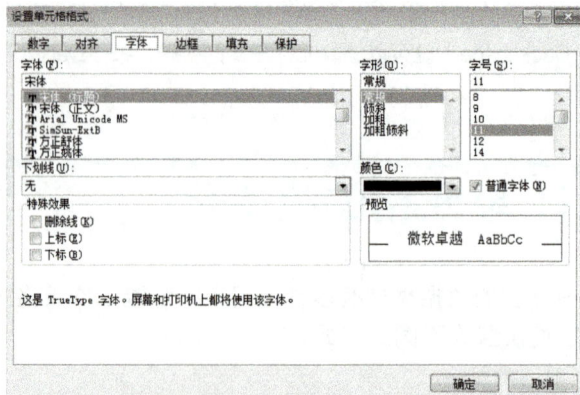

图6-16　利用对话框设置字符格式

❖ 动手做 3 设置对齐格式

所谓对齐就是指单元格中的数据在显示时相对单元格上、下、左、右的位置。默认情况下，文本靠左对齐，数字靠右对齐，逻辑值和错误值居中对齐。有时，为了使工作表更加美观，可以使数据按照需要的方式进行对齐。

如果要设置简单的对齐方式，可以利用"开始"选项卡下"对齐方式"组中的对齐方式按钮。文本对齐的按钮有 6 个。

- 文本左对齐按钮 ≣：将文字左对齐。
- 居中按钮 ≣：将文字居中对齐。
- 文本右对齐按钮 ≣：将文字右对齐。
- 顶端对齐按钮 ≣：沿单元格顶端对齐文字。
- 垂直居中按钮 ≣：对齐文本，使其在单元格中上下居中。
- 底端对其按钮 ≣：沿单元格底端对齐文字。

这里对日历表设置对齐格式，具体步骤如下：

（1）选中"B2:H3"、"B5:H5"、"B7:H7"、"B9:H9"和"B11:H11"单元格区域。

（2）单击开始选项卡下对齐方式组中的居中按钮。

（3）选中"B4:H4"、"B6:H6"、"B8:H8"、"B10:H10"和"B12:H12"单元格区域。

（4）单击开始选项卡下对齐方式组中的居中按钮，然后再单击底端对齐按钮。

设置对齐的效果如图 6-17 所示。

图6-17 设置文本对齐格式的效果

📖 教你一招

● ● ●

用户还可以利用设置单元格格式对话框进行设置。单击开始选项卡下单元格对齐组右下角的对话框启动器按钮，打开设置单元格格式对话框，选择对齐选项卡，在对话框中用户可以对单元格的对齐方式进行详细的设置，如图 6-18 所示。

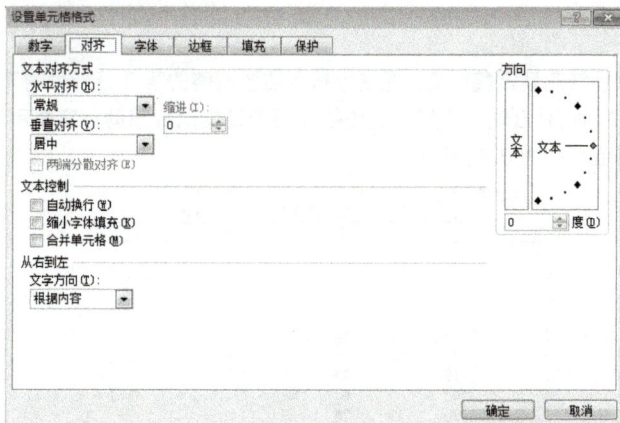

图6-18 利用对话框设置对齐格式

项目任务 6-5 调整行高和列宽

当向单元格中输入数据时，经常会出现如单元格中的文字只显示了其中的一部分或者显示的是一串"#"符号，但是在编辑栏中却能看见对应单元格中的全部数据。造成这种结果的原因是单元格的高度或宽度不够，此时可以对工作表中单元格的高度或宽度进行调整，使单元格中的数据显示出来。

动手做 1 调整行高

默认情况下，工作表中任意一行所有单元格的高度总是相同的，所以调整某一个单元格的高度，实际上是调整了该单元格所在行的高度，并且行高会自动随单元格中的字体变化而变化。可以拖动鼠标快速调整行高，也可以利用菜单命令精确调整行高。

例如，为日历表调整行高，具体操作步骤如下：

（1）用鼠标单击第 3 行的行号，选中第 3 行。按住"Ctrl"键再依次单击第 5、7、9、11 行的行号。

（2）在选中的行号上单击鼠标右键，在弹出的快捷菜单中选择行高命令，或在开始选项卡下的单元格组中单击格式按钮，在下拉列表中的单元格大小区域选择行高命令，打开行高对话框，如图 6-19 所示。

（3）在行高文本框中输入 28，单击确定按钮。设置行高后的效果如图 6-20 所示。

图6-19　行高对话框 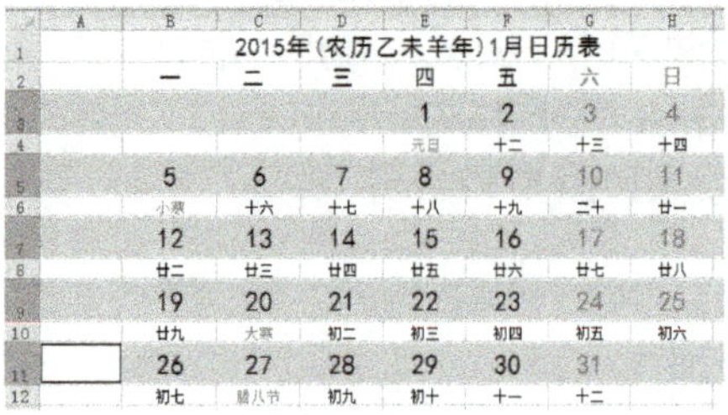　　　　图6-20　设置行高后的效果

教你一招

用户可以拖动鼠标快速地调整行高，将鼠标移到需要调整的第 2 行行号的下边线上，当鼠标变成✛时上下拖动边框线，此时出现一条黑色的虚线跟随拖动的鼠标移动，它表示调整后行的边界，同时系统还会显示行高值，如图 6-21 所示。

图6-21　利用鼠标拖动调整行高

动手做 2 调整列宽

在工作表中列和行有所不同，工作表默认单元格的宽度为固定值，并不会根据数字的长短而自动调整列宽。当在单元格中输入数字型数据超出单元格的宽度时，会显示一串"#"符号；如果输入的是字符型数据，则单元格右侧相邻的单元格为空时会利用其空间显示，否则只在单元格中显示当前单元格所能显示的字符。在这种情况下，为了能完全显示单元格中的数据，可以调整列宽。

这里以调整 B 列到 H 列的列宽为例，具体步骤如下：

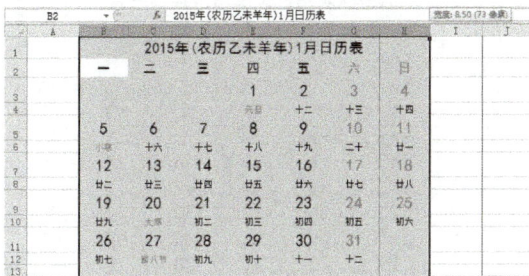

图6-22 拖动调整列宽

（1）在 B 列的列标上单击鼠标选中 B 列，按住鼠标左键向右拖动至 H 列的列标上，松开鼠标选中 B 列至 H 列。

（2）将鼠标指向选中列右侧的边框线处，当鼠标变成 ✛ 形状时拖动鼠标。

（3）此时出现一条黑色的虚线跟随拖动的鼠标移动，表示调整后列的边界，同时系统还会显示出调整后的列宽值，这里设置为 8.5 即可，如图 6-22 所示。

教你一招

用户还可以利用对话框设置列宽，首先选中要设置列宽的列，然后单击鼠标右键，在弹出的快捷菜单中选择列宽命令，打开列宽对话框，在对话框中输入列宽的具体数值即可。

项目任务 6-6 添加边框和底纹

在设置单元格格式时，为了使工作表中的数据层次更加清晰明了，区域界限分明，可以为单元格或单元格区域添加边框和底纹。

动手做 1 添加边框

在设置单元格格式时，可以利用工具按钮或者对话框为单元格或单元格区域添加边框。

默认情况下单元格的边框线为浅灰色，在实际打印时是显示不出来的，因此可以通过为表格添加边框来加强表格的视觉效果。为表格添加边框的具体操作步骤如下：

（1）选中整个日历表格区域。

（2）单击开始选项卡下数字组右下角的对话框启动器按钮，打开设置单元格格式对话框，选择边框选项卡，如图 6-23 所示。

（3）在颜色下拉列表中选择一种颜色，这里选择深蓝，文字 2，淡色 40%，在线条样式列表中选择粗实线，在预置区域单击外边框按钮。

（4）单击确定按钮。

（5）选中"B2:H2"单元格区域，单击开始选项卡下数字组右下角的对话框启动器按钮，打开设置单元格格式对话框，选择边框选项卡。

（6）在颜色下拉列表中选择一种颜色，这里选择深蓝，文字 2，淡色 40%，在线条样式列表中选择细实线，在预置区域单击上下边框按钮。

（7）单击确定按钮。

按照相同的方法，设置"B3:H4"、"B5:H6"、"B7:H8"、"B9:H10"单元格区域的上下边框线。设置边框的最终效果如图 6-24 所示。

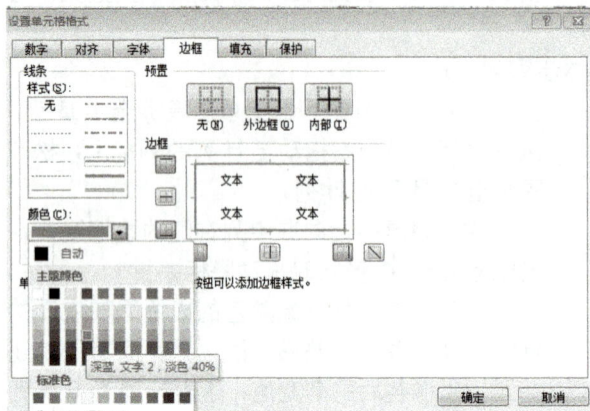

图6-23　设置单元格区域的边框

图6-24　设置边框的效果

教你一招

如果用户要设置的边框比较简单，可以单击开始选项卡下字体组中的边框按钮，弹出下拉列表，在列表中选择需要的边框线，如图 6-25 所示。

图6-25　利用边框按钮设置边框

动手做 2　添加底纹

用户还可以为单元格添加底色或者添加图案。

例如，这里为"E3:G4"单元格区域设置底色，具体操作步骤如下：

（1）选中要设置底纹的单元格区域"E3:G4"。

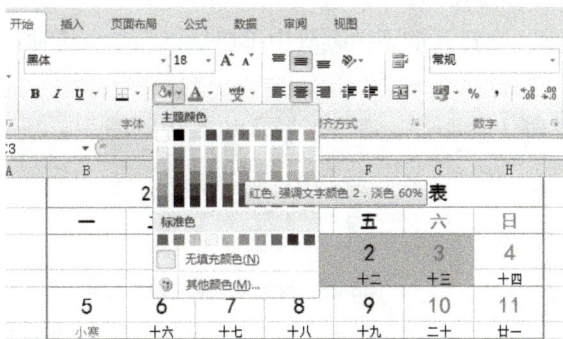

图6-26　为单元格设置底纹的效果

（2）单击开始选项卡下字体组中的填充颜色按钮，在打开的颜色下拉列表中选择红色，强调文字颜色 2，淡色 60% 作为单元格的底色。设置底纹的效果如图 6-26 所示。

（3）选中要设置底纹的单元格区域"H3:H4"。

（4）单击开始选项卡下字体组中的填充颜色按钮，在打开的颜色下拉列表中选择蓝色，强调文字颜色 1，淡色 80% 作为单元格的底色。

教你一招

使用按钮设置底纹会受到一些限制，如无法为单元格设置背景图案。如果用户为单元格设置的底纹较为复杂，可以利用对话框进行设置。单击开始选项卡下数字组右下角的对话框启动器，打开设置单元格格式对话框，单击填充选项卡，如图 6-27 所示。在背景色区域用户可以设置背景颜色，在图案颜色和图案样式区域用户可以为单元格设置图案底纹。

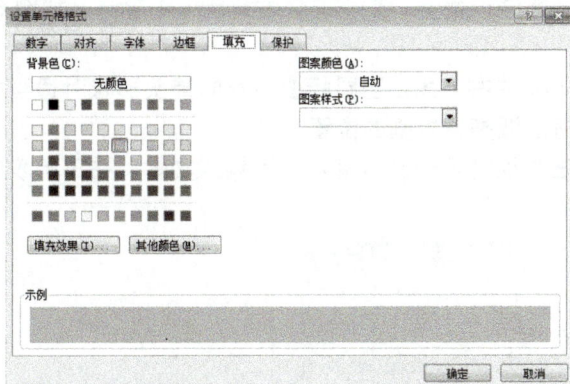

图6-27　利用对话框设置底纹

项目任务 6-7　在工作表中应用文本框

灵活使用 Excel 2010 中的文本框对象，可以将文字和其他各种图形、图片、表格等对象在页面中独立于正文放置并方便地定位。可以利用文本框在宣传单中输入相关内容，实现文本与图片的混排。

动手做 1　绘制文本框

根据文本框中文本的排列方向，可将文本框分为"横排"和"竖排"两种。在横排文本框中输入文本时，文本在到达文本框右边的框线时会自动换行，用户还可以对文本框中的内容进行编辑，如改变字体、字号大小等。

在日历表中绘制文本框并输入文本，具体操作步骤如下：

（1）单击插入选项卡下文本组中的文本框按钮，在打开的下拉列表中单击横排文本框选项，鼠标变成十形状。

（2）按住鼠标左键拖动，在单元格"E3"的上方绘制出一个大小合适的文本框。

（3）将插入点定位在文本框中，在文本框中输入文本"休"。输入的文本默认的字体为宋体，字号为11磅，效果如图6-28所示。

图6-28 绘制文本框并输入文本

❃动手做2 设置文本框格式

默认情况下，绘制的文本框带有边线，并且有白色的填充颜色。用户可以根据情况对文本框的格式进行设置。

设置文本框的具体操作步骤如下：

（1）在文本框的边线上单击鼠标左键选中文本框。

（2）在格式选项卡下，单击形状样式组中的形状填充按钮，在形状填充列表中的主题颜色区域选择橙色选项。

（3）单击文本框样式组中的形状轮廓按钮，在形状轮廓列表中选择无轮廓。

（4）单击形状样式组右下角的对话框启动器打开设置形状格式对话框，在左侧选择文本框选项，在右侧的内部间距区域设置上、下、左、右均为0.1厘米，如图6-29所示。

（5）单击关闭按钮。

（6）将鼠标指向文本框的右下角，当鼠标变为双向箭头形状时适当拖动鼠标调整文本框的大小，并利用鼠标拖动适当调整文本框的位置。

（7）按照相同的方法再绘制3个文本框，分别输入文本，在日历表中绘制文本框的最终效果如图6-30所示。

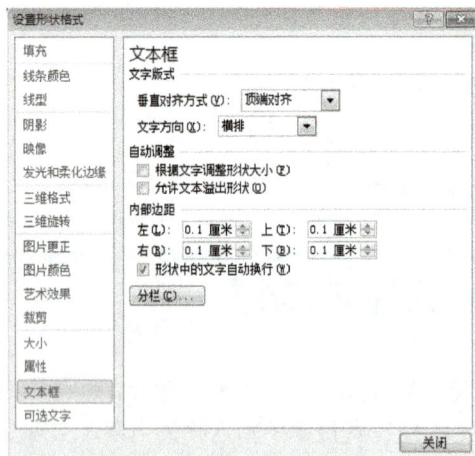

图6-29 设置文本框的效果

图6-30 绘制文本框的效果

项目任务 6-8 操作工作表

在 Excel 2010 中，一个工作簿可以包含多张工作表。用户可以根据需要随时插入、删除、移动或复制工作表，还可以给工作表重新命名或将其隐藏。

⚙ 动手做 1　重命名工作表

创建新的工作簿后，系统会将工作表自动命名为"Sheet1"、"Sheet2"、"Sheet3"……在实际应用中系统默认的这种命名方式既不便于使用也不便于管理和记忆，因此用户需要给工作表重新命名，从而可以对工作表进行有效的管理。

例如，将日历表所在的"Sheet1"工作表重命名，具体步骤如下：

（1）单击"Sheet1"工作表标签使其成为当前工作表。

（2）在此工作表标签上单击鼠标右键，在打开的快捷菜单中选择重命名命令；或在开始选项卡下的单元格组中单击格式按钮，在下拉列表中的组织工作表区域选择重命名工作表命令。

（3）输入工作表的名称 2015 年日历，重命名工作表后的效果如图 6-31 所示。

图6-31　重命名工作表后的效果

⚙ 动手做 2　移动和复制工作表

在 Excel 2010 中用户既可以在同一个工作簿中移动或复制工作表，也可以将工作表移动或复制到其他工作簿中。

在移动和复制工作表时，既可以使用鼠标移动，也可以使用菜单命令。

使用鼠标移动工作表时首先选定要移动的工作表，在该工作表标签上按住鼠标左键不放，则鼠标所在位置会出现一个 图标，且在该工作表标签的左上方出现一个黑色倒三角标志。按住鼠标左键不放，在工作表标签间移动鼠标，"白板"和黑色倒三角会随鼠标移动，将鼠标移到目标位置，松开鼠标左键即可。如果要复制工作表，可以先按住"Ctrl"键然后拖动要复制的工作表，在目标位置处释放鼠标，再松开"Ctrl"键即可。

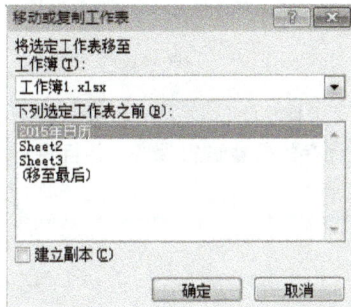

图6-32　移动或复制工作表对话框

利用菜单命令实现工作表在不同的工作簿间移动或复制，具体步骤如下：

（1）分别打开目标工作簿和源工作簿，然后在源工作簿中选定要移动的工作表标签。

（2）在工作表标签上单击鼠标右键，在打开的快捷菜单中选择移动或复制命令，打开移动或复制工作表对话框，如图 6-32 所示。

（3）在将选定工作表移至区域的工作簿下拉列表中选定要移至的工作簿，在下列选定工作表之前列表框中选择插入的位置。

（4）单击确定按钮即可将工作表移动到目标位置。

要执行复制工作表的操作，只要在移动或复制工作表对话框中选中建立副本复选框，即可执行复制工作表的操作。

项目任务 6-9　关闭与保存工作簿

在工作簿中输入的数据、编辑的表格均存储在计算机的内存中，当数据输入后必须保存到磁盘上，以便在以后载入修改、打印等。

※ 动手做 1 保存工作簿

日历表完成后，需要保存该工作簿，具体步骤如下：

（1）单击快速访问栏上的保存按钮，或者按 Ctrl+S 组合键，或者在文件选项卡下选择保存选项，打开另存为对话框，如图 6-33 所示。

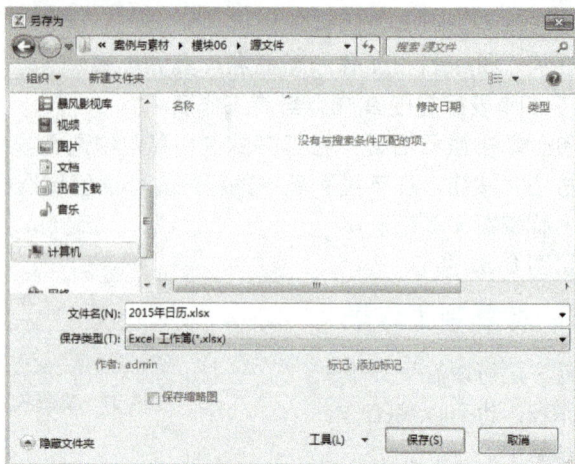

图6-33 另存为对话框

（2）选择合适的文件保存位置，这里选择"案例与素材\模块 06\源文件"。

（3）在文件名文本框中输入所要保存文件的文件名，这里输入 2015 年日历。

（4）设置完毕后，单击保存按钮，即可将文件保存到所选的目录下。

> **提示**
>
> 对于保存过的工作簿进行修改后，若要保存可直接单击快速访问工具栏上的保存按钮或者按 Ctrl+S 组合键，此时不会打开另存为对话框，Excel 会以用户第一次保存的位置进行保存，并且将覆盖掉原来工作簿的内容。

※ 动手做 2 关闭工作簿

在使用多个工作簿进行工作时，可以将使用完毕的工作簿关闭，这样不但可以节约内存空间，还可以避免打开的文件太多引起混乱。单击标题栏上的关闭按钮，或者在文件选项卡下选择关闭即可将工作簿关闭。如果没有对修改后的工作簿进行保存就执行了关闭命令，系统将打开如图 6-34 所示的提示信息框。信息框中提示用户是否对修改后的文件进行保存，单击保存按钮，保存文件的修改并关闭工作簿；单击不保存按钮则关闭文件而不保存工作簿的修改。当日历表制作完成后，不再需要修改，即可单击标题栏上的关闭按钮，关闭工作簿。

图6-34 提示信息框

项目任务 6-10 打印工作表

当用户设计好工作表后，可能还需要将其打印出来。不同行业的用户需要的打印报告样式是不同的，每个用户都可能会有自己的特殊要求。Excel 2010 为了方便用户，提供了许多用来设置或调整打印效果的实用功能，可使打印的结果与所希望的结果几乎完全一样。

动手做 1　设置页面选项

页面选项主要包括纸张大小、打印方向、缩放、起始页码等选项，通过对这些选项的选择，可以完成纸张大小、起始页码、打印方向等的设置工作。

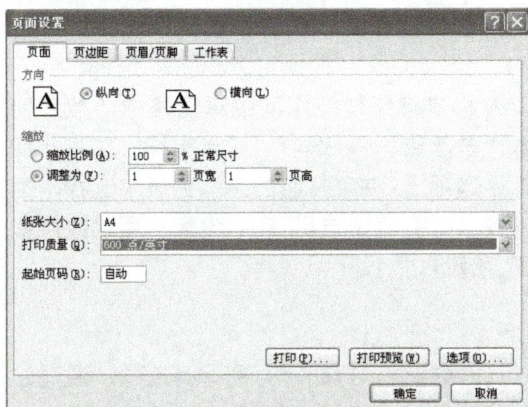

图6-35　页面选项卡

设置页面选项的具体操作步骤如下：

（1）单击页面布局选项卡下页面设置组右侧的对话框启动器，打开页面设置对话框，单击页面选项卡，如图 6-35 所示。

（2）在方向区域选择纵向。纵向是指打印纸垂直放置，即纸张高度大于宽度；横向是指打印纸水平放置，即纸张宽度大于高度。

（3）在纸张大小下拉列表框中选择 A4。

（4）在打印质量列表框中选择所需的打印质量，这实际上是改变了打印机的打印分辨率。打印的分辨率越高，打印出来的效果越好，打印的时间越长。打印的分辨率与打印机的性能有关，当用户所配置的打印机不同时打印质量列表框中的内容也是不同的。

（5）在起始页码文本框中输入要打印的工作表起始页号，如果使用默认的自动设置则是从当前页开始打印。

（6）设置完毕，单击确定按钮。

动手做 2　设置页边距

所谓页边距就是指在纸张上开始打印内容的边界与纸张边缘之间的距离。设置页边距的具体操作步骤如下：

（1）在页面设置对话框中单击页边距选项卡，如图 6-36 所示。

（2）在上、下、左、右文本框中输入或选择各边距的具体值，在页眉和页脚文本框中输入或选择页眉和页脚距页边的距离。

（3）在居中方式区域选择水平复选框。

（4）设置完毕，单击确定按钮。

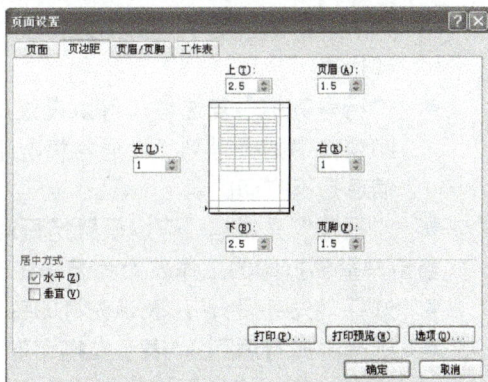

图6-36　页边距选项卡

动手做 3　设置页眉

在日历中设置页眉的具体操作步骤如下：

（1）切换到插入选项卡，在文本组中单击页眉和页脚按钮，则进入页眉和页脚编辑模式，鼠标自动定位在页眉编辑区。

（2）在页眉区域共分为三个单元格，用户可以在各个单元格中分别进行编辑。默认情况下，在中间单元格输入的页眉文字位于页面顶端居中位置，在左侧单元格输入的页眉文字位于页面顶端居左位置，在右侧单元格输入的页眉文字位于页面顶端居右位置。

（3）将鼠标定位在最左边的单元格中，然后输入文本"新年新气象"。

（4）选中"新年新气象"文本，切换到开始选项卡，在字体组的字体列表中选择楷体，在字号列表中选择14。将鼠标定位在文本的前面，然后利用空格键使文本向右移动到单元格的中间位置。

（5）将鼠标定位在最右边的单元格中，然后输入文本"羊年喜洋洋"。

（6）选中"羊年喜洋洋"文本，切换到开始选项卡，在字体组的字体列表中选择楷体，在字号列表中选择 14。将鼠标定位在文本的后面，然后利用空格键使文本向右移动到单元格的中间位置。

（7）将鼠标定位在中间的单元格中，然后输入文本"羊年吉祥"。选中"羊年吉祥"文本，切换到开始选项卡，在字体组的字体列表中选择华文行楷，在字号列表中选择 16。设置页眉的效果如图 6-37 所示。

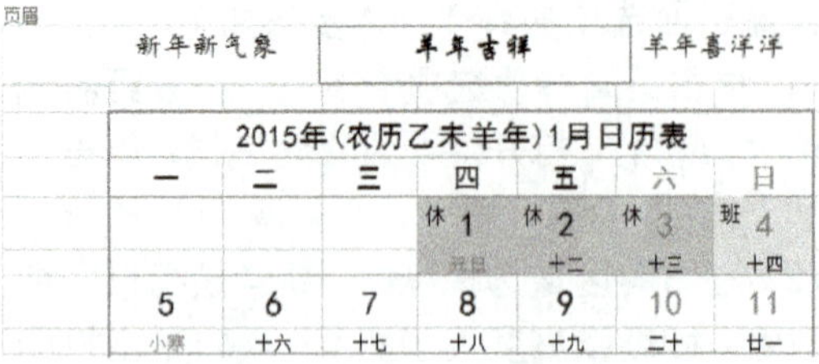

图6-37　设置页眉的效果

动手做 4　设置工作表选项

工作表选项主要包括打印顺序、打印标题行、打印网格线、打印行号列标等选项，通过这些选项可以控制打印的标题行、打印的先后顺序等。在页面设置对话框中单击工作表选项卡，如图 6-38 所示。

在打印工作表时，使用"打印"选项可以设置出一些特殊的打印效果，主要有下面一些。

- "网格线"复选框：可以设置是否显示描绘每个单元格轮廓的线。
- "单色打印"复选框：可以指定在打印中忽略工作表的颜色。
- "草稿品质"复选框：一种快速的打印方法，打印过程中不打印网格线、图形和边界。
- "行号列标"复选框：可以设置是否打印窗口中的行号列标，通常情况下这些信息是不打印的。

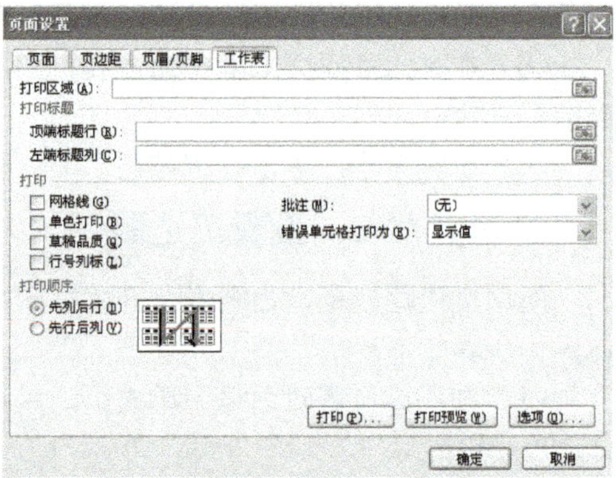

图6-38　工作表选项卡

- "批注"文本框：可以设置是否对批注进行打印，并且还可以设置批注打印的位置。

当用户需要打印的工作表太大无法在一页中放下时，可以选择打印顺序：

- 选择"先列后行"，表示先打印每一页的左边部分，然后再打印右边部分。
- 选择"先行后列"，表示在打印下一页的左边部分之前，先打印本页的右边部分。

在一般情况下"打印区域"默认为打印整个工作表，此时"打印区域"文本框内为空。如果想要打印工作表中某一区域的数据，可以在"打印区域"文本框中输入要打印的区域，也可以单击文本框右侧的按钮，然后引用单元格区域。

当打印一个较长的工作表时，常常需要在每一页上打印行或列标题，这样可以使打印后每一页上都包含行或列标题。在"打印标题"区域的"顶端标题行"文本框中可以将某行区域设置为顶端标题行。当某个区域设置为标题行后，在打印时每页顶端都会打印标题行内容。可以在"顶端标题行"文本框右侧单击按钮进行单元格区域引用，以确定指定的标题行，也可以直接输入作为标题行的行号。在"左端标题列"文本框中可以将某列区域设置为左端标题列。当某个区域设置为标题列后，在打印时每页左端都会打印标题列内容。还可以在"左端标题列"文本框右侧单击按钮进行单元格区域引用，以确定指定的标题列，也可以直接输入作为标题列的列标。

❖ 动手做 5　打印工作表

如果用户对在打印预览窗口中看到的工作表效果非常满意，就可以进行打印输出了。打印工作表的具体操作步骤如下：

（1）单击文件选项卡，选择打印选项，打开打印对话框，如图 6-39 所示。

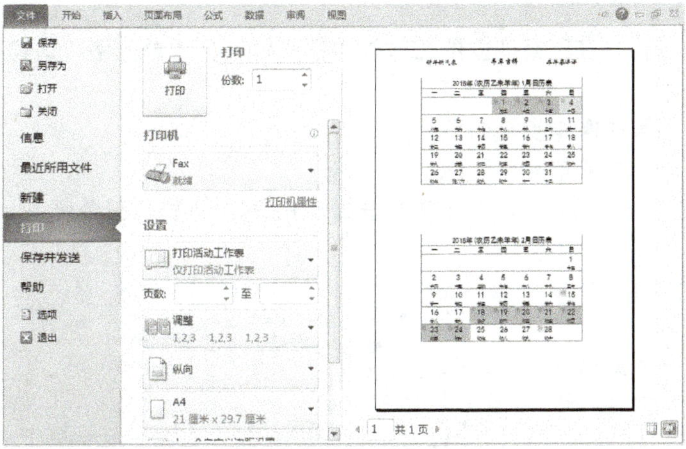

图6-39　打印对话框

（2）在份数文本框中设置打印的份数。

（3）单击打印活动工作表右侧的下三角箭头，在列表中可以选择打印的范围。如果选择打印活动工作表选项，则打印活动工作表的全部内容；如果选择打印整个工作簿选项，则打印工作簿的全部内容。如果不需要打印全部内容，可以在页数文本框中输入打印页的范围。

（4）单击打印按钮，系统将按照所设置的内容控制打印。

🔧 知识拓展

通过前面的任务主要学习了创建工作簿、输入数据、编辑工作表、设置工作表格式、重命名工作表、保存工作簿、打印工作表等 Excel 2010 应用的基本操作，另外还有一些 Excel 2010 应用的基本操作在前面的任务中没有运用到，下面就介绍一下。

❖ 动手做 1　输入特殊的文本

我们在输入如员工编号、邮编、电话号码、身份证号码、学号等纯数字文本时，默认情况下 Excel 会把这些数字认定为数字格式。例如，我们要输入 001，则输入后 Excel 会显示为 1；又如，在单元格中输入身份证号码 440923198504014038，则输入的效果显示如图 6-40 所示，很显然这不是我们需要的效果。

在这种情况下，我们可以把这些数字以文本的形式输入。首先选中 B2 单元格，在开始选项卡数字组中单击数字格式右侧的箭头，打开数字格式下拉列表，在列表中选择文本，此时再输入身份证号码 440923198504014038，则显示的效果如图 6-41 所示。

图6-40　输入身份证号码的效果　　　　图6-41　身份证号码以文本的形式输入

如果用户想让输入的纯数字转换为文本，也可以在输入时先输入"'"，然后再输入数字，这样 Excel 2010 就会把它看作是文本型数据，将它沿单元格左边对齐。

动手做 2　插入行（列）

Excel 2010 允许用户在已经建立的工作表中插入行、列或单元格，这样可以在表格的适当位置输入新的内容。

插入行（列）的具体操作步骤如下：

（1）选中一个单元格或单元格区域。

（2）在开始选项卡下的单元格组中单击插入按钮右侧的下三角箭头，打开插入列表，如图 6-42 所示。

图6-42　插入列表

（3）在插入列表中选择插入工作表列命令，此时将在选中区域位置插入与原数目相同的空白列，被选定的列自动向右移。

（4）在插入列表中选择插入工作表行命令，此时将在选中区域位置插入与原数目相同的空白行，被选定的行自动向下移。

动手做 3　删除行（列）

当工作表中某些数据及其位置不再需要时，可以将它们删除。这种删除方式将选中区域的内容和位置一并删除，而使用"Del"键只能删除选中区域中的内容，清除单元格的内容后空白的单元格仍然存在于工作表中。

删除行（列）的具体操作步骤如下：

（1）选中一个单元格或单元格区域。

（2）在开始选项卡下的单元格组中单击删除按钮右侧的下三角箭头，打开删除列表，如图 6-43 所示。

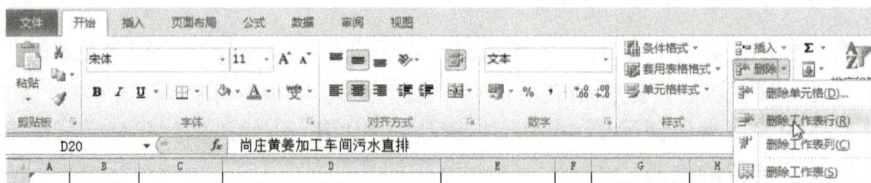

图6-43　删除列表

（3）在删除列表中选择删除工作表行命令，此时将选中区域的行全部删除。

（4）在删除列表中选择删除工作表列命令，此时将选中区域的列全部删除。

❋ 动手做 4　设置数字格式

默认情况下，单元格中的数字格式是常规格式，不包含任何特定的数字格式，即以整数、小数、科学计数的方式显示。Excel 2010 还提供了多种数字显示格式，如百分比、货币、日期等。用户可以根据数字的不同类型设置其在单元格中的显示格式。

如果格式化的工作比较简单，可以通过开始选项卡下数字组中的按钮来完成。数字组中常用的数字格式化的工具按钮有 **5** 个。

- 货币样式按钮：在数据前使用货币符号。
- 百分比样式按钮 **%**：对数据使用百分比。
- 千位分隔样式按钮 **,**：使显示的数据在千位上有一个逗号。
- 增加小数位按钮：每单击一次，数据增加一个小数位。
- 减少小数位按钮：每单击一次，数据减少一个小数位。

如果格式化的工作比较复杂，可以通过使用设置单元格格式对话框的数字选项卡来完成或者数字组中的常规组合框完成。

利用对话框设置数字格式的具体步骤如下：

（1）选中要设置数字格式的单元格区域。

（2）单击开始选项卡下数字组右下角的对话框启动器按钮，打开设置单元格格式对话框，如图 6-44 所示。

（3）在数字选项卡下，在分类列表中选择一种类型，然后在右侧进行设置。

（4）单击确定按钮。

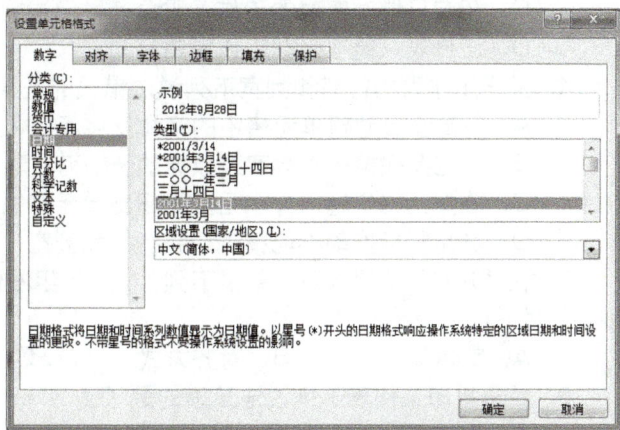

图6-44　设置单元格格式对话框

❋ 动手做 5　清除单元格内容

如果仅仅想将单元格中的数据清除掉，但还要保留单元格，可以先选中该单元格然后直接按"Del"键删除单元格中的内容。此外还可以利用清除命令，对单元格中的不同内容进行清除。

首先选中要清除内容的单元格或单元格区域，单击开始选项卡下编辑组中的清除按钮，打开下拉列表，如图 6-45 所示，可以根据需要选择相应的选项来完成操作。下拉列表中各选项的功能说明如下。

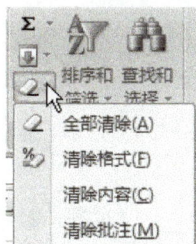

- 全部清除：选择该命令将清除单元格中的所有内容，包括格式、内容、批注等。
- 清除格式：选择该命令只清除单元格的格式，单元格中其他的内容不被清除。

图6-45　清除下拉列表

- 清除内容：选择该命令只清除单元格的内容，单元格中的格式、批注等不被清除。
- 清除批注：选择该命令只清除单元格的批注。

课后练习与指导

一、选择题

1. 在单元格中输入数据后，如果按回车键确认，则当前单元格（   ）。
   A. 自动下移　　　　B. 不变　　　　　　C. 自动右移　　　　D. 自动左移

2. 关于数据的输入下列说法正确的是（   ）。
   A. 如果要在单元格中输入负数，应将数字括在括号内并在括号前加一个负号
   B. 直接输入 1/5，系统将默认这是日期型数据
   C. 在单元格中不能输入分数，只能输入小数
   D. 用户可以将纯数字当作文本数据输入

3. 关于工作表下列说法正确的是（   ）。
   A. 工作簿可以包括任意多的工作表和图表
   B. 默认的情况下，工作簿三个工作表组成，用户可以创建新的工作表
   C. 用户只能对新建的工作表重命名，无法重命名系统内置的工作表
   D. 工作表只能在当前工作簿中移动

4. 关于工作表的行高和列宽下列说法错误的是（   ）。
   A. 行高会自动随单元格中的字体变化而变化
   B. 列宽会根据输入数字型数据的长短而自动调整
   C. 在单元格中输入文本型数据超出单元格的宽度时，会显示一串"#"符号
   D. 利用鼠标拖动不能精确调整行高和列宽

5. 在"开始"选项卡下，单击下列（   ）组右侧的对话框启动器可以打开"设置单元格格式"对话框。
   A. 字体　　　　　　B. 对齐方式　　　　C. 数字　　　　　　D. 边框

6. 关于打印工作表下列说法正确的是（   ）。
   A. 用户在打印工作表时，可以设置将工作表的内容打印在一页纸上
   B. 在打印工作表时用户可以打印选定的内容
   C. 在打印工作表时用户可以在每页都打印标题行
   D. 在打印工作表时用户可以打印行号和列标

二、填空题

1. 当插入函数或输入数据时，在编辑栏中会显示＿＿＿、＿＿＿、＿＿＿三个按钮。

2. 第 D 列第 9 行的单元格表示为＿＿＿＿。

3. 工作表的行自上而下按＿＿＿＿＿进行编号，而列号则由左到右采用＿＿＿＿＿进行编号。

4. 在默认情况下，字符型数据设置为＿＿＿对齐，逻辑值和错误值设置为＿＿＿对齐，数字设置为＿＿＿对齐。

5. 单击"开始"选项卡下＿＿＿＿组中的＿＿＿＿按钮，可以将选中的单元格合并为一个单元格。

6. 在"开始"选项卡下的"对齐方式"组中有＿＿＿、＿＿＿、＿＿＿、＿＿＿、＿＿＿和＿＿＿6 种对齐方式。

7. 在"开始"选项卡下的"数字"组中有＿＿＿、＿＿＿、＿＿＿、＿＿＿和＿＿＿5 种

设置数字格式的按钮。

8．按_____组合键，可执行保存的操作。

三、简答题

1．在单元格中输入数据后，如果数据的长度超过单元格的宽度，将会出现哪些情况？

2．修改单元格中的数据有哪些方法？

3．调整行高或列宽有哪些方法？

4．如何为单元格区域设置边框和底纹？

5．用户可以对单元格中的哪些内容进行清除？

6．如何设置单元格的数字格式？

7．如何在工作表中插入行？

8．移动数据有哪些方法？

四、实践题

练习1：制作一个如图6-46所示的电子表格。

（1）打开"案例与素材\模块06\素材\练习1素材"工作簿。

（2）将Sheet1工作表重命名为"会议日程安排表"。

（3）合并"A1:C1"、"A2:C2"、"A6:C6"、"A14:C14"单元格区域。

（4）设置第一行的行高为30，设置第二行到第十九行的行高为18。

（5）设置A列的列宽为16，其余两列的列宽为24。

（6）设置数据区域的对齐方式为水平居中对齐，垂直居中对齐。

（7）设置标题的字体为黑体，字号为16，表格中其他的字体为黑体。

（8）设置表格外边框为粗实线，颜色为蓝色，强调文字颜色1；内部横线为细点划线，颜色为蓝色，强调文字颜色1；内部竖线为细实线，颜色为蓝色，强调文字颜色1。

（9）按图所示设置工作表单元格底纹为橙色，细对角线条纹。

效果位置：案例与素材\模块06\源文件\练习1效果

海尔代理商大会会议日程安排表

4月1日（星期五）		
时　间	地　点	内　容
14:00-18:00	国际酒店前台	来宾入住
18:00-19:00	酒店三楼餐厅	晚　餐
4月2日（星期六）		
时　间	地　点	内　容
7:00-8:00	酒店三楼餐厅	早　餐
8:30-11:15	酒店八楼多功能会议厅	会　议
12:00-13:00	酒店三楼餐厅	午　餐
14:00-17:30	酒店八楼多功能会议厅	会　议
18:00-19:00	酒店三楼餐厅	晚　餐
20:00-22:00	大剧院	观　演
4月3日（星期日）		
时　间	地　点	内　容
7:00-8:00	酒店八楼多功能会议厅	早　餐
9:00-10:00	酒店八楼多功能会议厅	会　议
10:10-12:00	酒店八楼多功能会议厅	现场签约、授权牌颁发
12:00-13:00	酒店三楼餐厅	午　餐

图6-46　练习1效果

模 块

07 Excel 2010 的数据分析功能——制作销售业绩统计表

你知道吗

Excel 2010 提供了极强的公式、函数、数据排序、筛选、分类汇总及图表等功能，使用这些功能，用户可以方便地管理、分析数据。

应用场景

人们平常会见到分期付款计算、记账表等电子表格，如图 7-1 所示，这些都可以利用 Excel 2010 的数据分析功能来制作。

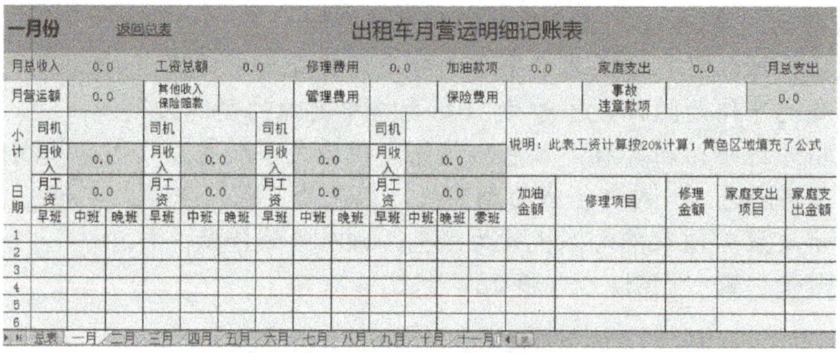

图7-1　出租车月营运明细记账表

如图 7-2 所示就是利用 Excel 2010 的数据分析功能制作的销售业绩统计表，请读者根据本模块所介绍的知识和技能，完成这一工作任务。

	A	B	C	D	E	F	G	H	I	J	K
1	雷烁光电科技公司2015年上半年销售业绩统计表										
2	编号	姓名	部门	一月份	二月份	三月份	四月份	五月份	六月份	总销售额	排名
3	XS44	刘大为	销售（1）部	96,500	86,500	90,500	94,000	99,500	70,000	537,000	1
4	SC39	李成	销售（1）部	92,000	64,000	97,000	93,000	75,000	93,000	514,000	2
5	XS28	程小丽	销售（1）部	66,500	92,500	95,500	98,000	86,500	71,000	510,000	3
6	XS8	李诗诗	销售（1）部	93,050	85,500	77,000	81,000	95,000	78,000	509,550	4
7	XS1	刘丽	销售（1）部	79,500	98,500	68,000	100,000	96,000	66,000	508,000	5
8	XS6	杜乐	销售（1）部	96,000	72,500	100,000	86,000	62,000	87,500	504,000	6
9	XS26	张红军	销售（1）部	93,000	71,500	92,000	96,500	87,000	61,000	501,000	7
10	XS38	唐艳霞	销售（1）部	97,500	76,000	72,000	92,500	84,500	78,000	500,500	8
11	XS15	杜月	销售（1）部	82,050	63,500	90,500	97,000	65,150	99,000	497,200	9
12	XS7	张艳	销售（1）部	73,500	91,500	64,500	93,500	84,000	87,000	494,000	10
13	XS30	张成	销售（1）部	82,500	78,000	81,000	96,500	96,500	57,000	491,500	11
14	XS17	李佳	销售（1）部	87,500	63,500	67,500	98,500	78,500	94,000	489,500	12
15	XS41	卢红	销售（1）部	75,500	62,500	87,000	94,500	78,000	91,000	488,500	13
16	XS29	卢红燕	销售（1）部	84,500	71,000	99,500	89,500	84,500	58,000	487,000	14
17	XS43	张小丽	销售（2）部	69,000	89,500	92,500	73,000	58,500	96,500	479,000	15
18	XS19	马路刚	销售（2）部	77,000	60,500	66,050	84,000	98,000	93,000	478,550	16
19	XS21	李成	销售（2）部	92,500	93,500	77,000	73,000	57,000	84,000	477,000	17
20	SC14	杜月红	销售（1）部	88,000	82,500	83,000	75,500	62,000	85,000	476,000	18
21	XS2	彭旸	销售（2）部	74,000	72,500	67,000	94,000	78,000	90,000	475,500	19
22	SC12	张红	销售（2）部	95,000	95,000	70,000	89,500	61,150	61,500	472,150	20
23	XS22	李丽敏	销售（2）部	58,500	90,000	88,500	97,000	72,000	65,000	471,000	21
24	XS5	李辉	销售（2）部	83,500	78,500	70,500	100,000	68,150	69,000	469,650	22

图7-2　销售业绩统计表

相关文件模板

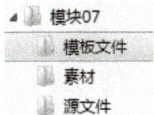

利用 Excel 2010 的数据分析功能还可以完成费用报销单、分期付款计算表、购车分期付款计算表、个人月度预算表、公司日常费用表、家庭账本、净资产计算表、考勤统计表、可查询姓名的通讯录、收费登记表、信用卡使用记录、出租车运营明细记账表等工作任务。

为方便读者，本书在配套的资料包中提供了部分常用的文件模板，具体文件路径如图 7-3 所示。

图7-3 应用文件模板

背景知识

通过对销售数据的分析，可以及时反映销售计划完成的情况，有助于一线人员分析销售过程中存在的问题，为提高销售业绩及服务等技能提供依据和参考。通过对销售数据的分析，可以及时掌握销售波动，掌握客户需求情况的变化，为管理者对企业的管理提供科学的依据。

设计思路

在制作销售业绩统计表的过程中，主要应用到使用公式和函数来计算数据、利用排序功能排序数据、对数据进行筛选、创建分类汇总、后期利用图表分析。制作销售业绩统计表的基本步骤可分解为：

（1）使用公式；

（2）使用函数；

（3）排序数据；

（4）筛选数据；

（5）汇总数据；

（6）应用图表。

项目任务 7-1 使用公式

公式是在工作表中对数据进行分析和运算的等式，或者是一组连续的数据和运算符组成的序列。公式要以等号（=）开始，用于表明其后的字符为公式。紧随等号之后的是需要进行计算的元素，各元素之间用运算符隔开。

⁂ 动手做 1 创建公式

在向考试成绩统计表中运用公式之前，我们需要了解公式中的运算符及运算顺序。

1. 公式中的运算符

运算符用于对公式中的元素进行特定类型的运算，分为算术运算符、文本运算符、比较运算符和引用运算符。

● 文本运算符：文本运算符只有一个"**&**"，使用该运算符可以将文本连接起来。其含义是将两个文本值连接或串联起来产生一个连续的文本值，如"大众"&"轿车"的结果是"大众轿车"。

● 算术运算符和比较运算符：算术运算符可以完成基本的算术运算，如加、减、乘、除等，还可以连接数字并产生运算结果。比较运算符可以比较两个数值并产生逻辑值，逻辑值只有 FALSE 和 TURE 两个，即错误和正确。表 7-1 列出了算术运算符和比较运算符的含义。

表 7-1　算术运算符和比较运算符的含义

算术运算符	含　义	比较运算符	含　义
+	加	=	等于
–	减	<	小于
*	乘	>	大于
/	除	>=	大于等于
^	乘方	<=	小于等于
%	百分号	<>	不等于

● 引用运算符：引用运算符可以将单元格区域合并计算，它主要包括冒号、逗号、空格。表 7-2 列出了引用运算符的含义。

表 7-2　引用运算符的含义

引用运算符	含　义
：（冒号）	区域运算符，表示区域引用，对包括两个单元格在内的所有单元格进行引用
，（逗号）	联合运算符，将多个引用合并为一个引用
（空格）	交叉运算符，对同时隶属两个区域的单元格进行引用

2. 运算顺序

Excel 2010 根据公式中运算符的特定顺序从左到右计算公式。当公式中同时用到多个运算符时，对于同一级的运算符，按照从等号开始从左到右进行计算，对于不同级的运算符，则按照运算符的优先级进行计算。表 7-3 列出了常用运算符的运算优先级。

表 7-3　公式中运算符的优先级

运　算　符	含　义	运　算　符	含　义
：（冒号）	区域运算符	^	乘方
（空格）	交叉运算符	*和/	乘和除
，（逗号）	联合运算符	+和-	加和减
–（负号）	如：-5	&	文本运算符
%	百分号	=、>、<、>=、<=、<>	比较运算符

如果要更改求值的顺序，可以将公式中要先计算的部分用括号括起来。例如，公式"=20+5*2"的结果是"30"，因为 Excel 先进行乘法运算后再进行加法运算，先将"5"与"2"相乘，然后再加"20"，即得到结果。如果使用括号改变语法"=（20+5）*2"，Excel 先用"20"加"5"，再用结果乘"2"，得到结果"50"。

在创建公式时可以直接在单元格中输入，也可以在编辑栏中输入，在编辑栏中输入和在单元格中输入计算结果是相同的。

下面我们为销售业绩统计表运用公式，具体步骤如下：

（1）打开存放在"案例与素材\模块07\素材"文件夹中名称为"销售业绩统计表（初始）"

的文件，切换到“Sheet1”工作表。

（2）选定单元格“J3”，直接在单元格或编辑栏中输入公式“=D3+E3+F3+G3+H3+I3”，如图 7-4 所示。

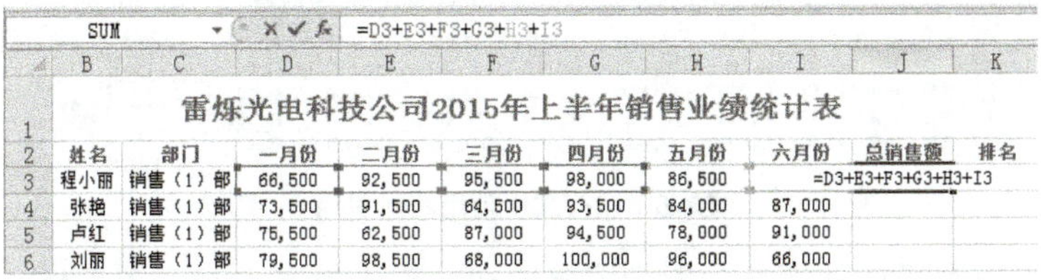

SUM =D3+E3+F3+G3+H3+I3

	B	C	D	E	F	G	H	I	J	K
1	雷烁光电科技公司2015年上半年销售业绩统计表									
2	姓名	部门	一月份	二月份	三月份	四月份	五月份	六月份	总销售额	排名
3	程小丽	销售（1）部	66,500	92,500	95,500	98,000	86,500	=D3+E3+F3+G3+H3+I3		
4	张艳	销售（1）部	73,500	91,500	64,500	93,500	84,000	87,000		
5	卢红	销售（1）部	75,500	62,500	87,000	94,500	78,000	91,000		
6	刘丽	销售（1）部	79,500	98,500	68,000	100,000	96,000	66,000		

图7-4 输入公式

（3）按回车键，或单击编辑栏中的输入按钮 ✓ 即可在单元格中计算出结果，而此时在编辑栏中依然显示输入的公式，如图 7-5 所示。

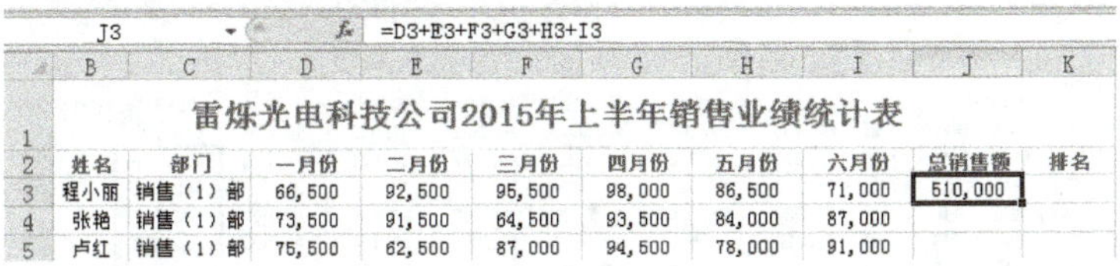

J3 =D3+E3+F3+G3+H3+I3

	B	C	D	E	F	G	H	I	J	K
1	雷烁光电科技公司2015年上半年销售业绩统计表									
2	姓名	部门	一月份	二月份	三月份	四月份	五月份	六月份	总销售额	排名
3	程小丽	销售（1）部	66,500	92,500	95,500	98,000	86,500	71,000	510,000	
4	张艳	销售（1）部	73,500	91,500	64,500	93,500	84,000	87,000		
5	卢红	销售（1）部	75,500	62,500	87,000	94,500	78,000	91,000		

图7-5 利用公式计算出的结果

动手做 2 单元格的引用

引用的作用在于标识工作表上的单元格或单元格区域，并指明公式中所使用的数据的位置。通过引用，可以在公式中使用工作表不同部分的数据，或者在多个公式中使用同一个单元格的数值。还可以引用同一个工作簿中不同工作表上的单元格和其他工作簿中的数据。在 Excel 2010 中，系统提供了 3 种不同的引用类型：相对引用、绝对引用和混合引用。它们之间既有区别又有联系，在引用单元格数据时，用户一定要弄清楚这 3 种引用类型之间的区别和联系。

- 相对引用，指的是引用单元格的行号和列标。所谓相对就是可以变化，它的最大特点是在单元格中使用公式时如果公式的位置发生变化，那么所引用的单元格也会发生变化。
- 绝对引用，顾名思义就是当公式的位置发生变化时，所引用的单元格不会发生变化，无论移到任何位置，引用都是绝对的。绝对引用使用在单元格名前加符号“$”的方法，如$A$3 表示单元格“A3”是绝对引用。
- 混合引用，是指只绝对引用行号或者列标，如$B6 表示绝对引用列标，B$6 则表示绝对引用行号。当相对引用的公式发生位置变化时，绝对引用的行号或列标不变，但相对引用的行号或列标则发生变化。

如果多行多列地复制公式，则相对引用自动调整，而绝对引用不作调整。例如，如果将一个混合引用“=A$1”从 A2 复制到 B2，它将从“=A$1”调整到“=B$1”。

例如，上面已在单元格“J3”中使用公式，现在想把公式相对引用到“J4”单元格中，具体步骤如下：

（1）单击选中“J3”单元格。

（2）单击鼠标右键，在弹出的快捷菜单中选择复制命令，或单击开始选项卡下剪切板组中的复制按钮，则选中的单元格周围出现闪烁的边框。

（3）单击选中要相对引用的单元格“J4”，单击开始选项卡下剪切板组中的粘贴按钮，即可将“J3”单元格中的公式相对引用到“J4”单元格中，在该单元格中的公式将变为

“=E5+F5+G5”，如图 7-6 所示。

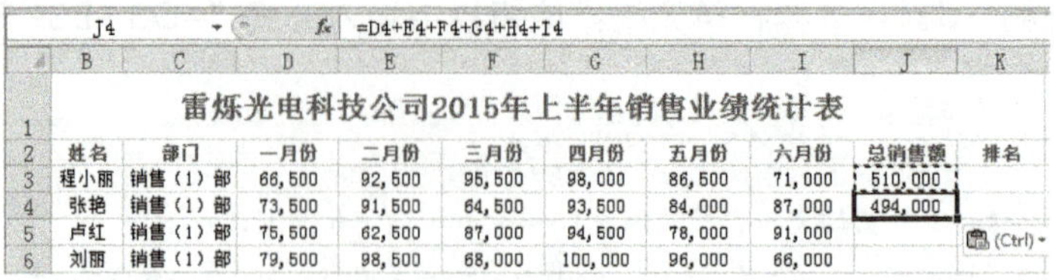

J4 =D4+E4+F4+G4+H4+I4

	B	C	D	E	F	G	H	I	J	K
1	雷烁光电科技公司2015年上半年销售业绩统计表									
2	姓名	部门	一月份	二月份	三月份	四月份	五月份	六月份	总销售额	排名
3	程小丽	销售（1）部	66,500	92,500	95,500	98,000	86,500	71,000	510,000	
4	张艳	销售（1）部	73,500	91,500	64,500	93,500	84,000	87,000	494,000	
5	卢红	销售（1）部	75,500	62,500	87,000	94,500	78,000	91,000		(Ctrl)
6	刘丽	销售（1）部	79,500	98,500	68,000	100,000	96,000	66,000		

图7-6　在公式中使用相对引用

这里用户还可以利用自动填充功能来填充公式，首先单击“J4”单元格，将鼠标移至单元格的右下角，此时鼠标指针变为 ✚ 形状。然后向下拖动填充柄到达单元格“J46”后松开鼠标，则“J4”中的公式自动填充到选定的单元格区域，如图 7-7 所示。

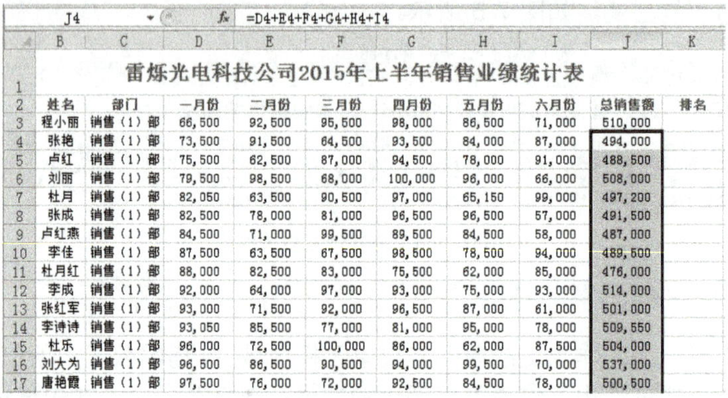

J4 =D4+E4+F4+G4+H4+I4

	B	C	D	E	F	G	H	I	J	K
1	雷烁光电科技公司2015年上半年销售业绩统计表									
2	姓名	部门	一月份	二月份	三月份	四月份	五月份	六月份	总销售额	排名
3	程小丽	销售（1）部	66,500	92,500	95,500	98,000	86,500	71,000	510,000	
4	张艳	销售（1）部	73,500	91,500	64,500	93,500	84,000	87,000	494,000	
5	卢红	销售（1）部	75,500	62,500	87,000	94,500	78,000	91,000	488,500	
6	刘丽	销售（1）部	79,500	98,500	68,000	100,000	96,000	66,000	508,000	
7	杜月	销售（1）部	82,050	63,500	90,500	97,000	65,150	99,000	497,200	
8	张成	销售（1）部	82,500	78,000	81,000	96,500	96,500	57,000	491,500	
9	卢红燕	销售（1）部	84,500	71,000	99,500	89,500	84,500	58,000	487,000	
10	李佳	销售（1）部	87,500	63,500	67,500	98,500	78,500	94,000	489,500	
11	杜月红	销售（1）部	88,000	82,500	83,000	75,500	62,000	85,000	476,000	
12	李成	销售（1）部	92,000	64,000	97,000	93,000	75,000	93,000	514,000	
13	张红军	销售（1）部	93,000	71,500	92,000	96,500	87,000	61,000	501,000	
14	李诗诗	销售（1）部	93,050	85,500	77,000	81,000	95,000	78,000	509,550	
15	杜乐	销售（1）部	96,000	72,500	100,000	86,000	62,000	87,500	504,000	
16	刘大为	销售（1）部	96,500	86,500	90,500	94,000	99,500	70,000	537,000	
17	唐艳霞	销售（1）部	97,500	76,000	72,000	92,500	84,500	78,000	500,500	

图7-7　自动填充公式后的效果

项目任务 7-2 应用函数

函数是一些预定义的公式，通过使用一些称为参数的特定数值来按特定的顺序或结构执行计算。函数可用于执行简单或复杂的计算。在公式中合理地使用函数，可以大大节省用户的输入时间，简化公式的输入。应用函数有两种方法：

- 直接输入法，就是直接在工作表的单元格中输入函数的名称及语法结构。
- 插入函数法，就是当用户在不能确定函数的拼写时，可使用另一种插入函数的方法来应用函数。

直接输入法的操作非常简单，只需先选择要输入函数公式的单元格，输入“=”，然后按照函数的语法直接输入函数名称及各参数即可。但其要求用户必须对所使用的函数较为熟悉，并且十分了解此函数包括多少个参数及参数的类型。然后就可以像输入公式一样来输入函数，使用起来也较为方便。

但由于利用直接输入法来输入函数时，要求用户必须了解函数的语法、参数及使用方法，而 Excel 2010 提供了 200 多种函数，用户不可能全部记住。这时就可以使用插入函数法，这种方法简单、快速，它不需要用户的输入，直接插入即可使用。

在销售业绩统计表中用户可以利用 RANK 函数来求排名，RANK 函数的语法形式为 RANK (number,ref,[order])。该函数常用来求某一个数值在某一区域内的排名。

函数名后面的参数中，number 为需要求排名的数值或者单元格名称（单元格内必须为数字），ref 为排名的参照数值区域，order 的值为 0 和 1，默认不用输入，得到的就是从大到小的排名，若是想求倒数第几，order 的值使用 1。

在销售业绩统计表中应用 RANK 函数的具体操作步骤如下：

（1）选定单元格"K3"。

（2）单击公式选项卡下函数库组中的插入函数按钮，打开插入函数对话框，如图 7-8 所示。

（3）在或选择类别下拉列表中选择统计项，在选择函数列表框中选择所需的函数类型 RANK.AVG。

（4）单击确定按钮，打开函数参数对话框，如图 7-9 所示。

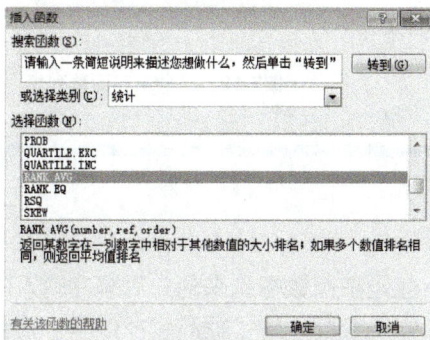

图7-8　插入函数对话框　　　　　图7-9　函数参数对话框

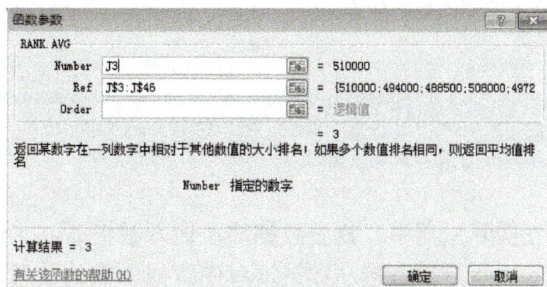

（5）在 Number 参数框中输入 J3，在 Ref 参数框中输入 J$3: J$46。

（6）单击确定按钮即可在"K3"单元格中得到名次结果，效果如图 7-10 所示。

图7-10　利用函数求排名

（7）利用自动填充功能，计算出各个销售人员的排名，效果如图 7-11 所示。

图7-11　利用函数的计算结果

提示

在 Excel 2010 中 RANK 函数有两种，一种是 RANK.AVG，一种是 RANK.EQ。RANK.AVG 函数的特点在于，对于数值相等的情况，返回该数值的平均排名；而作为对比，RANK.EQ 函数对于相等的数值返回其最高排名。

如果用户熟悉函数的类别，可以直接单击公式选项卡下函数库组中函数类别右侧的下三角箭头，然后在列表中直接选择即可。在函数库组中的自动求和列表中显示的则是求和、求平均值、最大值、最小值等常用函数，如图7-12所示。在自动求和列表中选择函数后不会出现函数参数对话框，而是直接在单元格中显示函数，用户直接在单元格中编辑函数的参数即可。

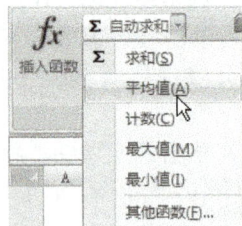

图7-12 自动求和函数列表

项目任务 7-3 排序数据

在实际应用中，建立数据清单输入数据时，人们一般是按照数据到来的先后顺序输入的。但是，当用户要直接从数据清单中查找所需的信息时，很不直观。为了提高查找效率，需要重新整理数据，对此，最有效的方法就是对数据进行排序。对数据清单中的数据进行排序是 Excel 最常见的应用之一。

排序是指按照一定的顺序重新排列数据清单中的数据，通过排序，可以根据某特定列的内容来重新排列数据清单中的行。排序并不改变行的内容，当两行中有完全相同的数据或内容时，Excel 2010 会保持它们的原始顺序。

所谓的数据清单就是包含相关数据的一系列工作表数据行，数据清单中的字段即工作表中的列，每一列中包含一种信息类型，该列的列标题就叫字段名，它必须由文字表示。数据清单中的记录，即工作表中的行，每一行都包含着相关的信息。数据记录应紧接在字段名行的下面，没有空行。如果出现空行，则空行下面的记录不作为这个数据清单的一部分。例如，如果考试成绩表中平均分和考试成绩中间有空行，则平均分的记录就不是考试成绩数据清单的一部分。

在对数据清单中的数据进行排序时，Excel 2010 也有自己默认的排列顺序。其默认的排序是使用特定的排列顺序，根据单元格中的数值而不是格式来排列数据。

对数据记录进行排序时，主要利用"排序"工具按钮和"排序"对话框。如果用户想快速地根据某一列的数据进行排序，可使用"数据"选项卡下"排序和筛选"组中的排序按钮，如下所示。

- "升序"按钮：单击此按钮后，系统将按字母表顺序、数据由小到大、日期由前到后等默认的排列顺序进行排序。
- "降序"按钮：单击此按钮后，系统将反字母表顺序、数据由大到小、日期由后到前等顺序进行排序。

在按升序排序时，Excel 2010 将使用如下顺序（在按降序排序时，除了空格总是在最后外，其他的排序顺序反之）：

- 数字从最小的负数到最大的正数排序。
- 文本及包含数字的文本，按下列顺序排序：先是数字 0～9，然后是字符"'-（空格）！"#＄％＆（）＊，．／：；？＠ "＼" ^ _ ` { ｜ } ～ ＋ ＜ ＝ ＞"，最后是字母 A～Z。
- 在逻辑值中，FALSE 排在 TRUE 之前。
- 所有错误值的优先级等效。

● 空格排在最后。

例如，将销售业绩统计表中的"排名"列的数据按升序进行排列，具体操作步骤如下：

（1）在"排名"列选中任一单元格。

（2）单击数据选项卡下排序和筛选组中的升序按钮，则"排名"列的数据按由小到大排列，排序后的结果如图 7-13 所示。

编号	姓名	部门	一月份	二月份	三月份	四月份	五月份	六月份	总销售额	排名
XS44	刘大为	销售(1)部	96,500	86,500	90,500	94,000	99,500	70,000	537,000	1
SC39	李威	销售(1)部	92,000	64,000	97,000	93,000	75,000	93,000	514,000	2
XS28	程小丽	销售(1)部	86,500	92,500	95,500	98,000	86,500	71,000	510,000	3
XS8	李诗诗	销售(1)部	93,050	85,500	77,000	81,000	95,000	78,000	509,550	4
XS1	刘丽	销售(1)部	79,500	98,500	68,000	100,000	96,000	66,000	508,000	5
XS6	杜乐	销售(1)部	96,000	72,500	100,000	86,000	62,000	87,500	504,000	6
XS26	张红军	销售(1)部	93,000	71,500	92,000	96,500	87,000	61,000	501,000	7
XS38	唐艳霞	销售(1)部	97,500	76,000	72,000	92,500	84,500	78,000	500,500	8
XS15	杜月	销售(1)部	82,050	63,500	90,500	97,000	65,150	99,000	497,200	9
XS7	张艳	销售(1)部	73,500	91,500	64,500	93,500	84,000	87,000	494,000	10
XS30	张威	销售(1)部	82,500	78,000	81,000	96,500	96,500	57,000	491,500	11
XS17	李佳	销售(1)部	87,500	63,500	67,500	88,500	78,500	94,000	489,500	12
XS41	卢红	销售(1)部	75,500	62,500	87,000	94,500	78,000	91,000	488,500	13
XS29	卢红燕	销售(1)部	84,500	71,000	99,500	89,500	84,500	58,000	487,000	14
XS43	张小丽	销售(2)部	69,000	89,500	92,500	73,000	58,500	96,500	479,000	15

图7-13　将"排名"列升序排列后的结果

教你一招

利用常用工具栏中的排序按钮进行排序虽然方便快捷，但是只能按某一字段名的内容进行排序，如果要按两个或两个以上字段的内容进行排序，可以在排序对话框中进行。首先选中要排序的单元格区域，单击数据选项卡下排序和筛选组中的排序按钮，打开排序对话框，如图 7-14 所示。然后在主要关键字下拉列表中选中一个字段，在排序依据列表中选择排序依据，在次序列表中选中升序或降序。接下来，可设置次要关键字的排序规则。如果选中数据包含标题复选框，则表示在排序时保留数据清单的字段名称行，字段名称行不参与排序。取消数据包含标题复选框的选中状态，则表示在排序时删除数据清单中的字段名称行，字段名称行中的数据也参与排序。

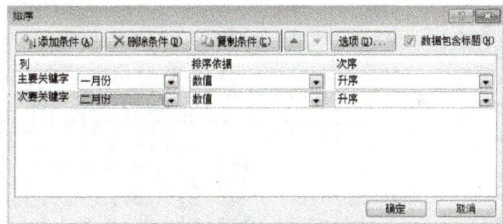

图7-14　排序对话框

项目任务 7-4　数据筛选

筛选是查找和处理数据清单中数据子集的快捷方法，筛选清单仅显示满足条件的行，该条件由用户针对某列指定。筛选与排序不同，它并不重排数据清单，而只是将不必显示的行暂时隐藏。用户可以使用"自动筛选"或"自定义筛选"功能将那些符合条件的数据显示在工作表中。Excel 2010 在筛选行时，可以对清单子集进行编辑、设置格式、制作图表和打印等操作，而不必重新排列或移动。

⋙ 动手做 1　自动筛选

自动筛选是一种快速的筛选方法，用户可以通过它快速地访问大量数据，从中选出满足条件的记录并将其显示出来，隐藏那些不满足条件的数据，此种方法只适用于条件较简单的筛选。

例如，利用“自动筛选”功能将销售业绩统计表“部门”中“销售（3）部”的记录显示出来，具体步骤如下：

（1）在销售业绩统计表工作簿中切换到“Sheet2”工作表。

（2）选中单元格“A3:J46”区域，或将鼠标定位在数据区域的任意单元格中。

（3）单击数据选项卡下排序和筛选组中的筛选按钮，则在选中区域的标题行中文本的右侧出现一个下三角箭头，效果如图 7-15 所示。

（4）单击部门的下三角箭头打开一个列表，在列表的数字筛选下面的列表中取消全选的选中状态，然后选择“销售（3）部”，如图 7-15 所示。

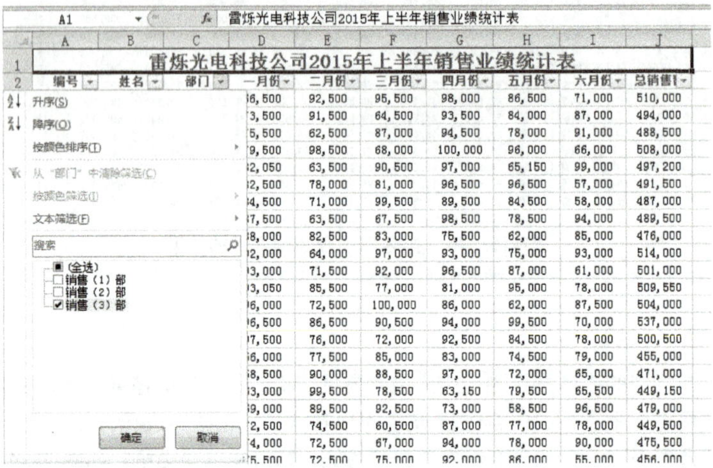

图7-15　数字筛选列表

（5）单击确定按钮，自动筛选后的结果如图 7-16 所示。

	编号	姓名	部门	一月份	二月份	三月份	四月份	五月份	六月份	总销售额
33	SC4	杜乐	销售（3）部	62,500	76,000	57,000	67,500	88,000	84,500	435,500
34	XS9	黄海生	销售（3）部	62,500	57,500	85,000	59,000	79,000	61,500	404,500
35	SH16	唐艳霞	销售（3）部	63,500	73,000	65,000	95,000	75,500	61,000	433,000
36	XS31	张恬	销售（3）部	68,000	97,500	61,000	57,000	60,000	85,000	428,500
37	SC32	李丽丽	销售（3）部	71,500	61,500	82,000	57,500	57,000	85,000	414,500
38	XS37	马小燕	销售（3）部	71,500	59,500	88,000	63,000	88,000	60,500	430,500
39	XS35	司徒春	销售（3）部	75,000	71,000	86,000	60,500	60,000	85,000	437,500
40	XS23	许小辉	销售（3）部	75,500	60,500	85,000	57,000	76,000	83,000	437,000
41	XS13	杨鹏	销售（3）部	76,000	63,500	84,000	81,000	65,000	62,000	431,500
42	XS34	田丽	销售（3）部	81,000	55,500	61,000	91,500	81,000	59,000	429,000
43	SC36	李娜	销售（3）部	85,500	64,500	74,000	78,500	64,000	76,000	442,500
44	XS40	詹荣华	销售（3）部	86,500	65,500	67,500	70,500	62,000	73,000	425,000
45	SC25	许泽平	销售（3）部	94,000	68,050	78,000	60,500	76,000	67,000	443,550
46	XS10	刘志刚	销售（3）部	96,500	74,500	63,000	66,000	71,000	69,000	440,000

图7-16　自动筛选的效果

动手做 2　自定义筛选

在使用“自动筛选”命令筛选数据时，还可以利用“自定义”的功能来限定一个或两个筛选条件，以便于将更接近条件的数据显示出来。

例如，在销售业绩统计表中筛选出“一月份”小于“60000”或大于“90000”的数据，具体步骤如下：

（1）单击数据选项卡下排序和筛选组中的清除按钮，清除原来的筛选结果。

（2）单击“一月份”右侧的下三角箭头打开一个列表，然后指向数字筛选出现一个子菜单，如图 7-17 所示。

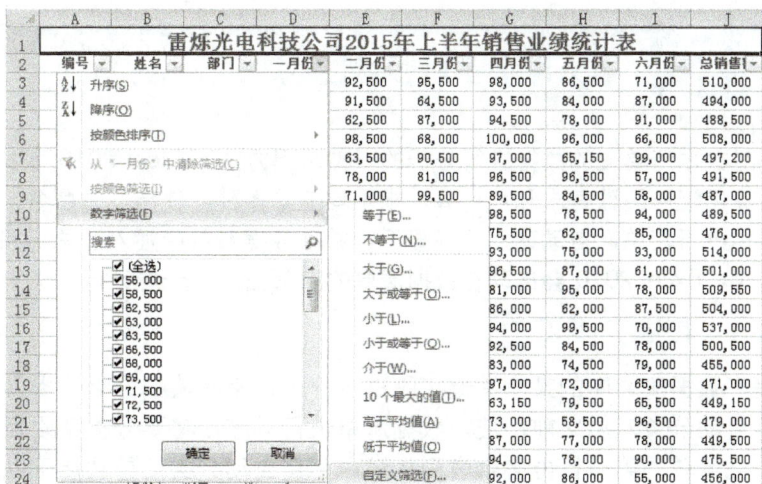

图7-17　筛选子菜单

（3）在列表中选择自定义筛选选项，打开自定义自动筛选方式对话框，如图 7-18 所示。

（4）在左上部的比较操作符下拉列表中选择大于，在其右边的文本框中输入 90000，选中或单选按钮，在左下部的比较操作符下拉列表中选择小于，在其右边的文本框中输入 60000。

（5）单击确定按钮，自定义筛选后的结果如图 7-19 所示。

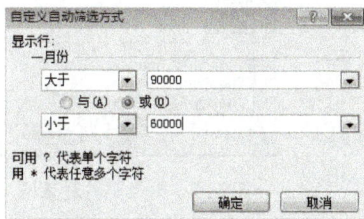

图7-18　设置自定义筛选条件

图7-19　自定义筛选的效果

⁙ 动手做 3　筛选前 10 个

如果用户要筛选出最大或最小的几项，可以在筛选列表中使用"前 10 个"命令来完成。

例如，将销售业绩统计表中一月份销售业绩的前 5 名显示出来，具体步骤如下：

（1）单击数据选项卡下排序和筛选组中的清除按钮，清除原来的筛选结果。

（2）单击"一月份"右侧的下三角箭头打开一个列表，然后指向数字筛选出现一个子菜单，选择 10 个最大的值选项，打开自动筛选前 10 个对话框，如图 7-20 所示。

（3）在对话框中最左边的下拉列表中选择最大项，在中间的文本框中选择或输入 5，在最右边的下拉列表中选择项。

（4）单击确定按钮，按一月份字段自动筛选出排在前 5 名的效果如图 7-21 所示。

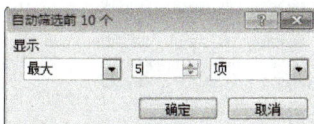

图7-20　自动筛选前10个对话框

图7-21　筛选成绩前5名的效果

项目任务 7-5　数据的分类汇总

分类汇总是对数据清单上的数据进行分析的一种常用方法，Excel 2010 可以使用函数实现分类和汇总值计算，汇总函数有求和、计算、求平均值等多种。使用汇总命令，可以按照用户选择的方式对数据进行汇总，自动建立分级显示，并在数据清单中插入汇总行和分类汇总行。在插入分类汇总时，Excel 2010 会自动在数据清单的底部插入一个总计行。

动手做 1　创建分类汇总

分类汇总是将数据清单中的某个关键字段进行分类，相同值的分为一类，然后对各类进行汇总。在进行自动分类汇总之前，应对数据清单进行排序，将要分类字段相同的记录集中在一起，并且数据清单的第一行里必须有列标记。利用自动分类汇总功能可以对一项或多项指标进行汇总。

例如，在销售业绩统计表中按"销售部门"对工作表中的各月销售额进行求和汇总，具体步骤如下：

（1）在销售业绩统计表工作簿中切换到"Sheet3"工作表。

（2）将"部门"字段按升序进行排列，使相同部门的记录集中在一起。

（3）选中单元格"A3:J46"区域，或将鼠标定位在数据区域的任意单元格中。

（4）单击数据选项卡下分级显示组中的分类汇总按钮，打开分类汇总对话框，如图 7-22 所示。

（5）在分类字段下拉列表中选择部门，在汇总方式下拉列表中选择求和，在选定汇总项列表中选中一月份、二月份、三月份、四月份、五月份、六月份和总销售额，如图 7-22 所示。

（6）选中汇总结果显示在数据下方复选框，则将分类汇总的结果放在本类数据的最后一行。

（7）单击确定按钮，对各项分别进行分类汇总，结果如图 7-23 所示。

图7-22　分类汇总对话框

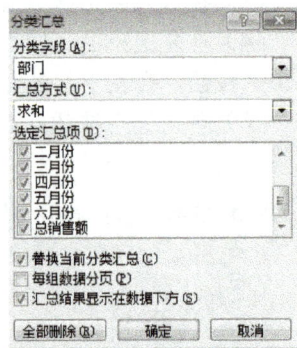

图7-23　进行分类汇总后的结果

提示

如果选中替换当前分类汇总复选框，则表示按本次要求进行汇总；如果选中每组数据分页复选框，则将每一类分页显示。

动手做 2 分级显示数据

工作表中的数据进行分类汇总后，将会使原来的工作表显得有些庞大，如果用户想单独查看汇总数据或查看数据清单中的明细数据，最简单的方法就是利用 Excel 2010 提供的分级显示功能。

在对工作表数据进行分类汇总后，汇总后的工作表在窗口处将出现“1”、“2”、“3”的数字，还有“-”、大括号等，这些符号在 Excel 2010 中称为分级显示符号。

符号[-]是隐藏明细数据按钮，[+]是显示明细数据按钮。

- 单击[-]可以隐藏该级及以下各级的明细数据。
- 单击[+]则可以展开该级明细数据。

例如，现在只需要显示“求和”的各项记录，则可以将其他内容都隐藏，如图 7-24 所示。

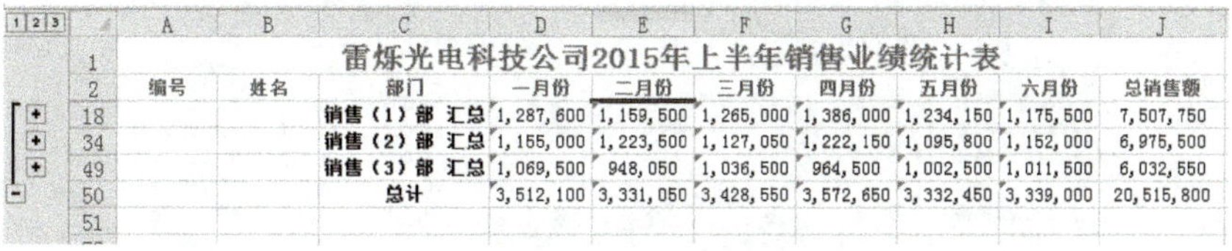

	A	B	C	D	E	F	G	H	I	J
1	雷烁光电科技公司2015年上半年销售业绩统计表									
2	编号	姓名	部门	一月份	二月份	三月份	四月份	五月份	六月份	总销售额
18			销售（1）部 汇总	1,287,600	1,159,500	1,265,000	1,386,000	1,234,150	1,175,500	7,507,750
34			销售（2）部 汇总	1,155,000	1,223,500	1,127,050	1,222,150	1,095,800	1,152,000	6,975,500
49			销售（3）部 汇总	1,069,500	948,050	1,036,500	964,500	1,002,500	1,011,500	6,032,550
50			总计	3,512,100	3,331,050	3,428,550	3,572,650	3,332,450	3,339,000	20,515,800
51										

图7-24 隐藏数据的结果

动手做 3 消除分级显示数据

如果要取消部分分级显示，可先选定有关的行或列，然后单击数据选项卡下分级显示组中的取消组合按钮打开一个下拉列表，在下拉列表中选择清除分级显示按钮即可。

当创建了分类汇总后，如果不再需要了，用户还可以将其删除。首先在分类汇总数据清单区域单击任一单元格，单击数据选项卡下分级显示组中的分类汇总按钮，打开分类汇总对话框。然后在分类汇总对话框中单击全部删除按钮，最后单击确定按钮，关闭对话框。

项目任务 7-6 应用图表

Excel 2010 提供的图表功能，可以将系列数据以图表的方式表达出来，使数据更加清晰易懂，使数据表达的含义更形象直观，并且用户可以通过图表直接了解到数据之间的关系和变化的趋势。

动手做 1 创建图表

对于一些结构复杂的表格，用户往往要花费相当长的时间才能将表格中要说明的问题理出个头绪来，既费时又费力。而如果使用 Excel 2010 的“图表”功能，则可以将枯燥乏味的数字转化为图表，从而使数据之间的关系一目了然。

根据图表显示位置的不同，建立图表的方式分为嵌入式图表和图表工作表两种。

- 嵌入式图表是置于工作表中用于补充工作数据的图表，当要在一个工作表中查看或打印图表及其源数据或其他信息时，可使用嵌入式图表。
- 图表工作表是工作簿中具有特定工作表名称的独立工作表，当要独立于工作表数据查看或编辑大而复杂的图表，或希望节省工作表的屏幕空间时，可以使用图表工作表。

无论是以何种方式建立的图表，都与生成它们的工作表上的源数据建立了链接，这就意味着当更新工作表数据时，同时也会更新图表。

例如，在销售统计表中插入销售（1）部各个销售人员 1~6 月份总销售额图表，具体步骤如下：

（1）在销售业绩统计表工作簿中切换到"Sheet4"工作表。

（2）在工作表中选择要绘制图表的数据区域，这里选择"销售（1）部"的"姓名"字段单元格与"总销售额"字段单元格。

（3）单击插入选项卡下图表组中的柱形图按钮，弹出一个下拉列表，如图 7-25 所示。

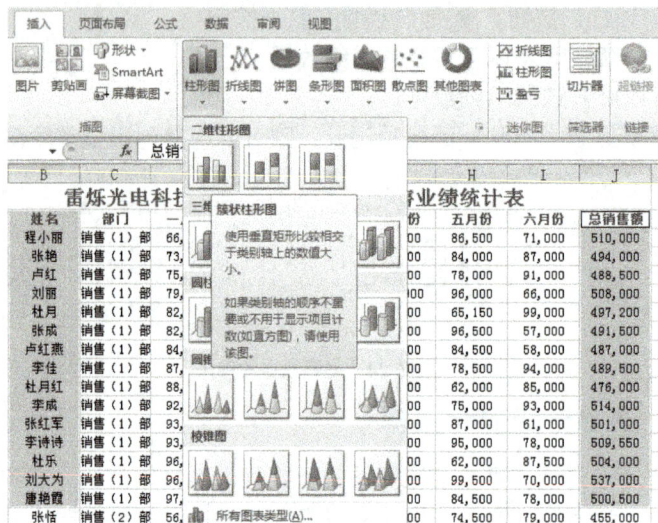

图7-25　柱形图下拉菜单

（4）在下拉列表中选择二维柱形图的簇状柱形图按钮即可插入图表，创建图表的效果如图 7-26 所示。

图7-26　创建图表的效果

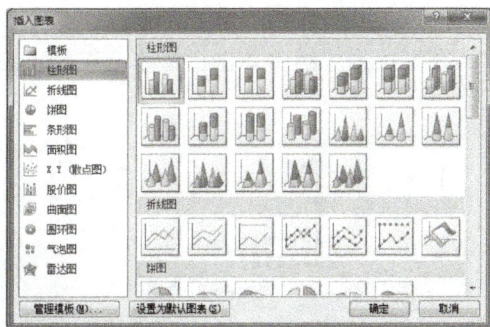

> **提示**
>
> 如果插入选项卡下图表组中的各个图表按钮不能满足用户要求，用户可以单击图表组右下角的对话框启动器，打开插入图表对话框，如图 7-27 所示。用户可以在对话框中挑选合适的图表，然后单击确定按钮。

图7-27 插入图表对话框

动手做 2 调整图表的大小和位置

通过对图表的大小进行调整，可以使图表中的数据更清晰、图表更美观。在销售统计表中调整上面创建的图表的大小，具体操作步骤如下：

（1）将鼠标指向创建的图表，单击鼠标，选中图表。

（2）将鼠标移至图表各边中间的控制手柄上，当鼠标变成↔状或↕状时，拖动鼠标可以改变图表的宽度和高度，虚线框表示图表的大小，调整到合适位置后松开鼠标。

（3）将鼠标移至四角的控制手柄上，当鼠标变成↘状或↗状时拖动鼠标可以将图表等比放缩，虚线框表示图表的大小，调整到合适大小后松开鼠标。

移动图表的位置非常简单，只需将鼠标移动到图表区的空白处，按下鼠标左键当鼠标变成✛状时拖动鼠标，实线框表示图表的位置，到达合适位置后松开鼠标即可。调整图表的大小与位置的效果如图 7-28 所示。

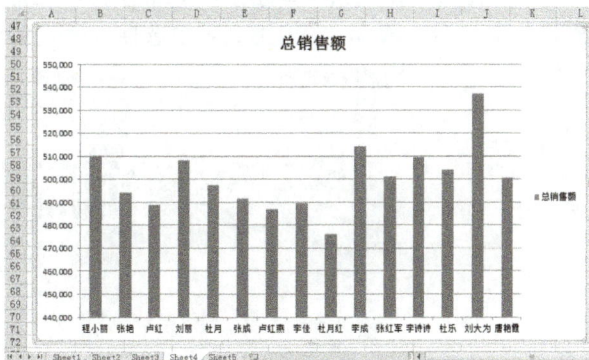

图7-28 调整图表大小和位置的效果

动手做 3 图表对象的选取

在对图表及图表中的各个对象进行操作时，用户首先应将其选中，然后才能对其进行编辑操作。

在选定整个图表时，只需将鼠标指向图表中的空白区域，当出现"图表区"的屏幕提示时单击鼠标即可将其选定。选定后整个图表四周出现 8 个句柄，表示图表被选定。被选定之后用户就可以对整个图表进行移动、缩放等编辑操作了。

在选定图表中的对象时，用户也可以利用鼠标来进行选定，用户只需用鼠标直接单击要选定的图表对象即可。例如，要选定图表的标题对象，用户可以将鼠标指向图表标题文本，当出现图表标题的屏幕提示时单击鼠标即可选定图表标题。

❖ 动手做 4 设置图表区格式

可以通过为图表区添加边框、设置图表中的字体、填充图案等来修饰图表。

例如，设置"总销售额"图表区的格式，具体操作步骤如下：

（1）将鼠标指向图表的绘图区，当出现图表区的屏幕提示时单击鼠标左键即可选定图表选中图表绘图区。

（2）切换到格式选项卡，在形状样式组中单击形状填充按钮，在形状填充列表的纹理列表中选择水滴，如图 7-29 所示。

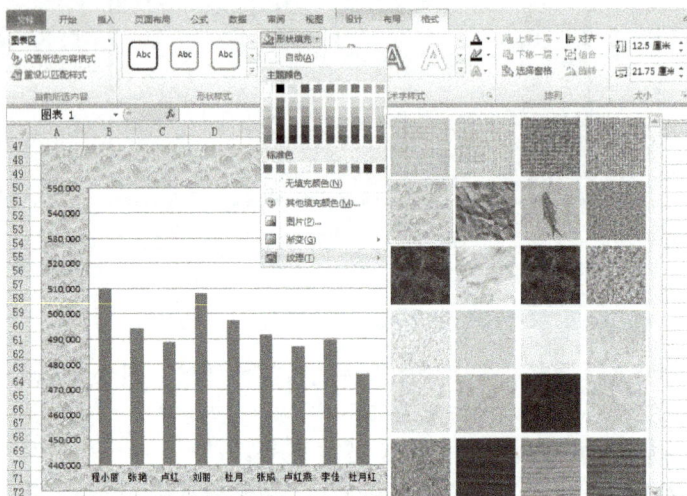

图7-29 设置图表区纹理填充

（3）在形状样式组中单击形状轮廓按钮，在形状轮廓列表的主题颜色区域选择水绿色，强调颜色 5，淡色 40%，在粗细列表中选择 3 磅，如图 7-30 所示。

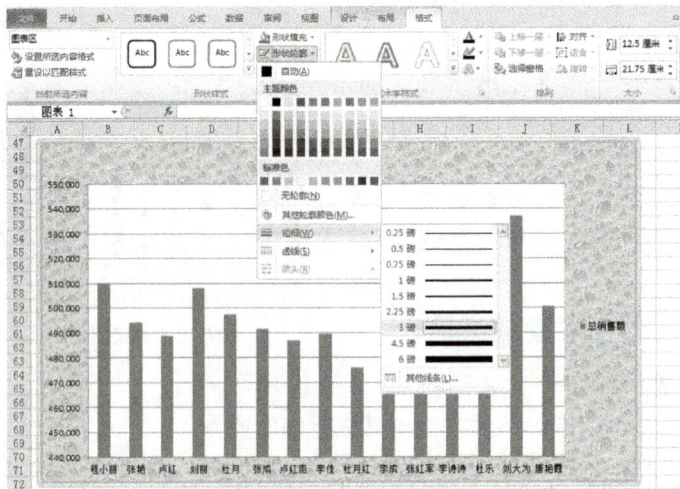

图7-30 设置图表区轮廓

（4）在形状样式组中单击形状效果按钮，在形状效果列表的发光列表中选择蓝色，11pt 发光，强调文字颜色 1，如图 7-31 所示。

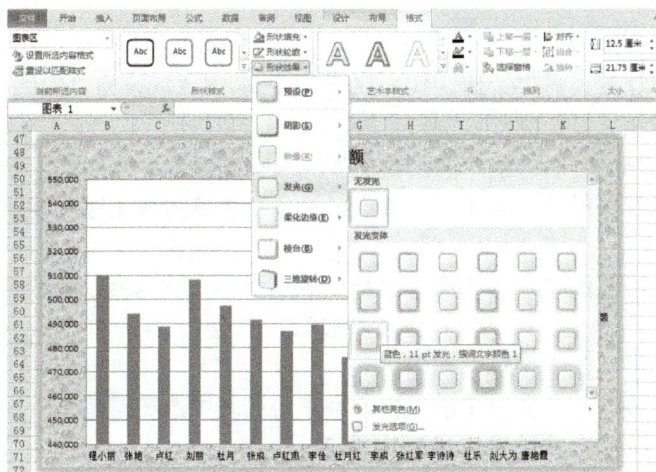

图7-31　设置图表区效果

※ 动手做 5　设置绘图区格式

在绘图区中，底纹在默认情况下为白色，可以根据需要对其进行更改。例如，在"总销售额"图表的绘图区设置填充效果，具体操作步骤如下：

（1）将鼠标指向图表的绘图区，当出现绘图区的屏幕提示时单击鼠标左键即可选定图表选中图表绘图区。

（2）在布局选项卡下当前所选内容组中单击设置所选内容格式或在绘图区上单击鼠标右键，在快捷菜单中选择设置绘图区格式命令，均可打开设置绘图区格式对话框。

（3）在对话框的左侧列表中选择填充，在右侧的填充区域选择渐变填充单选按钮，显示出渐变填充的一些设置按钮。

（4）单击预设颜色按钮，弹出一个下拉列表，这里选择熊熊火焰，如图 7-32 所示。

（5）在类型下拉列表中选择线性，在方向列表中选择线性对角，在角度列表中设置角度为135°。

（6）在渐变光圈的颜色列表中选择橙色，设置光圈 1 的结束为止为 100%。

（7）单击关闭按钮，关闭设置绘图区格式对话框。

设置绘图区格式的效果如图 7-33 所示。

图7-32　设置绘图区格式对话框

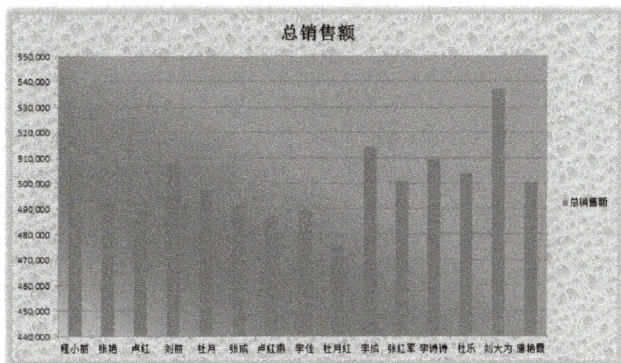

图7-33　设置绘图区格式的效果

149

❖ 动手做 6 设置图表标题格式

在图表区中的字体默认为"宋体、10、黑色"，标题字体默认为"宋体、18、黑色"，用户可以根据需要对字体格式及标题文本进行更改。

例如，这里为销售统计表中的"总销售额"图表标题设置字体格式，具体操作步骤如下：

（1）将鼠标指向图表标题，当出现图表标题的屏幕提示时单击鼠标左键即可选中图表标题对象。

（2）将鼠标定位在标题中，删除原来的标题总销售额，然后输入新的标题"雷烁光电科技公司销售（1）部2015年上半年销售业绩统计表"。

（3）按住鼠标左键拖动选中标题文本。

（4）单击开始选项卡下字体组中的颜色，在下拉列表中选择深蓝。

设置图表标题字体格式的效果如图 7-34 所示。

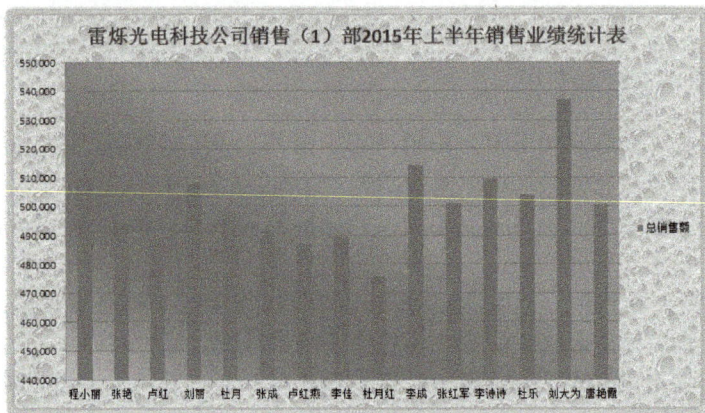

图7-34 设置图表标题字体格式的效果

❖ 动手做 7 设置图例格式

如果设置图表对象的格式相对简单，用户可以在布局选项卡下快速进行设置。

如要设置图例的格式，用户可以在布局选项卡的标签组中单击图例按钮打开一个下拉列表，如图 7-35 所示。

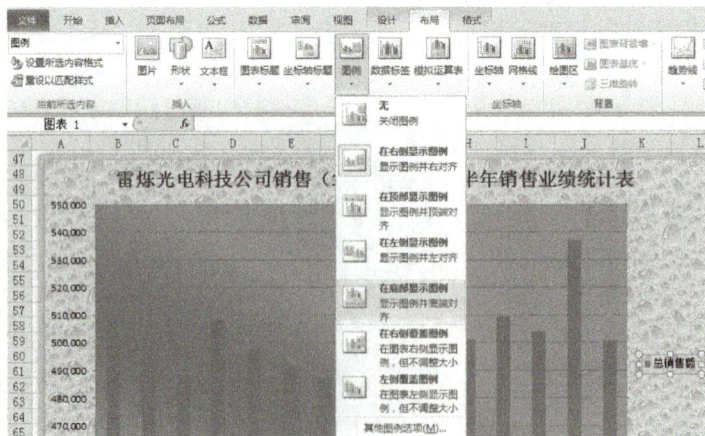

图7-35 设置图例格式

在列表中用户可以对图例的格式进行简单的设置，如这里选择在底部显示图例。选中图例，在开始选项卡下的字体组中设置图例的字体为黑体，字号为 14，则设置图例的效果如图 7-36 所示。

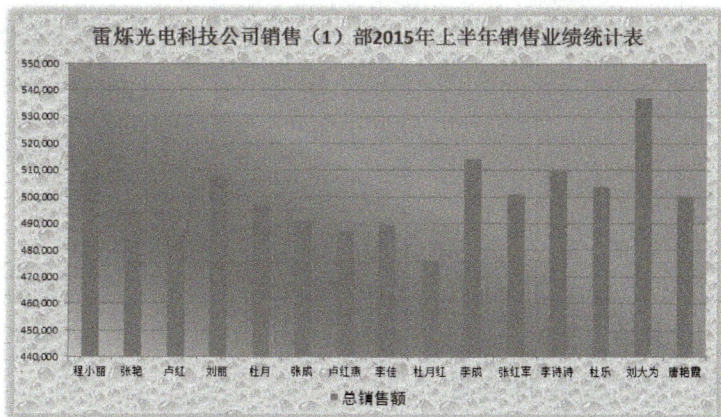

图7-36　设置图例后的效果

📖 **提示**　● ● ●

如果在图例下拉菜单中选择其他图例选项，则打开设置图例格式对话框。

知识拓展

通过前面的任务主要学习了应用公式与函数、排序数据、筛选数据、数据的分类汇总、应用图表等操作，另外还有一些关于数据管理的操作在前面的任务中没有运用到，下面就介绍一下。

≫ 动手做 1　保护单元格中的公式

如果单元格中的数据是公式计算出来的，那么当选定该单元格后，在编辑栏上将会显示该数据的公式。如果用户工作表中的数据比较重要，可以将工作表中单元格中的公式隐藏起来，这样可以防止其他用户看出该数据是如何计算出的。

对工作表中的公式进行保护，具体步骤如下：

（1）选中要保护的单元格或单元格区域。

（2）单击开始选项卡下单元格组中的格式按钮，在打开的下拉列表中选择设置单元格格式选项，打开设置单元格格式对话框，单击保护选项卡，如图 7-37 所示。

（3）在对话框中如果选中了锁定复选框，则工作表受保护后，单元格中的数据不能被修改；如果选中了隐藏复选框，则工作表受保护后，单元格中的公式被隐藏。

（4）单击确定按钮。

（5）单击审阅选项卡下更改组中的保护工作表按钮，打开保护工作表对话框，如图 7-38 所示。选中保护工作表及锁定的单元格内容复选框，单击确定按钮，对工作表设置保护。

设置了隐藏功能后，在选中含有公式的单元格时不显示公式。

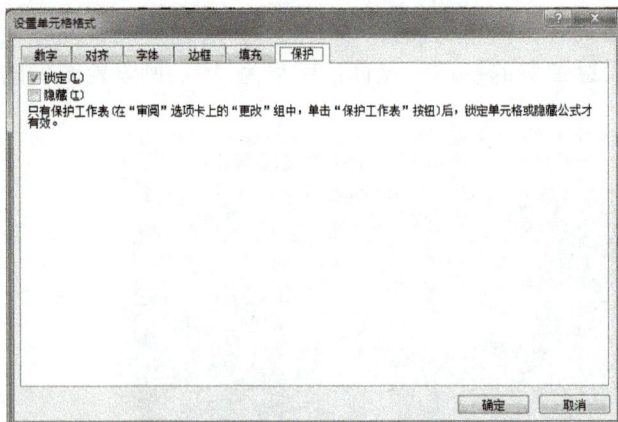

图7-37　设置单元格格式对话框

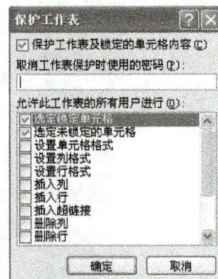

图7-38　保护工作表对话框

动手做 2　移动图表的位置

在创建图表后用户还可以移动图表的位置，首先选中图表，然后在设计选项卡的位置组中单击移动图表按钮，则打开移动图表对话框，如图 7-39 所示。在对话框中用户可以选择将图表移动到的位置，选择新工作表则创建一个图表工作表；选择对象位于则可以移动到工作簿的现有工作表中。

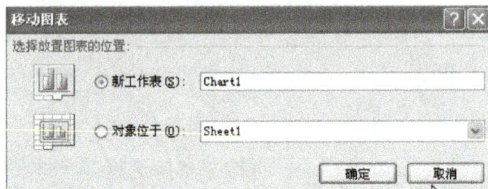

图7-39　移动图表对话框

动手做 3　设置图表数据系列格式

在图表数据系列上单击鼠标右键，在快捷菜单中选择数据系列格式命令，打开设置数据系列格式对话框，如图 7-40 所示。在对话框中用户可以对数据系列的格式进行设置。

动手做 4　设置图表坐标轴格式

在图表坐标轴上单击鼠标右键，在快捷菜单中选择坐标轴格式命令，打开设置坐标轴格式对话框，如图 7-41 所示。在对话框中用户可以对坐标轴的格式进行设置。

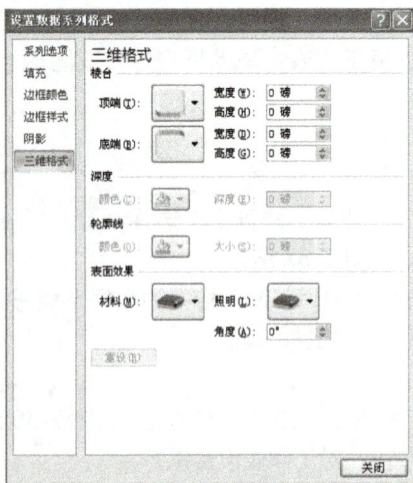

图7-40　设置数据系列格式对话框

图7-41　设置坐标轴格式对话框

课后练习与指导

一、选择题

1. 关于运算符下列说法正确的是（   ）。
   - A. 文本运算符只有一个
   - B. 比较运算符只有两个 FALSE 和 TRUE，即错误和正确
   - C. 冒号、逗号、空格属于引用运算符
   - D. 同一种运算符属于同一级

2. 关于单元格的引用下列说法正确的是（   ）。
   - A. 相对引用是指引用单元格的行号和列标可以变化
   - B. 相对引用使用时在单元格名前加一符号"$"
   - C. 绝对引用是指引用单元格的行号和列标不变
   - D. 混合引用是指只绝对引用行号或者列标

3. 关于排序下列说法错误的是（   ）。
   - A. 在逻辑值中，TRUE 排在 FALSE 之前
   - B. 空格排在最后
   - C. 在排序时数字排在字母之前
   - D. 所有错误值的优先级等效

4. 关于数据筛选下列说法正确的是（   ）。
   - A. 在筛选时如使用"自动筛选前 10 个"选项，只能筛选最大或最小的前 10 个数据
   - B. 在进行数据筛选后如果要取消筛选，则单击"排序和筛选"组中的"清除"按钮
   - C. 筛选与排序不同，它也重排数据清单同时将不必显示的行暂时隐藏
   - D. 自定义筛选可以限定一个或两个筛选条件

5. 关于图表的格式化下列说法错误的是（   ）。
   - A. 用户可以设置图表区的边框样式和颜色
   - B. 用户不但可以设置图例的位置，还可以设置图例的文本格式
   - C. 用户只能对图表标题的文本格式进行设置，不能调整标题的位置
   - D. 设置绘图区的格式会影响数据系列的格式

二、填空题

1. 运算符用于对公式中的元素进行特定类型的运算，分为_____、_____、_____和_____。

2. Excel 2010 提供了 3 种不同的引用类型：_____、_____和_____。

3. 在_____选项卡的"函数库"组中单击_____按钮，打开"插入函数"对话框。

4. 在"排序"对话框中选中"数据包含标题"复选框，则表示在排序时保留数据清单的字段名称行，字段名称行_____。

5. 在"数据"选项卡下单击_____组中的"筛选"按钮，可以对数据进行筛选的操作。

6. 在进行自动分类汇总之前，应对数据清单进行排序，将要分类字段相同的记录_____，并且数据清单的第一行里_____。

7．单击“数据”选项卡下________组中的“分类汇总”按钮，可以打开________对话框。

8．根据图表显示位置的不同，建立图表的方式有________和________两种。

9．单击________选项卡下“图表”组右下角的对话框启动器，打开________对话框。

10．在______选项卡的______组中单击“移动图表”按钮，则打开“移动图表”对话框。

三、简答题

1．如果要按两个或两个以上字段的内容进行排序，应该如何操作？

2．应用函数有哪几种方法？

3．如果要限定两个筛选条件来筛选数据，应该如何操作？

4．如何消除分级显示数据？

5．如何调整图表的大小和位置？

6．如何选定图表中的对象？

四、实践题

练习 1：按要求制作考试成绩表。

（1）打开“案例与素材\模块 07\素材\练习 1 素材”工作簿。

（2）公式（函数）应用：使用 Sheet1 工作表中的数据，计算“总分”和“平均分”，结果分别放在相应的单元格中，如图 7-42 所示。

恒大学校六年级2015年第一学期期中考试成绩

序号	年级	班别	姓名	语文	数学	英语	总分	平均分
1	六	1	江煜亮	98	98	95	291	97.0
2	六	2	邹昊洺	93	95	93	281	93.7
3	六	2	罗家聪	98	93	58	249	83.0
4	六	2	何晓林	97	98	96	291	97.0
5	六	2	林敏俐	100	95	86	281	93.7
6	六	1	黄志聪	96	99	87	282	94.0
7	六	1	王仁杰	97	97	72	266	88.7
8	六	1	黄俊尧	97	95	88	280	93.3
9	六	3	毕永杰	95	92	76	263	87.7
10	六	3	曾启杰	96	79	49	224	74.7
11	六	1	夏俊杰	88	96	84	268	89.3
12	六	1	夏静雯	86	92	53	231	77.0

图7-42　应用公式（函数）的效果

（3）数据排序：使用 Sheet2 工作表中的数据，以“总分”为关键字降序排序，如图 7-43 所示。

恒大学校六年级2015年第一学期期中考试成绩

序号	年级	班别	姓名	语文	数学	英语	总分	平均分
1	六	1	江煜亮	98	98	95	291	97.0
4	六	2	何晓林	97	98	96	291	97.0
6	六	1	黄志聪	96	99	87	282	94.0
2	六	2	邹昊洺	93	95	93	281	93.7
5	六	2	林敏俐	100	95	86	281	93.7
8	六	1	黄俊尧	97	95	88	280	93.3
11	六	1	夏俊杰	88	96	84	268	89.3
7	六	1	王仁杰	97	97	72	266	88.7
9	六	3	毕永杰	95	92	76	263	87.7
22	六	2	万　荣	75	88	99	262	87.3
15	六	2	吴　陈	92	93	70	255	85.0
3	六	2	罗家聪	98	93	58	249	83.0
23	六	2	罗小清	82	70	96	248	82.7

图7-43　排序的效果

（4）数据筛选：使用 Sheet3 工作表中的数据，筛选出六年级一班的记录，如图 7-44 所示。

图7-44　筛选的效果

（5）数据分类汇总：使用 Sheet4 工作表中的数据，以"班别"为分类字段，将"数学"、"语文"及"英语"分别进行"平均值"分类汇总，如图 7-45 所示。

图7-45　分类汇总的效果

（6）创建图表：使用 Sheet5 工作表中的数据，创建六一班考试成绩图。在图表中显示考试总成绩数值，如图 7-46 所示。

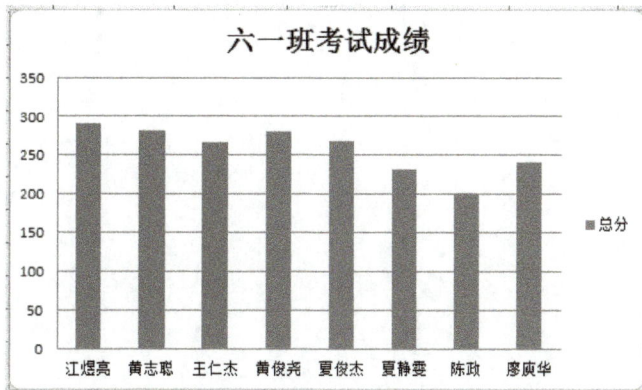

图7-46　创建图表的效果

效果位置：案例与素材\模块 07\源文件\练习 1 效果

练习 2：打开"案例与素材\模块 07\素材\EXCEL1.xlsx"文档，按照要求完成下列操作并以该文件名保存文件，最终效果如图 7-47 所示。

（1）将工作表 Sheet1 中的 A1:F1 单元格合并为一个单元格，内容水平居中。用公式计算近三年月平均气温，单元格格式的数字分类为数值，保留小数点后 2 位。将 A2:G6 区域的底纹设置为浅绿色。将工作表命名为"月平均气温统计表"。

（2）选取"月平均气温统计表"的 A2:G2 和 A6:G6 单元格区域，建立"簇状圆柱图"，标题为"月平均气温统计图"，图例位置靠上，图表样式为"样式 4"，设置绘图区填充颜色为"黄色"，适当调整图表大小，将图拖到表的 A8:G25 单元格区域内。

155

效果图位置：案例与素材\模块 07\源文件\EXCEL1.xlsx

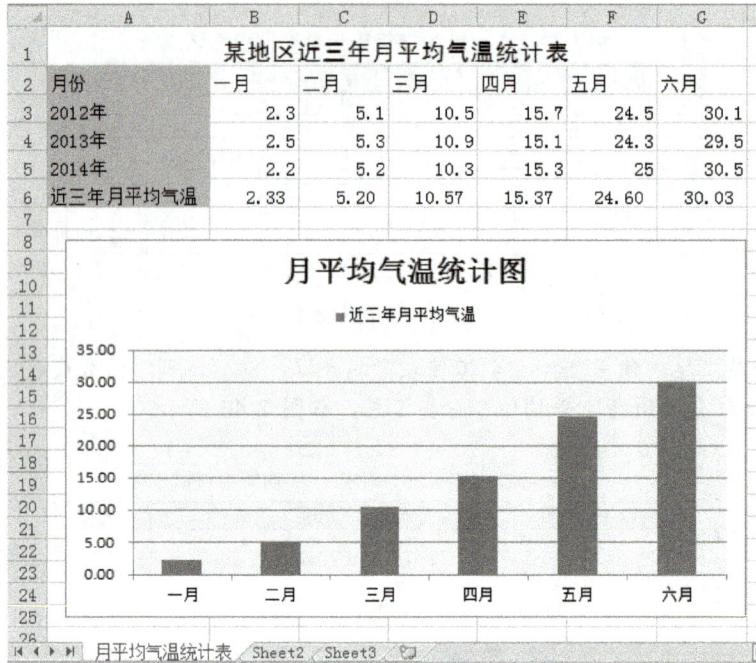

	A	B	C	D	E	F	G
1	某地区近三年月平均气温统计表						
2	月份	一月	二月	三月	四月	五月	六月
3	2012年	2.3	5.1	10.5	15.7	24.5	30.1
4	2013年	2.5	5.3	10.9	15.1	24.3	29.5
5	2014年	2.2	5.2	10.3	15.3	25	30.5
6	近三年月平均气温	2.33	5.20	10.57	15.37	24.60	30.03

图7-47　　EXCEL1最终效果

你知道吗

PowerPoint 2010 是制作演示文稿的软件，能够把所要表达的信息组织在一组图文并茂的画面中。利用 PowerPoint 2010 创建的演示文稿可以通过不同的方式播放，可以将演示文稿打印、制作成幻灯胶片，使用投影仪播放；也可以在计算机上直接连接投影仪进行演示，并且可以加上动画、特技效果和声音等多媒体效果，使人们的创意发挥得更加淋漓尽致。

应用场景

人们平常所见到的培训课件幻灯片，如图 8-1 所示，这些都可以利用 PowerPoint 2010 软件来制作。

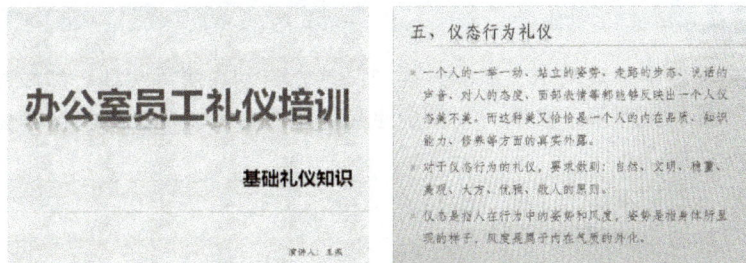

图8-1　培训课件幻灯片

企业文化是企业综合实力的体现，是一个企业文明程度的反映，也是知识形态的生产力转化为物质形态生产力的源泉。在公司面临新的形势、新的任务、新的机遇、新的挑战之际，要想在激烈的市场竞争中取胜，把企业做大做强，实现企业的跨越式发展，就必须树立"用文化管企业"、"以文化兴企业"的理念。如图 8-2 所示就是某企业制作的企业文化建设方案演示文稿。

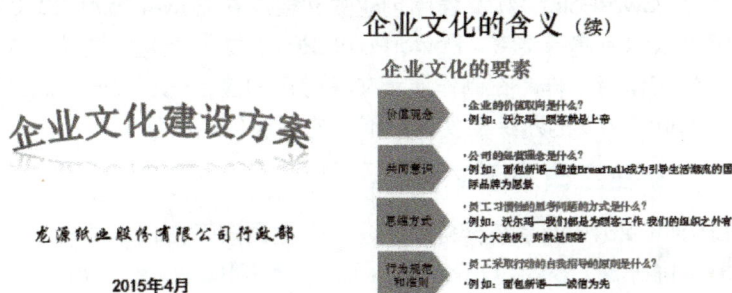

图8-2　企业文化建设方案演示文稿

相关文件模板

利用 PowerPoint 2010 还可以完成大学工作总结、工作报告、公司年度总结、讲座、教学课件、培训班课件、述职报告、古韵模板、茶韵味模板、教育业模板等工作任务。

为方便读者，本书在配套的资料包中提供了部分常用的文件模板，具体文件路径如图 8-3 所示。

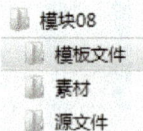

📁 模块08
　📁 模板文件
　📁 素材
　📁 源文件

图8-3　应用文件模板

背景知识

企业文化是企业长期生产、经营、建设、发展过程中所形成的管理思想、管理方式、管理理论、群体意识以及与之相适应的思维方式和行为规范的总和。是企业领导层提倡、上下共同遵守的文化传统和不断革新的一套行为方式，它体现为企业价值观、经营理念和行为规范，渗透于企业的各个领域和全部时空文秘部落。其核心内容是企业价值观、企业精神、企业经营理念的培育，是企业职工思想道德风貌的提高。通过企业文化的建设实施，使企业人文素质得以优化，归根结底是推进企业竞争力的提高，促进企业经济效益的增长。

企业文化对形成企业内部凝聚力和外部竞争力所起到的积极作用，越来越受到人们的重视。企业文化建设是一项系统工程，是现代企业发展必不可少的竞争法宝。一个没有企业文化的企业是没有前途的企业，一个没有信念的企业是没有希望的企业。

设计思路

在制作企业文化建设方案演示文稿的过程中，首先要创建演示文稿，然后对演示文稿中的幻灯片进行编辑，最后保存演示文稿。制作企业文化建设方案演示文稿的基本步骤可分解为：

（1）创建演示文稿；
（2）编辑幻灯片的文本；
（3）丰富幻灯片页面效果；
（4）幻灯片的编辑；
（5）保存与关闭演示文稿。

项目任务 8-1　创建演示文稿

演示文稿是通过 PowerPoint 2010 程序创建的文档，在 PowerPoint 2010 中可以创建出许多个文档，它们都可以称为演示文稿，PowerPoint 2010 文档就是以这种方式保存的，它就好像在 Excel 中创建的工作簿一样。在制作演示文稿时用户应首先创建一个新的演示文稿，可以根据自己对 PowerPoint 2010 的熟练程度选用不同的方法创建演示文稿。

❖ 动手做 1　新建空白演示文稿

当启动 PowerPoint 2010 时系统会自动创建一个空白演示文稿。单击开始按钮，打开开始菜单，在开始菜单中执行 Microsoft Office → Microsoft Office PowerPoint 2010 命令，即可启动 PowerPoint 2010。

启动 PowerPoint 2010 以后，会自动生成一个新的空白演示文稿，并自动命名为"演示文稿1"，如图8-4所示。

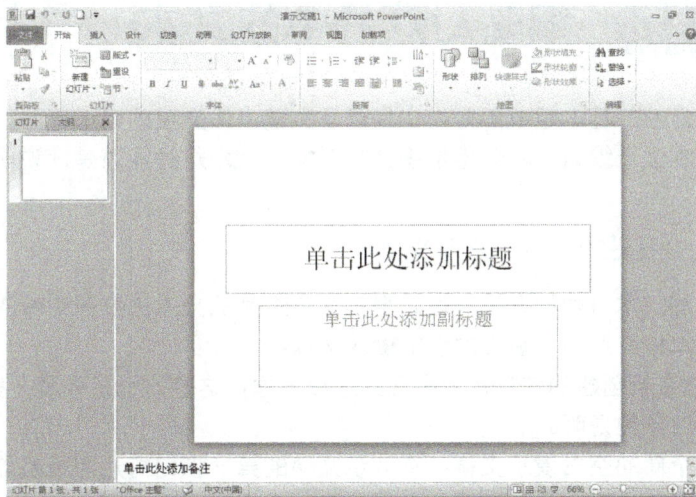

图8-4　新创建的演示文稿

在演示文稿工作环境中如果要创建新的空白演示文稿，最简单的方法就是直接单击自定义快速访问工具栏上的新建按钮，则新建的工作簿依次被暂时命名为"演示文稿2"、"演示文稿3"、"演示文稿4"……

≫ 动手做2　了解PowerPoint 2010的工作界面

PowerPoint 2010的工作界面主要包括"**Office**"按钮、快速访问工具栏、标题栏、功能选项卡、功能区、"幻灯片编辑"窗口、"备注"窗格、"大纲/幻灯片"窗格、状态栏和视图栏。在PowerPoint 2010的工作界面中除了增加"幻灯片编辑"窗口、"备注"窗格、"大纲/幻灯片"窗格以外，其他的组成部分与Word 2010相同。

1. "幻灯片编辑"窗口

"幻灯片编辑"窗口位于工作界面的中间，在"幻灯片编辑"窗口可以对幻灯片进行编辑修改，幻灯片是演示文稿的核心部分。可以在幻灯片区域对幻灯片进行详细的设置，例如，编辑幻灯片的标题和文本、插入图片、绘制图形以及插入组织结构图等。

2. "大纲/幻灯片"窗格

"大纲/幻灯片"窗格位于窗口的左侧，用于显示演示文稿的幻灯片数量及播放位置，通过它便于查看演示文稿的结构，包括"大纲"和"幻灯片"两个选项卡。

单击"大纲"选项卡会显示大纲区域，在该区域显示了幻灯片的标题和主要的文本信息。大纲文本是由每张幻灯片的标题和正文组成的，每张幻灯片的标题都出现在数字编号和图标的旁边，每一级标题都是左对齐，下一级标题自动缩进。在大纲区中，可以使用"大纲"工具栏中的按钮来控制演示文稿的结构，在大纲区适合组织和创建演示文稿的文本内容。

单击"幻灯片"选项卡会在此区域显示所有幻灯片的缩略图，单击某一个缩略图在右面的幻灯片区会显示相应的幻灯片。

3. "备注"窗格

"备注"窗格位于窗口的下方，可以在该区域编辑幻灯片的说明，一般由演示文稿的报告人提供。

项目任务 8-2　编辑幻灯片中的文本

文本对象是幻灯片的基本组成部分，也是演示文稿中最重要的组成部分。用户可以根据需要对幻灯片中的文本进行编辑，合理地组织文本对象，使幻灯片能清楚地说明问题，增强幻灯片的可读性。

动手做 1　在占位符中输入文本

在幻灯片中添加文本有两种方法：可以直接在幻灯片的文本占位符中输入文本，也可以在幻灯片中先插入文本框，然后再在文本框中输入文本。

"占位符"是指在新创建的幻灯片中出现的虚线方框，这些方框代表着一些待确定的对象，占位符是对待确定对象的说明。

例如，创建一个新的空白演示文稿，新演示文稿的第一张幻灯片为标题幻灯片，在该幻灯片中有标题占位符和副标题占位符两个文本占位符。用户可以在标题占位符中输入该演示文稿的标题文本，可以在副标题占位符中输入演示文稿的副标题文本。

在标题幻灯片的文本占位符中输入文本的具体操作步骤如下：

（1）在"单击此处添加标题"占位符的任意位置单击鼠标左键，将插入点定位在标题占位符中。

（2）输入文本"企业文化建设方案"。

（3）在幻灯片的任意空白处单击鼠标，结束文本的添加。

（4）在"单击此处添加副标题"占位符的任意位置单击鼠标左键，输入文本"龙源纸业股份有限公司行政部"。

添加标题文本和副标题文本的标题幻灯片如图 8-5 所示。

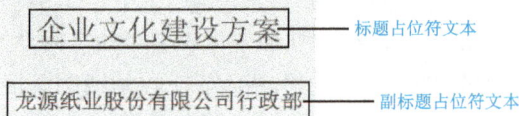

图8-5　在标题占位符中输入文本

动手做 2　在文本框中输入文本

如果要在文本占位符以外的位置添加文本，可以利用文本框进行添加。

例如，要在第 1 张幻灯片的文本占位符以外的位置输入文本，具体操作步骤如下：

（1）单击插入选项卡下文本组中的文本框按钮，打开下拉菜单。

（2）在下拉菜单中选择横排文本框按钮，此时鼠标指针变成↓形状，拖动鼠标在幻灯片中绘制出文本框。

（3）在文本框中输入相应的文本，调整文本框的位置和大小，效果如图 8-6 所示。

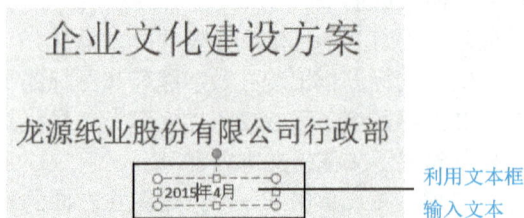

图8-6　添加文本框后的效果

动手做 3　添加幻灯片

演示文稿的第 1 张幻灯片内容输入完成后，用户可以继续创建新的幻灯片并输入相应内容。在开始选项卡下幻灯片组中单击新建幻灯片按钮右侧的下三角箭头，打开新建幻灯片下拉列表，如图 8-7 所示。

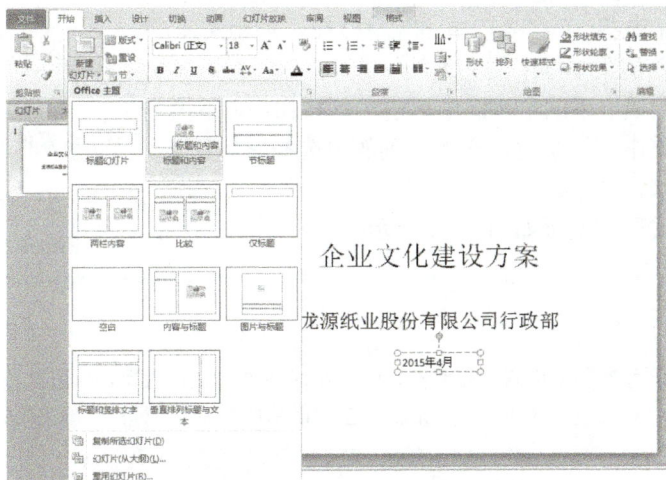

图8-7　新建幻灯片下拉列表

在列表中选择不同版式，即可在当前幻灯片的下方插入一张新的幻灯片。例如，这里选择标题和内容，则在第 1 张幻灯片下插入一张含有标题和内容占位符的幻灯片，如图 8-8 所示。

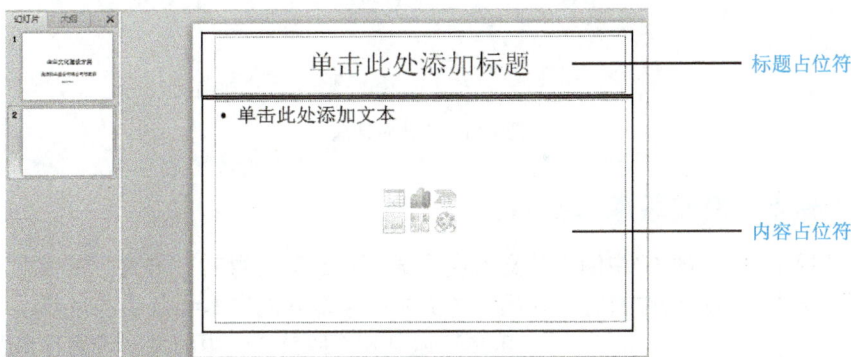

图8-8　新插入的幻灯片

单击"单击此处添加标题"占位符，然后输入第 2 张幻灯片的标题，单击"单击此处添加文本"占位符，再输入第 2 张幻灯片的内容，效果如图 8-9 所示。

按照相同的方法，插入幻灯片，并在幻灯片中输入相应的标题和文本，制作"产品推广方案"幻灯片。

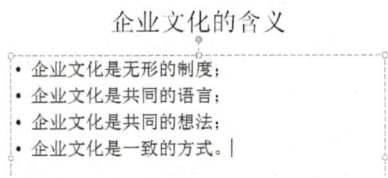

图8-9　在第2张幻灯片中输入文本的效果

❖ 动手做 4　设置字体格式

如果要设置的字体格式比较简单，可以利用"开始"选项卡下"字体"组中的按钮进行设置，对于复杂的字体格式设置，可以使用"字体"对话框进行设置。

例如，设置第 1 张幻灯片的字体格式，具体操作步骤如下：

（1）在左边的窗格中单击第 1 张幻灯片的缩略图，切换第 1 张幻灯片为当前幻灯片，选中副标题占位符中的文本。

（2）在开始选项卡下的字体组中单击字体按钮，在下拉列表中选择华文行楷；单击字号按钮，在下拉列表中选择 28 字号；单击加粗按钮，加粗文本。

（3）选中插入的文本框中的文本。

（4）在开始选项卡下的字体组中单击字体按钮，在下拉列表中选择黑体；单击字号按钮，在下拉列表中选择 24 字号；单击加粗按钮，加粗文本。

设置字体格式后的效果如图 8-10 所示。

企业文化建设方案

龙源纸业股份有限公司行政部

2015年4月

图8-10 设置字体格式后的效果

提示

如果用户设置的字体格式比较复杂，可以在对话框中进行设置。单击开始选项卡下字体组右下角的对话框启动器按钮，打开字体对话框，在对话框中用户可以进行详细的设置，如图 8-11 所示。

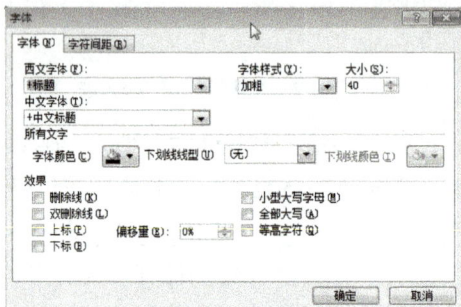

图8-11 字体对话框

动手做 5 设置段落水平对齐

在默认情况下，在占位符中输入的文本会根据情况自动设置对齐方式。在标题和副标题占位符中输入的文本会自动居中对齐，在插入的文本框中输入的文本会自动左对齐。

用户可以利用"段落"组中的按钮设置段落的水平对齐方式。首先选中要设置水平对齐的段落，然后根据版式需要利用"段落"组中的"左对齐"、"居中对齐"和"右对齐"按钮设置段落的水平对齐。

例如，将第 2 张幻灯片中的标题设置为"左对齐"，先将鼠标定位在标题段落中，然后单击开始选项卡下段落组中的左对齐按钮即可，效果如图 8-12 所示。

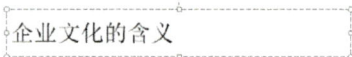

图8-12 标题设置左对齐

动手做 6 设置行距和段间距

可以更改段落的行距或者段落之间的距离来增强文本对象的可读性，例如，要设置第 2 张幻灯片里内容占位符中文本的行距和段间距，具体操作步骤如下：

（1）切换第 2 张幻灯片为当前幻灯片，选中内容占位符中的文本。

（2）单击开始选项卡下段落组右下角的对话框启动器按钮，打开段落对话框，如图 8-13 所示。

（3）在行距下拉列表中选择 1.5 倍行距。

（4）单击间距下的段前和段后后面的增减按钮，设置为 6 磅。

（5）单击确定按钮，设置行距和段间距的效果如图 8-14 所示。

图8-13 设置行距和段间距

企业文化的含义

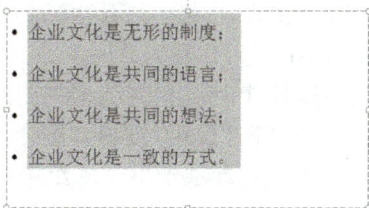

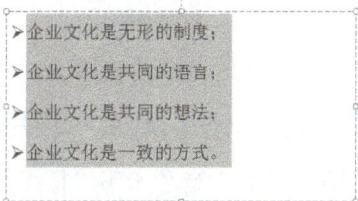

- 企业文化是无形的制度；
- 企业文化是共同的语言；
- 企业文化是共同的想法；
- 企业文化是一致的方式。

图8-14 设置行距和段间距后的效果

❉ 动手做 7 设置项目符号

默认情况下，在正文文本占位符中输入的文本会自动添加项目符号。为了使项目符号更加新颖，用户可以在"项目符号和编号"对话框中根据需要对其进行更改。

例如，对第 2 张幻灯片正文文本的项目符号进行修改，具体操作步骤如下：

（1）切换第 2 张幻灯片为当前幻灯片。

（2）选定含有项目符号的段落。

（3）在开始选项卡下段落组中单击项目符号按钮右侧的下三角箭头，打开一个下拉列表。在下拉列表中选择项目符号和编号命令，打开项目符号和编号对话框，如图 8-15 所示。

（4）单击颜色文本框右侧的下三角箭头，在下拉列表中选择项目符号的颜色，这里选择颜色为深蓝，文字 2。

（5）在项目符号选择区域中选择一种样式，单击确定按钮，设置项目符号后的效果如图 8-16 所示。

企业文化的含义

➢ 企业文化是无形的制度；
➢ 企业文化是共同的语言；
➢ 企业文化是共同的想法；
➢ 企业文化是一致的方式。

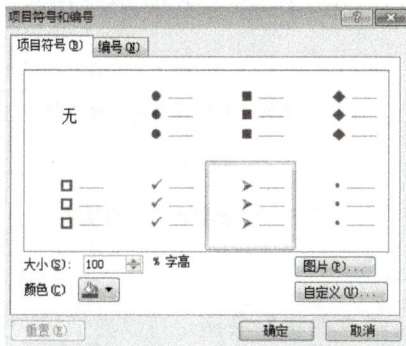

图8-15 项目符号和编号对话框

图8-16 设置项目符号后的效果

项目任务 8-3 丰富幻灯片页面效果

为了使演示文稿获得丰富的页面效果，还可以采用在幻灯片中插入艺术字、插入图片、绘制自选图形、插入表格或者插入图表等方法来修饰页面。

❉ 动手做 1 在幻灯片中应用艺术字

使用系统提供的艺术字功能，可以创建出各种各样的艺术文字效果。艺术字用于突出某些文字，艺术字的功能丰富了幻灯片的页面效果。在幻灯片中应用艺术字能够使幻灯片更加美观，实现意想不到的效果。

例如，在制作企业文化建设方案演示文稿时，用户可以在第 1 张幻灯片中添加艺术字，具体步骤如下：

（1）切换第 1 张幻灯片为当前幻灯片，选中标题占位符按下"Del"键将其删除。

（2）单击插入选项卡下文本组中的艺术字按钮，打开下拉列表，如图 8-17 所示。

（3）在下拉菜单中选择一种样式，这里选择第 4 行第 5 列的样式，在幻灯片中会打开一个艺术字编辑框，提示用户输入艺术字文本。

（4）在艺术字编辑框中输入企业文化建设方案，选中插入的艺术字，单击开始选项卡，在字体下拉列表中选择幼圆。

图8-17 艺术字下拉列表

（5）在艺术字编辑框上单击鼠标左键选中艺术字，然后利用鼠标拖动调整艺术字的位置，使艺术字的效果如图 8-18 所示。

（6）在艺术字编辑框中选中艺术字，单击格式选项卡下艺术字样式组中的文本效果按钮，打开下拉列表。

（7）在下拉列表中选择转换选项，在其子选项下选择合适的旋转样式，这里选择跟随路径列表中的上弯弧样式，艺术字的效果如图 8-19 所示。

图8-18 插入艺术字的效果

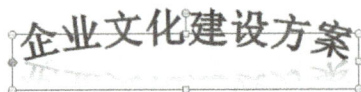

图8-19 设置艺术字的效果

⁘ 动手做 2　在幻灯片中应用自选图形

用户利用"开始"选项卡下"插图"选项组的"形状"按钮，可以方便地在指定的区域绘制不同的自选图形，这一功能可以完成简单的原理示意图、流程图、组织结构图等的绘制。

例如，在企业文化建设方案演示文稿中绘制自选图形，具体操作步骤如下：

（1）切换第 3 张幻灯片为当前幻灯片。

（2）单击插入选项卡下插图选项组中的形状按钮，打开一个下拉列表。

（3）在下拉列表的箭头汇总区域选择五角形，拖动鼠标，在幻灯片合适的位置绘制一个五角形自选图形，如图 8-20 所示。

（4）选中绘制的图形，单击格式选项卡下形状样式右侧的对话框启动器按钮，打开设置形状格式对话框，在左侧的列表中单击填充，在右侧的填充区域选中纯色填充按钮，在填充颜色下拉列表中选择蓝色，设置透明度为 20%，如图 8-21 所示。

（5）在左侧的列表中单击线条颜色，在右侧的线条颜色区域选中无线条选项，如图 8-22 所示，单击关闭按钮。

（6）在绘制的自选图形上单击鼠标右键，在快捷菜单中选择编辑文字命令，然后在绘制的矩形中输入文本"价值观念"。

（7）按照相同的方法在该幻灯片中绘制其他图形，设置填充颜色并输入相应文本，效果如图 8-23 所示。

图8-20 绘制五角形

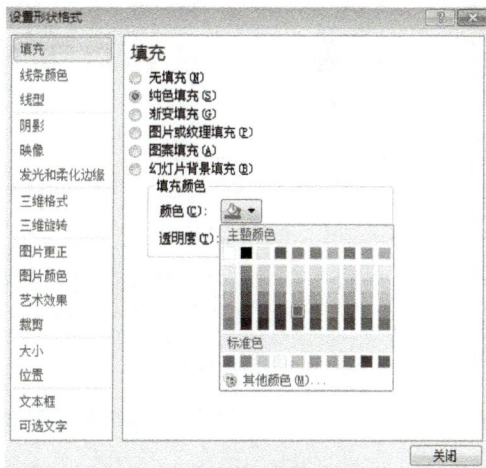

图8-21 设置填充效果

图8-22 设置线条颜色

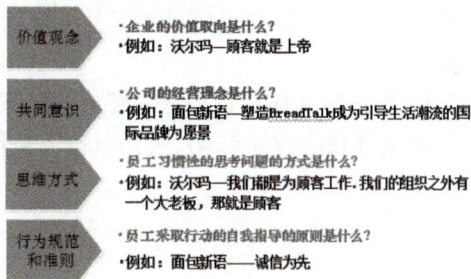

图8-23 利用自选图形绘图的效果

⁂ 动手做 3 在幻灯片中应用图片

在 PowerPoint 2010 中允许用户在文档中导入多种格式的图片文件，图片是一种视觉化的语言，对于一些抽象的东西如果使用图片来表达可以起到浅显易懂的效果，还可以避免观众因面对单调的文字和数据而产生厌烦的心理，丰富了幻灯片的演示效果。

例如，在企业文化建设方案演示文稿第 5 张幻灯片中插入来自文件的图片，具体操作步骤如下：

（1）切换第 5 张幻灯片为当前幻灯片。

（2）单击插入选项卡下图像组中的图片按钮，打开插入图片对话框，如图 8-24 所示。

（3）首先选择要插入图片的位置，然后选中要插入的图片，单击插入按钮将图片插入到幻灯片中。

（4）用鼠标拖动适当调整图片的位置和大小，效果如图 8-25 所示。

图8-24　插入图片对话框

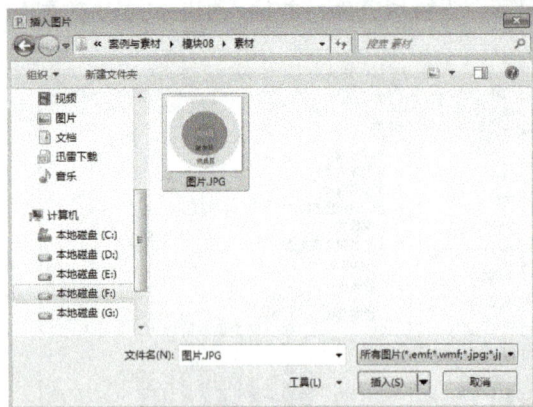

图8-25　插入图片的效果

动手做 4　在幻灯片中应用表格

在幻灯片中应用表格，用数据说明问题，可以增强幻灯片的说服力。幻灯片中的表格采用数字化的形式，更能体现内容的准确性。表格易于表达逻辑性、抽象性强的内容，并且可以使幻灯片的结构更加突出，使表达的主题一目了然。

在幻灯片中插入表格的具体操作步骤如下：

（1）切换第 6 张幻灯片为当前幻灯片，单击插入选项卡下表格组中的表格按钮，在打开的下拉列表中选择插入表格选项，打开插入表格对话框，如图 8-26 所示。

图8-26　插入表格对话框

（2）在插入表格对话框列数后的文本框中输入 3，行数后的文本框中输入 4。

（3）单击确定按钮，插入表格后的效果如图 8-27 所示。

（4）向表格中添加文本，并用鼠标调整表格的大小和位置，添加表格后的最终效果如图 8-28 所示。

图8-27　插入表格的效果

图8-28　应用表格后的最终效果

动手做 5　插入图表

图表往往比文字更具说服力，所以一份好的演示文稿应该尽可能用直观的图表去说明问题，而避免使用大量的文字说明。

在幻灯片中插入图表的具体操作步骤如下：

（1）切换第9张幻灯片为当前幻灯片。

（2）单击插入选项卡下插图选项组中的图表按钮，打开插入图表对话框，如图8-29所示。

（3）在条形图列表中选择簇状条形图，单击确定按钮，则会插入一个图表，并且打开一个数据表，如图8-30所示。

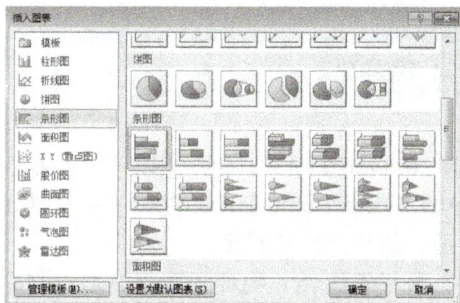

图8-29 插入图表对话框

图8-30 插入图表并打开数据表

（4）在数据表中输入表格的实际内容，在修改表格内容的同时图表也发生相应的变化。

（5）在幻灯片任意空白区域单击，退出图表编辑状态，创建的图表如图8-31所示。

（6）切换到设计选项卡，单击图表布局选项组中的布局2选项。

（7）切换到布局选项卡，单击标签选项组中的图例按钮，在下拉列表中选择无选项。

（8）选中图表，然后按住鼠标左键不放拖动鼠标，将图表移动到合适的位置，适当调整图表大小，然后输入图表标题，则图表变为如图8-32所示。

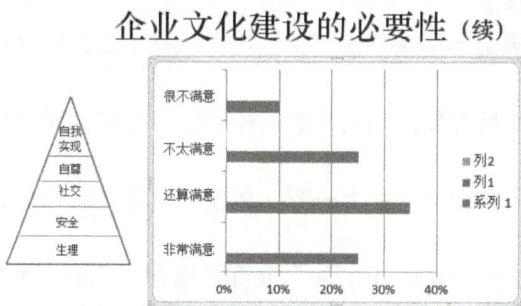

图8-31 创建图表

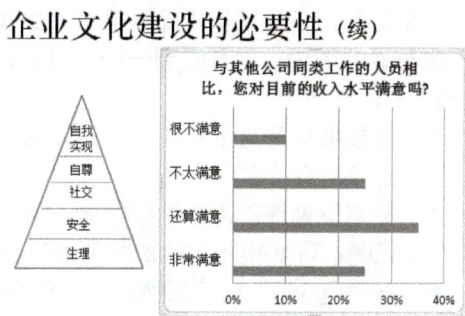

图8-32 图表最终效果

项目任务 8-4　幻灯片的编辑

在演示文稿中不但可以对幻灯片中的文本、占位符等对象进行编辑，还可以添加新的幻灯片，移动幻灯片的位置，删除不需要的幻灯片等。

❋ 动手做 1　移动幻灯片

用户可以根据需要适当调整幻灯片的位置，使演示文稿的条理性更强。

例如，移动第14张幻灯片到第13张幻灯片的前面，具体操作步骤如下：

167

（1）在幻灯片选项卡中单击选中序号为 14 的幻灯片，按住鼠标左键拖动，鼠标指针由箭头状变为 形状，同时显示一条白线表示移动的目标位置。

（2）当虚线出现在第 13 张幻灯片的前面时松开鼠标，完成幻灯片的移动。

动手做 2　删除幻灯片

在制作演示文稿的过程中还可以删除多余的幻灯片。在幻灯片选项卡中单击选中要删除的幻灯片，按键盘上的"Del"键即可将幻灯片删除。单击开始选项卡幻灯片组中的删除幻灯片按钮，也可删除当前幻灯片。

项目任务 8-5　演示文稿的视图方式

视图是 PowerPoint 2010 中制作演示文稿的工作环境。PowerPoint 2010 能够以不同的视图方式显示演示文稿的内容，使演示文稿更易于浏览、编辑。PowerPoint 2010 提供了多种基本的视图方式，如普通视图、幻灯片浏览视图、备注页视图、幻灯片放映视图。

每种视图都包含特定的工作区、菜单命令、按钮和工具栏等组件。每种视图都有自己特定的显示方式和编辑加工特色，在一种视图中对演示文稿的修改和加工会自动反映在该演示文稿的其他视图中。

动手做 1　普通视图

普通视图是进入 PowerPoint 2010 后的默认视图，普通视图将窗口分为 3 个工作区，也可称为三区式显示。在窗口的左侧包括"大纲"选项卡和"幻灯片"选项卡，使用它们可以切换到大纲区和幻灯片缩略图区。普通视图将幻灯片、大纲和备注页三个工作区集成到一个视图中，大纲区用于显示幻灯片的大纲内容；幻灯片区用于显示幻灯片的效果，对单张幻灯片的编辑主要在这里进行；备注区用于输入演讲者的备注信息。

在普通视图中，只可看到一张幻灯片，如果要显示所需的幻灯片，可以选择下面几种方法之一进行操作：

- 直接拖动垂直滚动条上的滚动块，移动到所需要的幻灯片时，松开鼠标左键即可切换到该幻灯片中。
- 单击垂直滚动条中的按钮 ，可切换到当前幻灯片的上一张；单击垂直滚动条中的按钮 ，可切换到当前幻灯片的下一张。
- 按"Pg Up"键可切换到当前幻灯片的上一张；按"Pg Dn"键可切换到当前幻灯片的下一张；按"Home"键可切换到第一张幻灯片；按"End"键切换到最后一张幻灯片。

如果要切换到普通视图，单击"视图"选项卡下"演示文稿视图"组中的"普通视图"按钮即可。

动手做 2　大纲视图

大纲视图其实是普通视图的一种。PowerPoint 2010 的大纲视图位于工作环境的左侧大纲编辑区，由一些不同级别的标题构成，还可以显示幻灯片文本的具体内容及文本的格式等。借助大纲视图，有利于厘清演示文稿的结构，便于总体设计。在演示幻灯片时，也可以采用大纲视图，能帮助观众迅速抓住主题。

例如，显示产品推广方案的大纲视图，如图 8-33 所示，单击大纲/幻灯片窗格中的大纲选项即可。

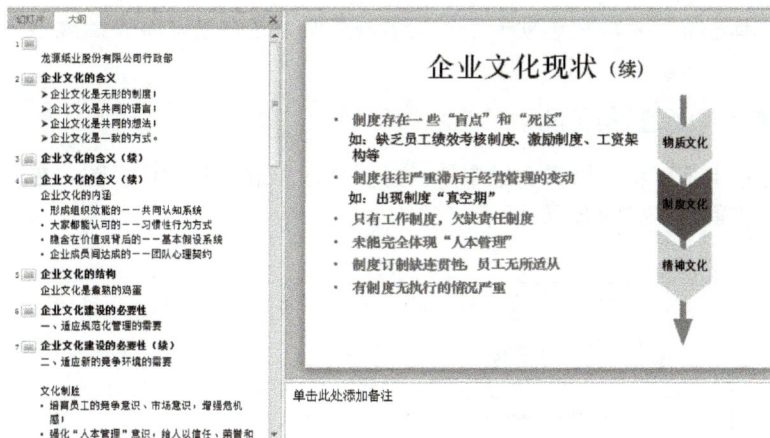

图8-33　大纲视图

用户可以利用大纲视图快速输入幻灯片的文本，在大纲视图中单击▣图标右侧，输入文本，为一级大纲文本。按"Enter"键，则新建了一张幻灯片，再次输入文本，仍为一级大纲文本。如果在输入一级大纲文本后需要输入下一级的文本，可以先按组合键"Ctrl+Enter"，然后再输入文本。如果输入的不是一级标题文本，则按"Enter"键后继续输入相同级别的文本。

动手做 3　幻灯片浏览视图

在幻灯片浏览视图中，可以看到整个演示文稿的内容。在幻灯片浏览视图中不仅可以了解整个演示文稿的大致外观，还可以轻松地按顺序组织幻灯片，插入、删除或移动幻灯片、设置幻灯片放映方式、设置动画特效以及设置排练时间等。

幻灯片浏览视图的效果如图 8-34 所示。如果要切换到幻灯片浏览视图，可单击视图选项卡下演示文稿视图组中的幻灯片浏览按钮。

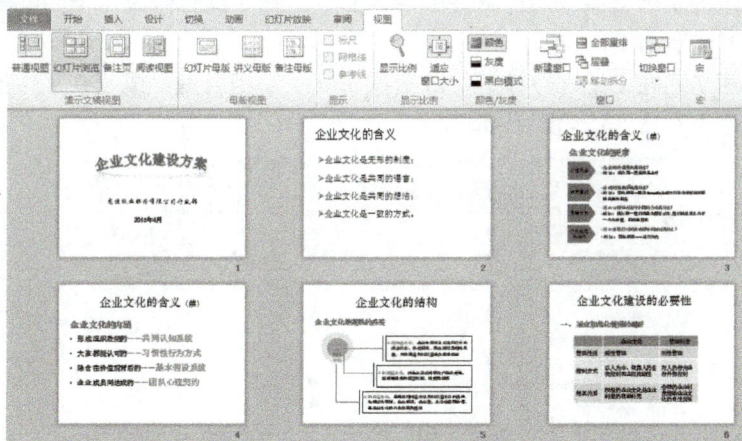

图8-34　幻灯片浏览视图

动手做 4　幻灯片放映视图

制作幻灯片的目的是放映幻灯片，在计算机上放映幻灯片时，幻灯片在计算机屏幕上呈现全屏外观。

如果用户制作幻灯片的目的是最终输出用于屏幕上演示幻灯片，使用幻灯片放映视图就特别有用。当然，在放映幻灯片时，还可以加入许多特效，使得演示过程更加有趣。要切换到幻灯片放映视图，单击幻灯片放映选项卡下开始放映幻灯片组中的从头开始或从当前幻灯片开始按钮。

动手做 5　备注页视图

单击视图选项卡下演示文稿视图组中的备注页按钮，进入备注页视图，在该模式下将以整页格式查看和使用备注，如图 8-35 所示。

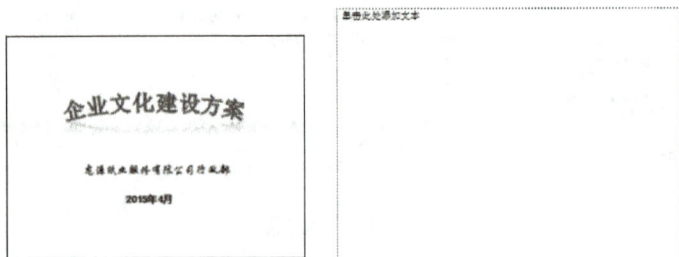

图8-35　备注页视图

项目任务 8-6　保存与关闭演示文稿

在建立和编辑演示文稿的过程中，随时注意保存演示文稿是个很好的习惯。一旦计算机突然断电或者系统发生意外而不是正常退出 PowerPoint 2010，内存中的结果就会丢失，所做的工作也白费。如果经常执行保存操作，就可以避免成果丢失了。

动手做 1　保存演示文稿

如果是新创建的演示文稿或对已存在的演示文稿进行了编辑修改，用户都要将其保存。保存新建演示文稿的步骤如下：

（1）单击快速访问栏上的保存按钮，或者按 Ctrl+S 组合键，或者在文件选项卡下选择保存选项，打开另存为对话框，如图 8-36 所示。

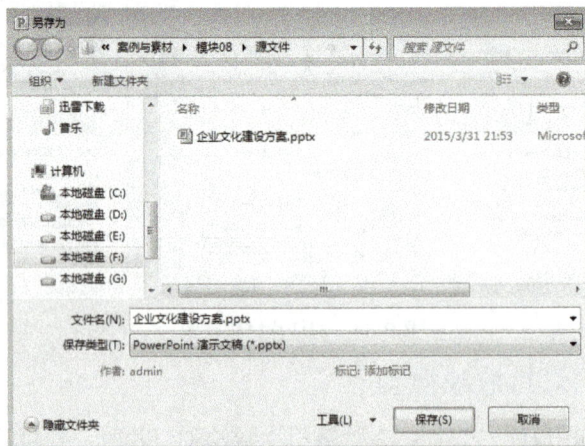

图8-36　另存为对话框

（2）选择合适的文件保存位置，这里选择"案例与素材\模块 08\源文件"。
（3）在文件名文本框中输入要保存文件的文件名，这里输入"企业文化建设方案"。

（4）设置完毕后，单击保存按钮，即可将文件保存到所选目录下。

提示

对于保存过的演示文稿，进行修改后，若要保存可直接单击快速访问栏上的保存按钮，或者按 Ctrl+S 组合键，此时不会打开另存为对话框，演示文稿会以用户第一次保存的位置进行保存，并且将覆盖掉原来的演示文稿内容。

动手做 2　关闭演示文稿

当用户同时打开了好几个演示文稿时，应注意将不使用的演示文稿及时关闭，这样可以加快系统的运行速度。

在 PowerPoint 2010 中可以通过以下两种方法关闭演示文稿：

- 在文件选项卡下选择退出命令。
- 单击演示文稿窗口上的关闭按钮。

知识拓展

通过前面的任务，主要学习了创建演示文稿、在幻灯片中编辑文本、在幻灯片中绘制图形、在幻灯片中插入图片、插入表格、插入图表以及保存演示文稿等操作，另外还有一些 PowerPoint 2010 的基本操作在前面的任务中没有运用到，下面就介绍一下。

动手做 1　根据模板新建演示文稿

对于初学者用户，可以通过"模板"创建一个具有统一外观和一些内容的演示文稿，再对它进行简单的加工即可得到一个演示文稿。根据模板创建演示文稿的具体步骤如下：

（1）单击文件选项卡，在下拉菜单中选择新建命令，打开新建窗口。在可用的模板和主题区域单击样本模板选项，打开样本模板列表，如图 8-37 所示。

图8-37　样本模板列表

（2）在列表中选择一个模板，然后单击创建按钮，则创建一个模板演示文稿。

（3）在 Office.com 模板列表中单击某一个分类，如单击专业，则进入专业分类，如图 8-38 所示。

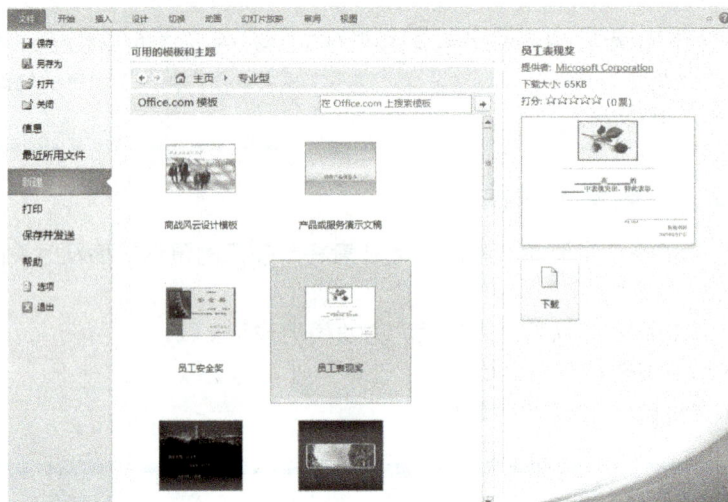

图8-38　专业分类模板

（4）在列表中选择一个模板，如选择员工表现奖，然后单击下载按钮，则开始下载模板。下载完毕自动创建一个模板演示文稿，如图 8-39 所示。

⬡ 动手做 2　应用 SmartArt 图形

使用插图有助于我们记忆或理解相关的内容，但对于非专业人员来说，在 PowerPoint 内创建具有设计师水准的插图是很困难的。PowerPoint 2010 提供的 SmartArt 功能使我们只需轻点几下鼠标即可创建具有设计师水准的插图。

在幻灯片中插入 SmartArt 图形的具体操作步骤如下：

（1）切换要创建 SmartArt 图形的幻灯片为当前幻灯片。

（2）单击插入选项卡下插图选项组中的 SmartArt 按钮，打开选择 SmartArt 图形对话框，如图 8-40 所示。

（3）在对话框中选择需要的图形，单击确定按钮，即可在幻灯片上生成 SmartArt 图形。

（4）插入 SmartArt 图形后，用户还可以根据需要对 SmartArt 图形进行编辑。

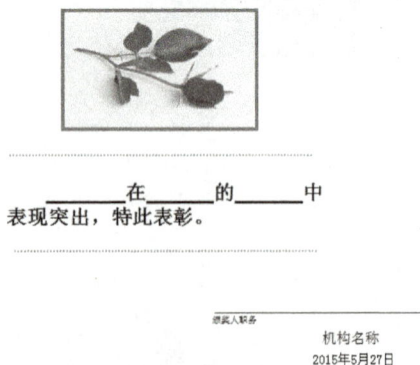

图8-39　员工表现奖模板

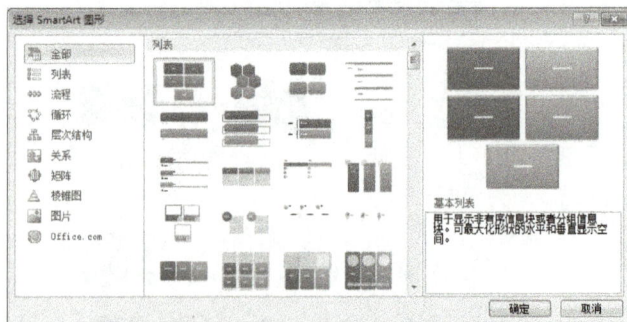

图8-40　选择SmartArt图形对话框

动手做 3　相册功能

如果用户希望向演示文稿中添加一大组图片，而且这些图片又不需要自定义，此时可使用 PowerPoint 2010 中的相册功能创建一个相册演示文稿。PowerPoint 2010 可从硬盘、扫描仪、数码相机或 Web 照相机等位置添加多张图片。

创建相册的具体步骤如下：

（1）单击插入选项卡下图像组中的相册按钮，在下拉列表中选择新建相册选项，打开相册对话框，如图 8-41 所示。

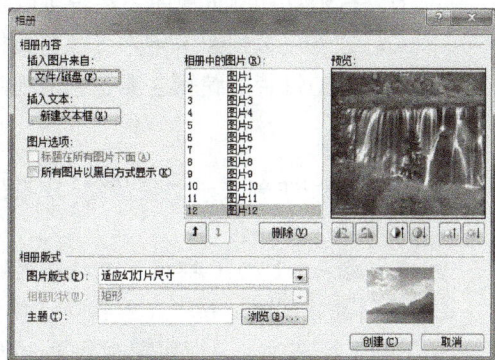

图8-41　相册对话框

（2）在相册对话框中单击文件/磁盘按钮，打开插入新图片对话框，在对话框中选定要插入的图片，单击插入按钮，返回到相册对话框。按此方法可以在相册中插入多个图片。

（3）在相册版式区域的图片版式下拉列表中可以选择图片的版式，在相框形状下拉列表中可以应用相框形状，单击主题后面的浏览按钮，可以应用设计模板。

（4）单击创建按钮，即可创建一个相册演示文稿。

🔍 课后练习与指导

一、选择题

1. 关于编辑幻灯片中的文本，下列说法正确的是（　　）。
   - A. 在每一张新建的空白幻灯片中都有文本占位符，如果文本占位符不能满足输入文本的要求，用户还可以利用文本框在幻灯片中输入文本
   - B. 用户可以为文本占位符中的文本设置段落间距和行距
   - C. 文本占位符中的文本也可以设置为竖排形式
   - D. 用户只能为文本占位符中的文本设置"左对齐"、"居中对齐"和"右对齐"

2. 下列关于幻灯片页面设置说法正确的是（　　）。
   - A. 用户可以直接在幻灯片中插入艺术字，也可以利用占位符插入艺术字
   - B. 用户可以直接在幻灯片中插入图片，也可以利用占位符插入图片
   - C. 用户可以直接在幻灯片中插入表格，也可以利用占位符插入表格
   - D. 用户可以直接在幻灯片中插入图表，也可以利用占位符插入图表

3. 下列说法正确的是（　　）。
   - A. 在添加幻灯片时用户可以选择新幻灯片的版式
   - B. 用户可以利用鼠标拖动调整幻灯片的位置
   - C. 在插入图表时用户必须首先在工作表中输入数据
   - D. 在创建图表后用户无法更改图表的类型

4. 关于演示文稿的视图方式下列说法错误的是（　　）。
   - A. 在大纲视图中用户在大纲区域输入大纲文本后按"Enter"键则创建一张新的幻灯片

B．在幻灯片浏览视图中用户可以移动幻灯片的位置，但不能插入、删除幻灯片

C．在备注页视图中用户可以整页格式查看和使用备注

D．对幻灯片的编辑主要在普通视图下进行

二、填空题

1．默认情况下新演示文稿的第 1 张幻灯片为标题幻灯片，在该幻灯片中有_____和_____两个文本占位符。

2．PowerPoint 2010 提供了多种基本的视图方式，如_____、_____、_____、_____。

3．在普通视图中，按_____键可切换到当前幻灯片的上一张；按_____键可切换到当前幻灯片的下一张；按_____键可切换到第一张幻灯片；按_____键切换到最后一张幻灯片。

4．单击_____选项卡下"演示文稿视图"组中的_____按钮可切换到幻灯片浏览视图。

5．启动 PowerPoint 2010 时打开的是演示文稿的"普通"视图方式，在该视图中演示文稿窗口包含大纲区、_____和幻灯片区。

6．在幻灯片中添加文本有两种方法：用户可以直接在幻灯片的_____中输入文本，也可以_____输入文本。

7．使用 PowerPoint 2010 时，在大纲视图方式下，输入标题后，若要输入文本则应先按_____键，再输入文本。

8．默认情况下，在占位符中输入的文本会根据情况自动设置对齐方式，如在标题和副标题占位符中输入的文本会自动_____对齐，在插入的文本框中输入的文本默认的是_____对齐方式。

三、简答题

1．如何删除幻灯片中的占位符？

2．如何为幻灯片中的文本设置项目符号？

3．在幻灯片中插入文本有哪些方法？

4．如何在幻灯片中绘制自选图形？

5．如何在幻灯片中插入图表？

6．如何在幻灯片中插入图片？

7．关闭演示文稿有哪些方法？

8．如何根据模板创建演示文稿？

四、实践题

练习 1：按要求制作演示文稿。

（1）打开"案例与素材\模块 08\素材\练习 1 素材"演示文稿。

（2）将第 1 张幻灯片中的标题删除，然后插入艺术字"关于水你知道多少？"，艺术字样式为第 1 行第 1 列，艺术字填充颜色为绿色，艺术字字体为"华文楷体"，字号为"60"，效果如图 8-42 所示。

（3）将第 2、3、4 张幻灯片中的标题字体改为"华文新魏"，字号为"48"，效果如图 8-43 所示。

（4）设置第 2、3、4 张幻灯片中的正文文本使用项目符号➤，效果如图 8-43 所示。

（5）在第 2 张幻灯片中插入图片，图片位置为"案例与素材\模块 08\源文件\练习 1 图片"，适当调整图片的大小和位置，效果如图 8-44 所示。

效果位置： 案例与素材\模块 08\源文件\练习 1 效果

图8-42　在幻灯片中应用艺术字的效果

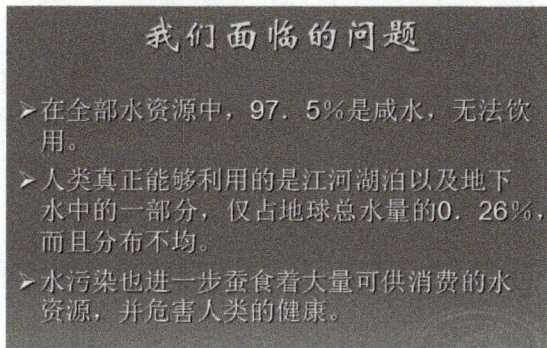

图8-43　设置文本、应用项目符号的效果

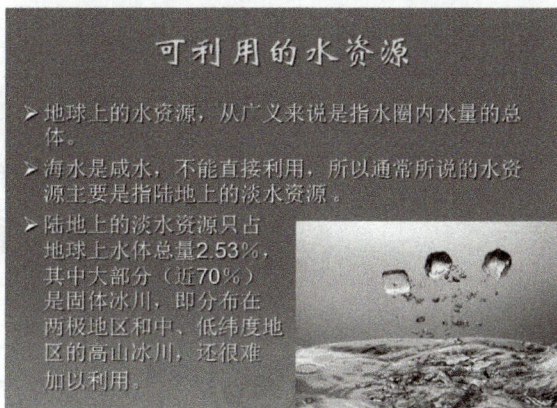

图8-44　插入图片的效果

利用 PowerPoint 2010 提供的幻灯片设计功能，用户可以设计出声情并茂并能把自己的观点发挥得淋漓尽致的幻灯片。例如，可以为对象设置动画效果让对象在放映时具有动态效果，可以创建交互式演示文稿实现放映时的快速切换。

有些幻灯片在放映时带有动画效果，如数学教学课件演示文稿等，如图 9-1 所示，这些都可以利用 PowerPoint 2010 软件来制作。

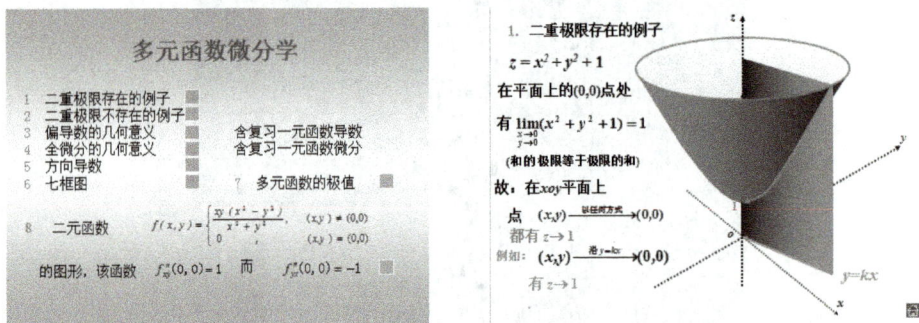

图9-1 数学教学课件演示文稿

图 9-2 所示是利用 PowerPoint 2010 制作的三亚旅游攻略演示文稿，该攻略可以为要去三亚的游客提供帮助。

图9-2 三亚旅游攻略演示文稿

相关文件模板

利用 PowerPoint 2010 还可以完成财务报告、工程项目进度报告、高等数学教学演示、公司简介、黄山风景、营销案例分析、职位竞聘演示报告等工作任务。

为方便读者，本书在配套的资料包中提供了部分常用的文件模板，具体文件路径如图 9-3 所示。

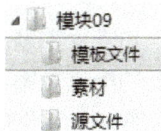

- 模块09
  - 模板文件
  - 素材
  - 源文件

图9-3　应用文件模板

背景知识

旅游本是享受，然而传统旅游的一成不变的模式，千篇一律的线路，"上车睡觉，下车拍照，回去啥也不知道"成为游客集中抱怨的焦点，市场需要创新的、更适合中国人的旅游产品，颠覆传统旅游便成为一种必然。旅游攻略的目的是把自己的旅程描述出来，为其他要去同一个目的地的游客提供帮助，所以正确的应包括以下几个方面的信息。

（1）时间：任何事物都有时效性，特别是旅游，几年间变化会较大，而且四季的攻略也不尽相同，那就要说明是在什么时间去的，给别人以参考。

（2）交通：如果是坐火车，应说明从哪个站上车，哪个站下车。还应说明如何从火车站或汽车站到达景点，如何包车，乘坐哪条线路公交车，等等。

（3）住宿条件和推荐：说明该次旅游所住宿酒店的价格、饮食、服务等方面，为后续其他游客提供参考。如果值得推荐，可以留下酒店（或家庭旅馆）的联系方式，一方面推广了优质的商家，另一方面也为其他游客提供了便利。

（4）景点评价和省钱技巧：发表你对这个地方各个景点的主观评价，供其他游客参考。由于旅游市场猫腻很多，因此应把省钱的技巧一并记录下来，如通过当地导游订票能便宜不少等。

（5）支出预算：旅途中每个部分的吃住，以及购物所需的费用都要事先进行预估。

（6）总体感想和回程：记录整个旅程的感想。印象比较深刻的人和事，可以留下相关人的联系方式，方便后来的游客，也为诚实经营的旅游服务商做推广，净化旅游市场的诚信风气。

设计思路

在制作三亚旅游攻略演示文稿的过程中，首先应对幻灯片的外观进行设置，然后设置幻灯片的切换效果以及动画效果，最后再创建交互式演示文稿。制作三亚旅游攻略演示文稿的基本步骤可分解为：

（1）设置幻灯片外观；
（2）为幻灯片添加动画效果；
（3）创建交互式演示文稿；
（4）放映演示文稿。

项目任务 9-1　设置幻灯片外观

利用空白演示文稿制作幻灯片，则演示文稿中不包含任何外观设置，为了使幻灯片的整体效果美观、更加符合演示文稿的主题思想，用户可以在演示文稿中应用主题，也可以为幻灯片设置背景。

❖ 动手做 1 应用主题

幻灯片主题就是一组统一的设计元素，幻灯片主题决定了幻灯片的主要外观，包括背景、预制的配色方案、背景图形等。在应用主题时，系统会自动将当前幻灯片或所有幻灯片应用主题文件中包含的配色方案、文字样式、背景等外观，但不会更改应用文件的文字内容。

例如，对三亚旅游攻略演示文稿应用主题，具体步骤如下：

（1）打开"案例与素材\模块 09\素材"文件夹中的演示文稿"三亚旅游攻略（初始）"，单击三亚旅游攻略演示文稿中的任意一张幻灯片。

（2）在设计选项卡下的主题组中单击主题列表右侧的下三角箭头，打开一个主题列表，如图 9-4 所示。

（3）在列表中的内置区域单击合适的主题，默认情况下，将应用于所有的幻灯片。这里选择浏览主题，打开选择主题或主题文档对话框，如图 9-5 所示。

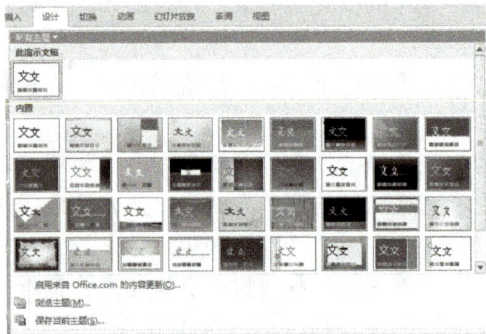

图9-4 主题列表

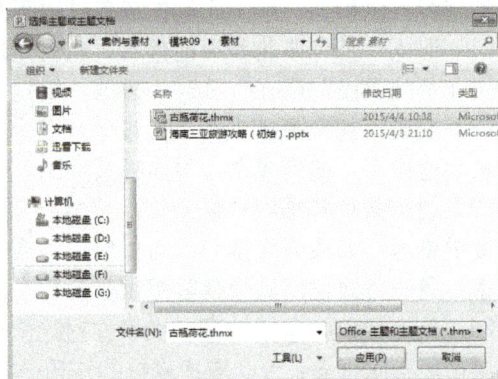

图9-5 选择主题或主题文档对话框

（4）在选择主题或主题文档对话框中选择案例与素材\模块 09\素材文件夹中的古瓶荷花，单击应用按钮，则应用主题的效果如图 9-6 所示。

图9-6 应用主题的效果

❖ 动手做 2 设置幻灯片背景

用户可以为幻灯片添加背景，PowerPoint 2010 提供了多种幻灯片背景的填充方式，包括单色填充、渐变色填充、纹理、图片等。在一张幻灯片或者母版上只能使用一种背景类型。

例如，在三亚旅游攻略演示文稿中为第 2 张幻灯片设置图片背景，具体操作步骤如下：

（1）切换第 2 张幻灯片为当前幻灯片。

（2）单击设计选项卡下背景组中的背景样式按钮，打开一个下拉菜单，如图 9-7 所示。

（3）在下拉菜单中选择设置背景格式命令，打开设置背景格式对话框，如图 9-8 所示。

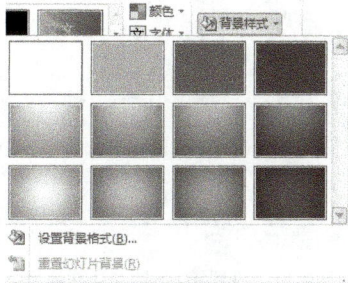

图9-7　设置背景格式

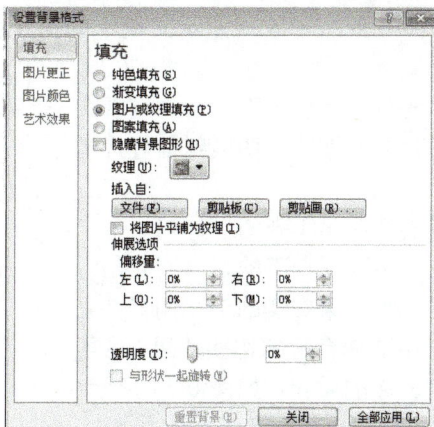

图9-8　设置背景格式对话框

（4）在对话框的左侧选择填充，在填充区域选中图片或纹理填充单选项，单击文件按钮，打开插入图片对话框，在对话框中选择案例与素材\模块 09\素材文件夹中的图片文件，如图 9-9 所示。

（5）单击插入按钮，返回设置背景格式对话框。

（6）单击关闭按钮，关闭设置背景格式对话框。设置标题幻灯片背景后的效果如图 9-10 所示。

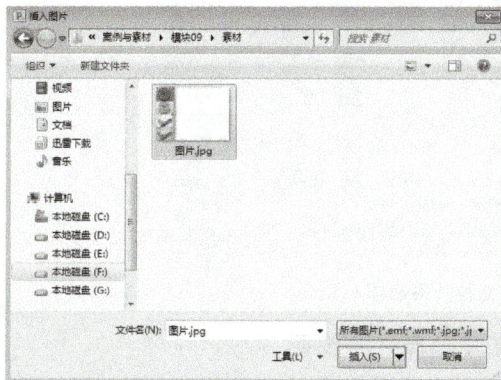

图9-9　选择图片文件

图9-10　设置背景后的效果

项目任务 9-2　设置幻灯片的切换效果

幻灯片切换效果是加在连续的幻灯片之间的特殊效果。在幻灯片放映的过程中，一张幻灯片切换到另一张幻灯片时，可用不同的技巧将下一张幻灯片显示到屏幕上。

为幻灯片添加切换效果最好在幻灯片浏览视图中进行，因为在浏览视图中用户可以看到演示文稿中的所有幻灯片，并且可以非常方便地选择要添加切换效果的幻灯片。

动手做 1　设置单张幻灯片切换效果

为幻灯片设置切换效果时，用户可以为演示文稿中的每一张幻灯片设置不同的切换效果或者为所有的幻灯片设置相同的切换效果。

例如，为三亚旅游攻略演示文稿中的第 1 张幻灯片设置"擦除"的切换效果，具体步骤如下：

（1）单击视图选项卡下演示文稿视图组中的幻灯片浏览按钮，切换到幻灯片浏览视图。

（2）单击选中第 1 张幻灯片。

（3）在切换选项卡下的切换到此幻灯片组中单击切换效果右侧的下三角箭头，在下拉列表中选择合适的切换效果，这里选择细微型区域的擦除，如图 9-11 所示。

（4）在切换选项卡下切换到此幻灯片组中的切换效果列表中选择从左上部，如图 9-12 所示。

图9-11　设置第1张幻灯片切换方式

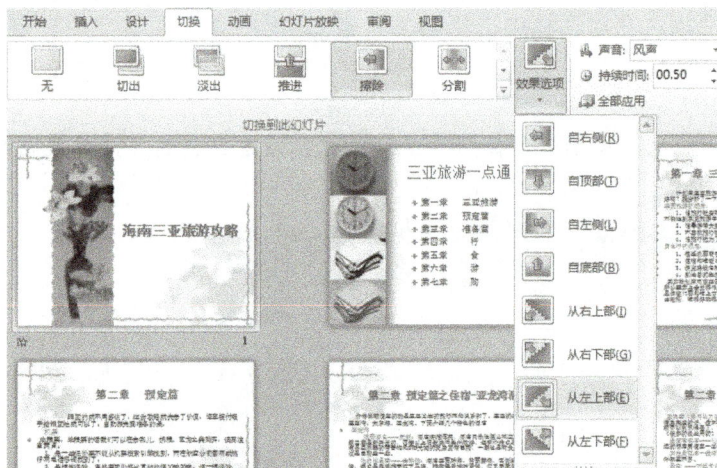

图9-12　设置切换效果选项

（5）在切换选项卡下计时组中的声音下拉列表中选择风声选项。

（6）在切换选项卡下计时组中的持续时间文本框中选择 0.50。

动手做 2　设置多张幻灯片切换效果

为幻灯片设置切换效果时，用户还可以为演示文稿中的多张幻灯片设置相同的切换效果。例如，用户要为三亚旅游攻略演示文稿中除第 1 张幻灯片以外的幻灯片设置百叶窗的切换效果，具体步骤如下：

（1）在幻灯片浏览视图中首先单击第 2 张幻灯片，按下"Shift"键后单击最后一张幻灯片，将除第 1 张幻灯片之外的幻灯片全部选中。

（2）在切换选项卡下切换到此幻灯片组中的切换效果列表中选择华丽型区域的百叶窗。

（3）在切换选项卡下计时组中的声音下拉列表中选择风铃选项。

（4）在切换选项卡下计时组中的持续时间文本框中选择 0.10。

教你一招

如果用户要为演示文稿中全部的幻灯片设置切换效果，可以在选中一种效果后，单击计时组中的全部应用按钮。

项目任务 9-3　设置动画效果

动画的功能是给文本或对象添加特殊视觉或声音效果，可以让文字以打字机形式播放，让图片产生飞入效果等。用户可以自定义幻灯片中的元素和对象的动画效果，也可以利用系统提供的动画方案设置幻灯片的动画效果。

动手做 1　自定义动画效果

用户可以使用 PowerPoint 2010 提供的自定义动画功能为幻灯片中的所有项目和对象添加动画效果。

为三亚旅游攻略演示文稿幻灯片中的对象添加自定义动画效果的步骤如下：

（1）切换第 22 张幻灯片为当前幻灯片，单击文本占位符选中占位符中的文本。

（2）单击动画选项卡下动画组中的动画效果列表右侧的下三角箭头，打开动画效果列表，在列表中选择进入中的飞入选项，如图 9-13 所示。

图9-13　设置动画效果

（3）在动画组中单击效果选项按钮，在列表中选择自右侧选项，在计时组中的持续时间文本框中选择 00.50，如图 9-14 所示。

（4）在第 22 张幻灯片中的最左侧图片上单击鼠标左键将图片选中。

（5）单击动画选项卡下动画组中的动画效果列表右侧的下三角箭头，打开动画效果列表，在列表中选择进入更多效果选项，打开更改进入效果对话框，如图 9-15 所示。

（6）在华丽型区域选中浮动选项，单击确定按钮返回幻灯片。

图9-14　设置动画效果　　　　　　　图9-15　更改进入效果对话框

（7）在高级动画组中单击动画刷选项，然后在最右侧图片上单击鼠标左键，则上面一张图片中的动画效果被复制到下面的一张图片中。

设置动画效果后，在设置动画效果的对象前面会显示出动画编号，单击高级动画组中的动画窗格选项，则打开动画窗格，在动画窗格中显示出设置的动画效果，如图9-16所示。

图9-16　设置自定义动画效果

动手做 2　设置动画效果选项

为了使动画效果更加突出，可以通过该动画效果的对话框详细地设置动画效果选项。设置动画效果选项的具体步骤如下：

（1）在动画效果列表中选中第一个动画效果，在该效果的右端会出现一个下三角箭头，单击该箭头会出现一个下拉列表，如图9-17所示。

（2）在下拉列表中选择效果选项命令，打开飞入对话框，如图9-18所示。

（3）在增强区域的声音下拉列表中用户可以选择动画效果的伴随声音，这里选择打字机。

（4）在动画播放后下拉列表中用户可以选择动画播放后要执行的操作，这里选择不变暗。

图9-17　设置自定义动画的效果选项

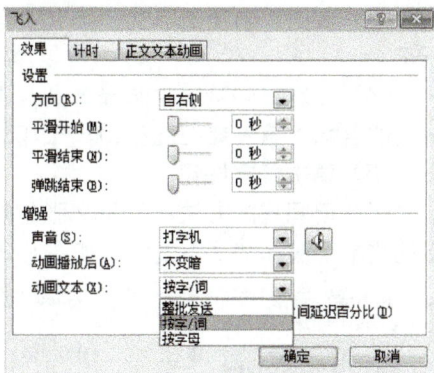

图9-18　飞入对话框

（5）在动画文本下拉列表中有三种选择，如下所示。

● 整批发送：文本框中的文本以段落作为一个整体。

● 按字/词：如果文本框中是英文则按单个的词延伸，如果是中文则按字或词延伸。

● 按字母：如果文本框中是英文则按字母延伸，如果是中文则按字延伸。

这里设置动画文本的效果为按字母，并设置10%字母之间延迟。

（6）单击计时选项卡，如图 9-19 所示，在开始下拉列表中可以选择动画开始的方式：

● 选择单击时选项，则在单击鼠标时开始播放动画效果。

● 选择与上一动画同时选项，则与上一动画同时播放。

● 选择上一动画之后选项，则在上一个动画播放后播放。

这里设置动画开始时间为上一动画之后，因此用户还可以在延迟文本框中设置上一动画结束多长时间后开始该动画，这里设置为0.5秒。

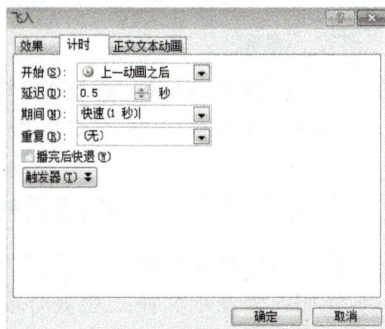

图9-19　设置动画计时

（7）在期间下拉列表中用户可以对动画的速度进行具体的设置，这里更改设置为快速（1秒）。

（8）单击确定按钮，用户可以发现在飞入对话框中修改的期间显示在计时组的持续时间文本框中。

项目任务 9-4　创建交互式演示文稿

交互式演示文稿可以通过事先设置好的动作按钮或超链接，在放映时跳转到指定的幻灯片。

动手做 1　设置超链接

可以利用超链接将某一段文本或图片链接到另一张幻灯片。例如，将三亚旅游攻略演示文稿第 2 张幻灯片中的文本与演示文稿中相应的幻灯片进行链接，具体操作步骤如下：

（1）切换第 2 张幻灯片为当前幻灯片。

（2）在幻灯片中选中"第一章　三亚旅游"文本。

183

（3）在插入选项卡下的链接选项组中单击超链接按钮，打开插入超链接对话框，如图 9-20 所示。

（4）在链接到列表中选择本文档中的位置选项，在请选择文档中的位置下，单击要用作超链接的目标"第一章 三亚旅游一跟团旅游？自由行？"。

（5）单击确定按钮。

（6）用同样的方法，为第 2 张幻灯片中的其他文本添加超链接。在添加超链接后，添加链接的文本下被添加了下划线，如图 9-21 所示。

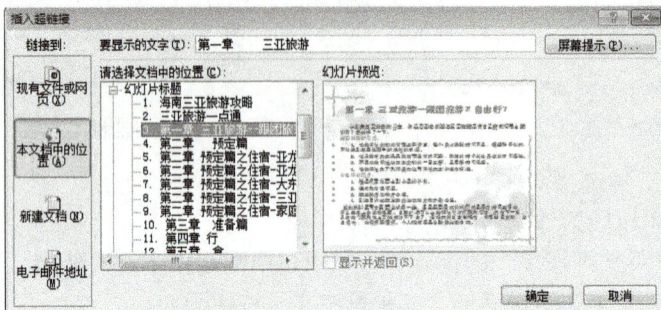

图9-20 插入超链接对话框   图9-21 为文本添加链接的效果

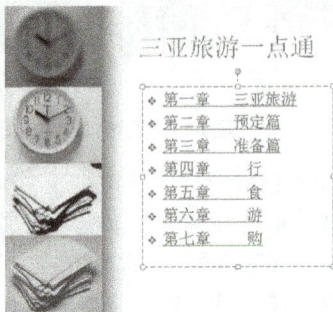

提示

设置好超链接后，在放映幻灯片时将鼠标指针移动到超链接上，鼠标将变为"手"形状，单击该处即可跳转到相应的幻灯片中。

动手做 2 动作按钮的应用

用户可以将某个动作按钮加到演示文稿中，然后定义如何在放映幻灯片时使用该按钮。

例如，为演示文稿三亚旅游攻略中的第 3 张幻灯片添加两个动作按钮，分别为前一项按钮和下一项按钮，具体操作步骤如下：

（1）选择第 3 张幻灯片为当前幻灯片。

（2）在插入选项卡下的插图选项组中单击形状按钮，打开一个下拉列表，如图 9-22 所示。

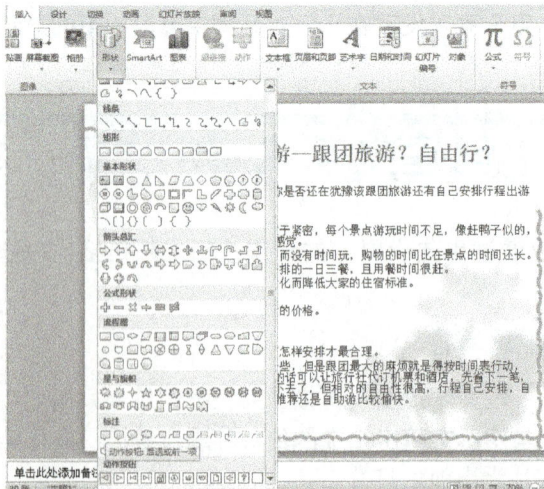

图9-22 形状下拉列表

（3）在动作按钮区域单击要添加的按钮"后退或前一项"。

（4）在幻灯片上通过拖动鼠标为该按钮绘制形状，绘制结束后会自动打开动作设置对话框，如图 9-23 所示。

（5）在动作设置对话框中，选择单击鼠标选项卡，选中超链接到选项，然后将超链接的目标设置为"上一张幻灯片"，单击确定按钮。

（6）用同样的方法，添加下一项按钮，效果如图 9-24 所示。

按照相同的方法为其他的幻灯片添加动作按钮。

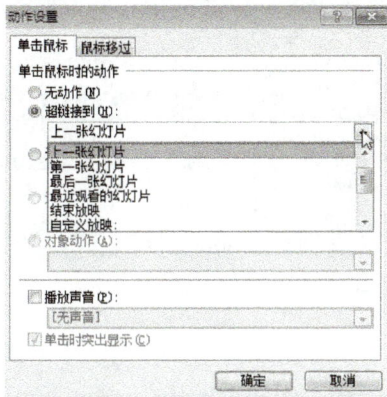

| 图9-23　动作设置对话框 | 图9-24　设置动作按钮的效果 |

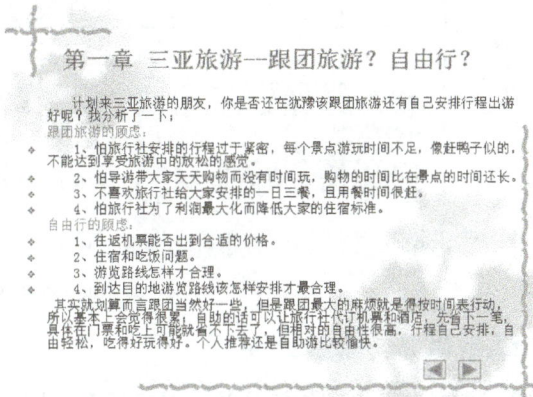

项目任务 9-5　放映演示文稿

制作演示文稿的最终目的是把它展示给观众，用户可以根据不同的需要采用不同的方式放映演示文稿，如果有必要还可以在放映时对它进行控制。

动手做 1　手动设置换片方式

默认情况下，幻灯片的换片方式是单击鼠标切换到下一张幻灯片。用户可以人工设置幻灯片放映的时间间隔。在切换选项卡下计时组中的换片方式区域中可以设置换片方式。

- 如果选中单击鼠标时复选框，则单击鼠标就可以进入下一张幻灯片。
- 如果选中设置自动换片时间复选框并设置了间隔时间，而没有选中单击鼠标时复选框，系统会在到了设置的间隔时间后自动进入下一张幻灯片，此时单击鼠标不起作用。
- 如果既选中单击鼠标时复选框也选中设置自动换片时间复选框并设置了间隔时间，则单击鼠标或到了设置的间隔时间后都会进入下一张幻灯片。

例如，在三亚旅游攻略演示文稿中设置幻灯片自动切换动画效果，除第 1 张幻灯片设置间隔时间为 5 秒，其余都为 10 秒，具体步骤如下：

（1）单击视图选项卡下演示文稿视图组中的幻灯片浏览按钮，进入幻灯片浏览视图。

（2）选中第 1 张幻灯片，在切换选项卡下计时组中选中换片方式区域的设置自动换片时间复选框，并利用其后的增减按钮，设置间隔时间为 10 秒，取消选中单击鼠标时复选框。

（3）选中第 2 张幻灯片，按下"Shift"键，然后单击最后一张幻灯片。

（4）在切换选项卡下计时组中选中换片方式区域的设置自动换片时间复选框，并利用其后的增减按钮，设置间隔时间为 1 分钟，取消选中单击鼠标时复选框。

设置换片方式后的效果如图 **9-25** 所示。

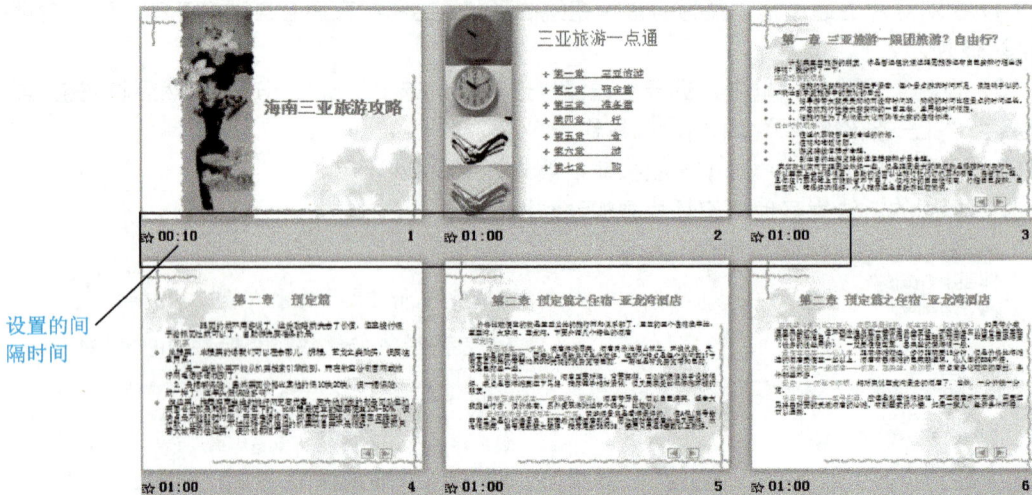

图9-25　设置换片方式

❯❯ 动手做 2　排练计时

如果用户对自行决定幻灯片放映时间没有把握，那么可以在排练幻灯片放映的过程中设置放映时间。利用排练计时功能，可以对演示文稿进行相应的演示操作，同时记录幻灯片之间切换的时间间隔。

可以看出上面设置的放映时间间隔只是估算设置的，这里我们可以利用排练计时功能重新设置幻灯片切换之间的时间间隔，具体步骤如下：

（1）单击幻灯片放映选项卡下设置组中的排练计时按钮，系统以全屏幕方式播放，并出现录制工具栏，如图 9-26 所示。

（2）在录制工具栏中，幻灯片放映时间 0:00:03 文本框中显示当前幻灯片的放映时间，在总放映时间 0:00:26 文本框中显示当前整个演示文稿的放映时间。

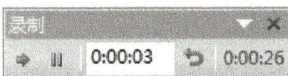

图9-26　录制工具栏

（3）此时如果对当前幻灯片的播放时间不满意，可以单击重复按钮 ↺，重新计时。

（4）如果要播放下一张幻灯片，单击录制工具栏中的下一项按钮 ➡，这时可以播放下一动画效果。如果进入到下一张幻灯片，则在幻灯片放映时间文本框中重新计时。

（5）如果要暂停计时，单击录制工具栏中的暂停按钮 ❙❙。

（6）按照相同的方法，直到放映到最后一张幻灯片，系统会显示总共放映的时间，并询问是否要使用新定义的时间，如图 9-27 所示。

（7）单击是按钮接受该项时间，单击否按钮则重试一次。

❯❯ 动手做 3　设置放映方式

在幻灯片放映选项卡的设置组中单击设置幻灯片放映按钮，打开设置放映方式对话框，如图 9-28 所示。

在放映类型区域，用户可以对放映方式进行如下设置。

图9-27　是否使用新定义的时间对话框

- 演讲者放映：选中该单选按钮则可以采用全屏显示，通常用于演讲者亲自播放演示文稿。此种方式演讲者可以控制演示节奏，具有放映的完全控制权。
- 观众自行浏览：选中该单选按钮则可以将演示文稿显示在小型窗口内，并提供相应的操作命令，可以在放映时移动、编辑、复制和打印幻灯片。
- 在展台浏览：选中该单选按钮则可以自动运行演示文稿，可以在展览会场或会议中

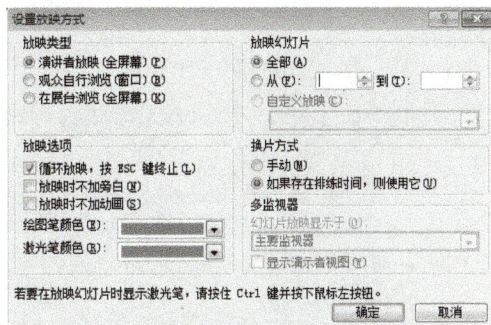

图9-28　设置放映方式对话框

需要运行无人管理的幻灯片放映时使用，运行时大多数的菜单和命令都不可用，并且在每次放映完毕后重新开始。在这种放映方式中鼠标变得几乎毫无用处，无论是单击左键还是单击右键，或者两键同时按下。在该放映方式中如果设置的是手动换片方式放映，那么将无法执行换片的操作，如果设置了"排练计时"，它会严格地按照"排练计时"设置的时间放映。按"Esc"键可退出放映。

动手做 4　启动幻灯片放映

演讲者放映方式是系统默认的放映方式，启动幻灯片放映有多种方法，可以单击幻灯片放映选项卡下开始放映幻灯片组中的按钮进行启动。

- 单击从头开始按钮或按F5键，幻灯片从第一张开始放映。
- 单击从当前幻灯片开始按钮，幻灯片从当前幻灯片开始放映。
- 用户也可以自定义放映，此时单击自定义幻灯片放映按钮，在下拉列表中选择自定义

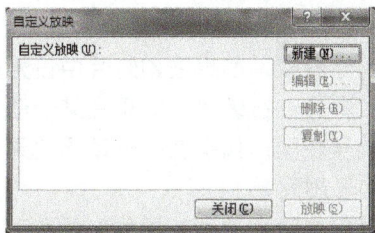

图9-29　自定义放映对话框

放映选项，打开自定义放映对话框，如图9-29所示。若无自定义放映，可单击新建按钮，打开定义自定义放映对话框，定义自定义放映方式。若已设置自定义放映，在自定义放映列表中选中要放映的自定义放映选项，单击放映按钮即可。

动手做 5　在演讲者放映中定位幻灯片

使用定位功能可以在演讲者放映时快速地切换到想要显示的幻灯片上。在幻灯片放映时单击鼠标右键，弹出一个

下拉菜单，如图9-30所示。在菜单中选择下一张或上一张，将会放映下一张或上一张幻灯片；选择定位至幻灯片命令，弹出一个子菜单，在子菜单中选择需要定位的幻灯片，系统将会播放此幻灯片。

动手做 6　在演讲者放映中使用画笔

在放映时，有时需要在幻灯片中重要的地方划一划，以突出某些幻灯片上的某些部分，此时使用"画笔"功能。在放映的幻灯片上单击鼠标右键，在弹出的下拉菜单中选择指针选项，在打开的子菜单中选择合适的画笔，这里选择荧光笔。此时鼠标变

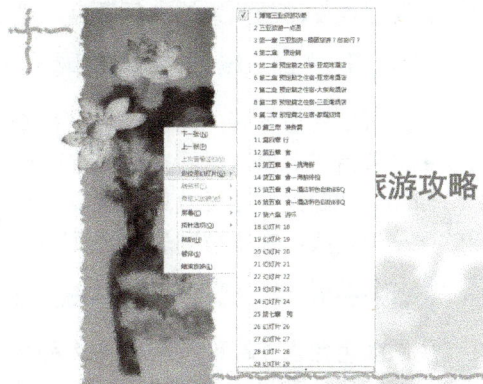

图9-30　定位至幻灯片下拉菜单

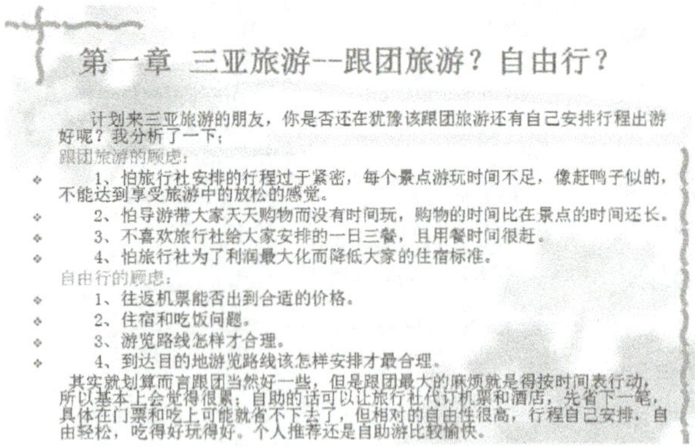

第一章 三亚旅游--跟团旅游？自由行？

计划来三亚旅游的朋友，你是否还在犹豫该跟团旅游还有自己安排行程出游好呢？我分析了一下：

跟团旅游的顾虑：

◆ 1、怕旅行社安排的行程过于紧密，每个景点游玩时间不足，像赶鸭子似的，不能达到享受旅游中的放松的感受。
◆ 2、怕导游带大家天天购物而没有时间玩，购物的时间比去景点的时间还长。
◆ 3、不喜欢旅行社给大家安排的一日三餐，我省下一餐，自助在门票和吃上可能就省不下去了，但相对的自由性很高，行程自己安排，自由轻松，吃得好玩得好。个人推荐还是自助游比较愉快。

自由行的顾虑：

◆ 1、往返机票能否出到合适的价格。
◆ 2、住宿和吃饭问题。
◆ 3、游览路线怎样才合理。
◆ 4、到达目的地游览路线该怎样安排才最合理。

其实就划算而言跟团当然好一些，但是跟团最大的麻烦就是得按时间行动，所以基本上会觉得很累；自助的话可以让旅行社代订机票和酒店，先省下一餐，具体在门票和吃上可能就省不下去了，但相对的自由性很高，行程自己安排，自由轻松，吃得好玩得好。个人推荐还是自助游比较愉快。

图9-31 使用画笔

为荧光笔形状，拖动鼠标可对重要内容进行圈点，这种画写不会影响演示文稿的内容，如图 9-31 所示。

由于幻灯片的背景颜色不同，可以根据不同的需要选择不同的画笔颜色，在指针选项菜单的墨迹颜色子菜单中可以选择画笔的颜色。如果要清除画笔颜色，可以在指针选项子菜单中选择橡皮擦按钮，擦除需要清除的墨迹或单击擦除幻灯片上的所有墨迹按钮，此时幻灯片上的所有墨迹都被擦除干净。

当幻灯片放映结束时打开是否保留墨迹注释提示框，单击保留按钮可以将绘图笔的墨迹保留，若单击放弃按钮则对此不作保留。

知识拓展

通过前面的任务主要学习了在幻灯片中应用主题、在幻灯片中应用图片、设置幻灯片的切换效果、设置幻灯片的动画效果、在幻灯片中设置链接、放映演示文稿等操作，另外还有一些 PowerPoint 2010 的设计操作在前面的任务中没有运用到，下面就介绍一下。

动手做 1　设置动画的顺序

在 PowerPoint 2010 中，为幻灯片中的各个元素设置动画时，系统会按照动画设置的前后次序，依次为各动画项编号。用户也可以在"动画窗格"的动画效果列表中自定义动画的编号。

动画效果的编号以设置"单击时开始"动画效果的开始时间为界限，如果在幻灯片中设置了多个"单击时开始"动画效果，则它们会根据用户设置的先后顺序进行编号。如果在某一动画效果后设置"上一动画之后"动画效果，它的编号将和上一编号相同；如果在某一动画效果后设置"与上一动画同时"动画效果，它的编号名称将和上一编号相同。

幻灯片中各对象的动画效果会根据编号依次进行展示，如果用户认为动画效果的先后次序不合理，也可以改变动画的顺序。将鼠标移动至"自定义动画"任务窗格的"自定义动画"列表中，当鼠标变为 ↕ 形状时，单击鼠标选中需要移动顺序的动画项，拖动鼠标至需要更改的位置，就可以改变动画效果的先后顺序。动画效果的顺序改变后，它的效果标号也跟着改变。

动手做 2　修改动画效果

用户可以对设置好的动画效果进行修改，使动画效果更加符合放映的要求。选中要修改动画效果的项目或对象，然后在动画选项卡下动画组的动画效果列表中重新选择动画效果。

如果要删除某一动画效果，在动画窗格的动画效果列表中选中该动画效果，单击该效果右端的下三角箭头，在下拉列表中选择删除选项即可。

动手做 3　更改幻灯片主题颜色

主题颜色包含 12 种颜色，前 4 种水平颜色用于文本和背景。用浅色创建的文本总是在深色中清晰可见，而用深色创建的文本总是在浅色中清晰可见；接下来的 6 种强调文字颜色，它们总是在 4 种潜在背景色中可见；最后两种颜色为超链接和已访问的超链接颜色。

主题颜色可以很得当地处理浅色背景和深色背景，主题中内置有可见性规则，用户可以随时切换颜色。对演示文稿更改主题颜色的具体步骤如下：

（1）在演示文稿中切换到设计选项卡，在主题组中单击颜色按钮，打开颜色列表，主题名称旁边显示的颜色代表该主题的强调文字颜色和超链接颜色，如图 9-32 所示。

（2）在列表中选择一种主题演示，则演示文稿中的主题颜色会发生相应的变化。

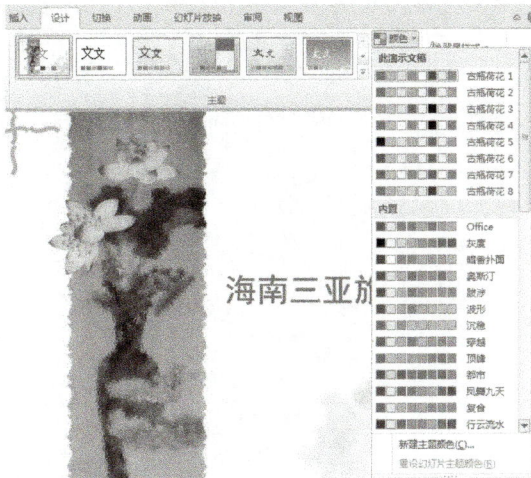

图9-32　主题颜色列表

动手做 4　更改幻灯片主题字体

每个 Office 主题均定义了两种字体：一种用于标题；另一种用于正文文本。二者可以是相同的字体（在所有位置使用），也可以是不同的字体。如果在幻灯片中更改主题字体，将对演示文稿中的所有标题和项目符号文本进行更新。对演示文稿更改主题字体的具体步骤如下：

图9-33　字体列表

（1）在演示文稿中切换到设计选项卡，在主题组中单击字体按钮，打开字体列表，每种主题字体的标题字体和正文文本字体的名称将显示在相应的主题名称下，如图 9-33 所示。

（2）在列表中单击一种字体，则演示文稿中的字体发生了变化。

动手做 5　应用母版设置幻灯片

母版可以控制演示文稿的外观，包括在幻灯片上所输入的标题和文本的格式与类型、颜色、放置位置、图形、背景等，在母版上进行的设置将应用到基于它的所有幻灯片中。但是改动母版的文本内容不会影响基于该母版的幻灯片的相应文本内容，仅仅是影响其外观和格式而已。

母版分为三种：幻灯片母版、讲义母版、备注母版。

单击视图选项卡下母板视图组的幻灯片母版按钮，即可进入幻灯片母版视图，如图 9-34 所示。

在 PowerPoint 2010 中，幻灯片母版是具有各种版式的独立母版，可以自定义或创建版式。在图中可以发现每种可用版式都有一种不同的、单独的、可自定义的版式母版，均组织在幻灯片母版下方。对幻灯片母版所做的任何更改都会反映在各个单独的版式母版中，但用户也可以自定义一个独立版式的母版，覆盖原本继承来的设置。

对一个幻灯片母版做出更改时，这些更改会传播到与之相关的各版式母版，对单独的版式母版做出更改时，则更改仅限于该母版中的版式。

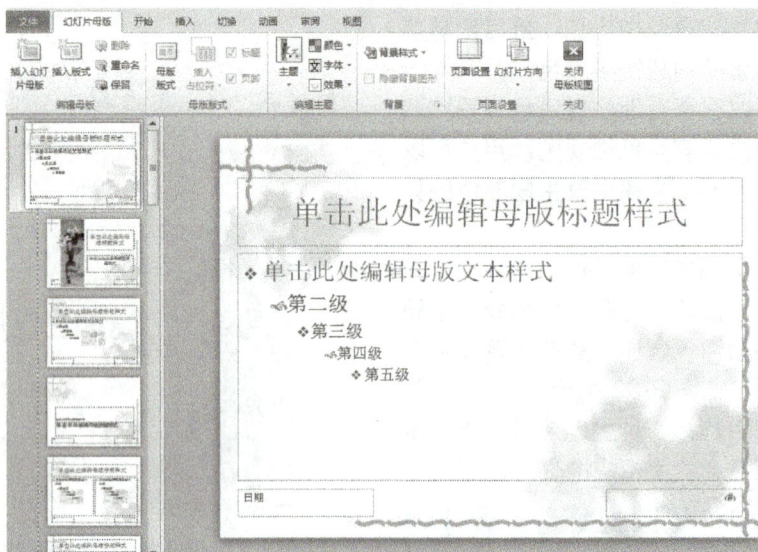

图9-34 幻灯片母版视图

课后练习与指导

一、选择题

1. 关于设置幻灯片的切换效果下列说法正确的是（   ）。
   A. 为幻灯片添加切换效果最好在幻灯片浏览视图中进行
   B. 在设置切换效果时用户可以同时为多张幻灯片设置相同的切换效果
   C. 在设置切换效果时用户还可以同时设置切换声音及持续时间
   D. 在幻灯片浏览视图中用户可以对设置的切换效果进行预览

2. 关于设置幻灯片的动画效果下列说法正确的是（   ）。
   A. 用户可以为幻灯片中的所有项目和对象添加不同的动画效果
   B. 为幻灯片设置动画效果最好在幻灯片浏览视图中进行
   C. 在为幻灯片中的对象或项目设置动画效果后，用户还可以调整它们的先后顺序
   D. 用户可以为自定义动画效果添加声音

3. 关于幻灯片放映下列说法错误的是（   ）。
   A. 在使用演讲者放映方式时演讲者可以控制演示节奏，具有放映的完全控制权
   B. 在使用观众自行浏览方式时系统可以自动运行演示文稿，无须人为控制
   C. 在使用演讲者放映方式时用户可以随意切换到想要显示的幻灯片上
   D. 在使用演讲者放映方式时使用的画笔痕迹用户可以保留

4. 关于超级链接下列说法错误的是（   ）。
   A. 超链接可以链接到当前演示文稿的幻灯片中
   B. 超链接还可以链接到其他的网页或文档中
   C. 和网页中的超链接不同，在幻灯片中只有文本才可以设置超链接
   D. 超链接只有在幻灯片放映视图中才可用

5. 关于应用幻灯片主题下列说法正确的是（   ）。

A．应用幻灯片主题会更改幻灯片的文字内容

B．用户可以使用 PowerPoint 2010 内置的主题样式，也可以自定义主题样式并应用到幻灯片中

C．在一篇演示文稿中可以为不同的幻灯片应用不同主题

D．在应用主题后用户不能再对幻灯片的外观进行设置，只能更改幻灯片的内容

6．关于幻灯片的背景的填充下列说法错误的是（　　　　）。

A．用户可以使用图片填充幻灯片背景

B．用户可以将幻灯片的背景图形隐藏

C．用户只能在"设置背景格式"对话框中设置背景填充效果

D．在一张幻灯片上只能使用一种背景类型

二、填空题

1．幻灯片的放映方式有_____、_____和_____3 种。

2．在_____选项卡下_____组中的"切换效果"下拉列表中，用户可以选择合适的切换效果。

3．单击_____按钮或按_____键幻灯片从第一张开始放映。

4．默认情况下，幻灯片的换片方式是_____切换到下一张幻灯片。

5．在_____选项卡下_____选项组中单击_____按钮，打开"插入超链接"对话框。

6．在_____选项卡下_____组中的_____区域可以设置换片方式。

三、简答题

1．如何为幻灯片中的对象设置动画效果？

2．如何将幻灯片设置为在展台浏览的放映方式？

3．幻灯片有哪几种放映方式？各有什么特点？

4．如何设置幻灯片的切换效果？

5．如何改变自定义动画的顺序？

6．在幻灯片中如何创建动作按钮？

7．在幻灯片中如何创建超级链接？

8．如何为幻灯片应用主题？

四、实践题

练习 1：制作如图 9-35 所示的演示文稿。

（1）打开"案例与素材\模块 09\素材\练习 1 素材"演示文稿。

（2）为幻灯片应用"案例与素材\模块 09\素材\练习 1 主题"主题效果。

（3）在第一张幻灯片中应用雨后初晴的渐变背景，隐藏背景图形。

（4）设置幻灯片的切换效果为"垂直方向的随机线条"，声音为"风铃"，持续时间为"01.00"，换片方式为"单击鼠标时"。

（5）为幻灯片中的文本对象设置"向内溶解"的动画效果，上一动画之后开始，快速（1 秒），整批发送。

（6）为幻灯片添加上一项和下一项的动作按钮，分别链接到上一张和下一张幻灯片。

效果位置：案例与素材\模块 09\源文件\练习 1 效果

图9-35　在幻灯片中应用艺术字的效果

练习2：打开"案例与素材\模块 09\素材\ test1.pptx"演示文稿，按照要求完成下列操作，并以该文件名保存文件。

（1）为演示文稿应用主题"凸显"。

（2）将第一张幻灯片中的标题字体设置为"华文隶书"，字号设置为 54。将最后一张幻灯片中的标题字体改为"华文隶书"，字号设置为 44，效果如图 9-36 所示。

（3）在第四张幻灯片中插入图片"案例与素材\模块 09\素材\月球表面 1.jpg"和图片"案例与素材\模块 09\素材\月球表面 2.jpg"，效果如图 9-37 所示。

（4）在第二、三、五张幻灯片中按图 9-38 所示添加箭头项目符号。

（5）设置每张幻灯片切换为"推进"、效果选项为"自右侧"，切换方式为"单击鼠标时"。

（6）为第二、三、五张幻灯片中的正文文本添加动画效果，设置进入效果为"百叶窗"。

（7）在第二张幻灯片上加入两个动作按钮，即"后退或前一项"、"前进或后一项"动作按钮，高度为 1.5 cm，宽度为 2 cm，并做出相应的超链接，效果如图 9-37 所示。

（8）全部幻灯片放映方式为"演讲者放映"、"循环放映，按 Esc 键终止"。

图9-36　在test1中设置字体的效果

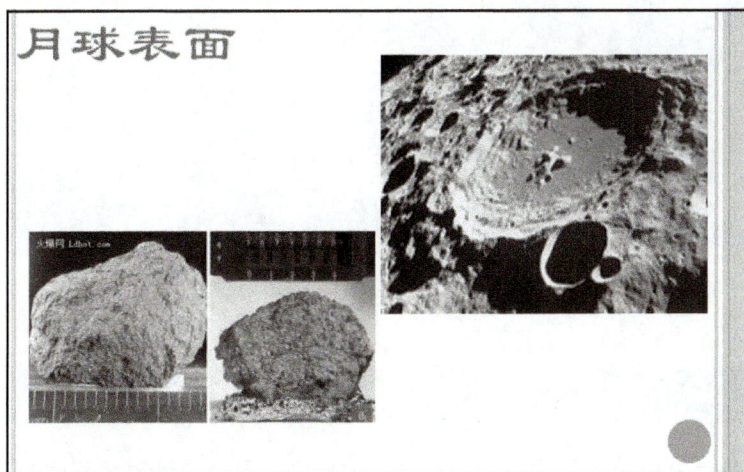

图9-37　在test1中应用图片的效果

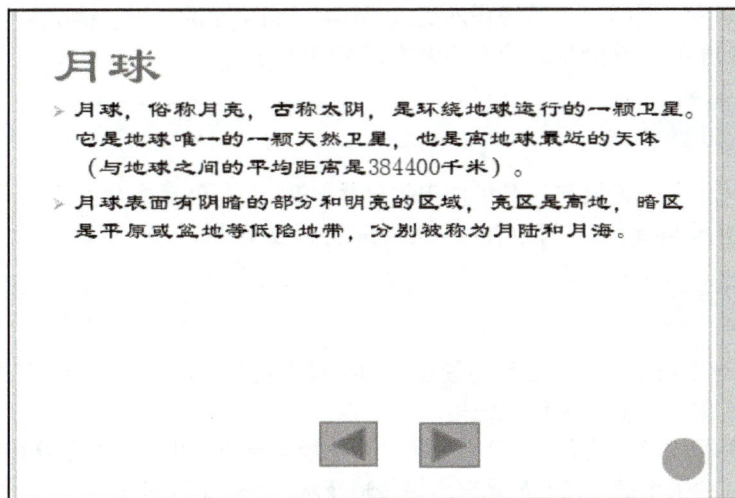

图9-38　在test1中设置项目符号和动作按钮效果

计算机网络基础——在办公室建立 WiFi（无线局域网）

你知道吗

计算机网络是计算机技术和通信技术相结合的产物，是当今计算机科学与工程中迅速发展的新兴技术之一，也是计算机应用中一个空前活跃的领域。人们可以借助计算机网络实现信息的交换和共享。如今，网络技术已经深入到人们日常工作、生活的每个角落，随处都可以看到网络的存在，随处都可以享受网络给人们生活带来的便利。

应用场景

随着科学技术的飞速发展和计算机应用的日益普及，在办公室或家里都有不止一台计算机，为了方便计算机登录 Internet，可以在办公室或家里建立 WiFi，让计算机或手机共享 Internet。

背景知识

WiFi 是一种可以将个人电脑、手持设备（如平板电脑、手机）等终端以无线方式互相连接的技术，事实上它是一个高频无线电信号。

无线网络上网可以简单地理解为无线上网，几乎所有智能手机、平板电脑和笔记本电脑都支持无线上网，是当今使用最广的一种无线网络传输技术。实际上就是把有线网络信号转换成无线信号，使用无线路由器可供支持其技术的相关计算机、手机、平板等接收。手机如果有无线保真功能，在有 WiFi 无线信号的时候就可以不通过移动、联通等运营商的网络上网，省掉了流量费。

无线网络无线上网在大城市比较常用，无线网最主要的优势在于不需要布线，可以不受布线条件的限制，因此非常适合移动办公用户的需要，并且由于发射信号功率低于 100mW，低于手机发射功率，所以无线上网相对也是最安全健康的。但是无线网信号也是由有线网提供的，比如家里的 ADSL、小区宽带等，只要接一个无线路由器，就可以把有线信号转换成无线信号。

学习目标

- 计算机网络基本概念；
- Internet 基础；
- 接入 Internet。

项目任务 10-1 计算机网络基本概念

所谓的计算机网络就是将多个具有独立工作能力的计算机系统通过通信设备和线路由功能

完善的网络软件实现资源共享和信息传输的系统。

⠿ 动手做 1　计算机网络的概念

计算机网络，是指将地理位置不同的具有独立功能的多台计算机及其外部设备，通过通信线路连接起来，在网络操作系统、网络管理软件及网络通信协议的管理和协调下，实现资源共享和信息传递的计算机系统。它的功能主要表现在两个方面：一是实现资源共享（包括硬件资源和软件资源的共享）；二是在用户之间交换信息。

计算机网络的作用：使分散在网络各处的计算机能共享网上的所有资源，并为用户提供强有力的通信手段和尽可能完善的服务，从而极大地方便用户。

计算机网络规模可大可小，小到只有几台计算机的网络，大到世界范围内的因特网，它们可以是通过电线或电缆建立的永久连接，也可以是通过电话线路或无线传输建立的暂时连接，无论何种类型的网络，它们都应包含三个主要组成部分：若干台主机（Host）、一个通信子网和一系列的通信协议。

（1）主机（Host）：用来向用户提供服务的各种计算机。

（2）通信子网：用于进行数据通信的通信链路和节点交换机。

（3）通信协议：这是通信双方事先约定好的也是必须遵守的规则，这种约定保证了主机与主机、主机与通信子网以及通信子网中各节点之间的通信。

⠿ 动手做 2　计算机网络的功能

计算机技术和通信技术结合而产生的计算机网络，不仅使计算机的作用范围超越了地理位置的限制，而且也增大了计算机本身的威力，拓宽了服务，使得其在各领域发挥了重要作用，日益成为计算机应用的主要形式。计算机网络具有下述功能：

（1）数据通信：数据通信即实现计算机与终端、计算机与计算机间的数据传输，是计算机网络最基本的功能，也是实现其他功能的基础。

（2）资源共享：计算机网络的主要作用是共享资源。一般情况下，网络中可共享的资源有硬件资源、软件资源和数据资源，其中共享数据资源最为重要。

（3）远程传输：计算机已经由科学计算向数据处理方面发展，由单机向网络方面发展，并且发展的速度很快。分布很远的用户可以互相传输数据信息、互相交流、协同工作。

（4）集中管理：计算机网络技术的发展和应用，已使得现代办公、经营管理等发生了很大的变化。目前，已经有许多 MIS 系统、OA 系统等，通过这些系统可以实现日常工作的集中管理，提高工作效率、增加经济效益。

（5）实现分布式处理：网络技术的发展使得分布式计算成为可能。对于大型的课题，可以分为许许多多的小题目，由不同的计算机分别完成，然后再集中起来解决问题。

（6）负载平衡：负载平衡是指工作被均匀地分配给网络上的各台计算机。网络控制中心负责分配和检测，当某台计算机负载过重时，系统会自动转移部分工作到负载较轻的计算机中去处理。

⠿ 动手做 3　计算机网络的应用

计算机网络正处于迅速发展阶段，网络技术不断更新，性能和服务日益完善，进一步扩大了它的应用范围。计算机网络可用于办公自动化、工厂自动化、企业管理信息系统、生产过程实时控制、军事指挥和控制系统、辅助教学系统、医疗管理系统、银行系统、软件开发系统和商业系统等方面，其中主要应用如下。

（1）信息交流：信息交流始终是计算机网络应用的主要方面，如收发 E-mail、浏览 WWW 信息、在 BBS 上讨论问题、在线聊天、多媒体教学等。

（2）办公自动化：现在的办公室自动化管理系统可以通过在计算机网络上安装文字处理机、智能复印机、传真机等设备，以及报表、统计及文档管理系统来处理这些工作，使工作的可靠性和效率明显提高。制订计划、写报告、写总结、制表等都有现成的标准格式，只要添加具体内容就可完成。统计数据、保存文档、收发通知、签署意见等活动，在网络环境下进行也轻松自如。

（3）电子商务：电子商务包含两个方面，一是电子方式，二是商贸活动。电子商务是利用简单、快捷、低成本的电子通信方式，买卖双方不谋面地进行各种商贸活动。

（4）过程控制：过程控制广泛应用于自动化生产车间，也应用于军事作战、危险作业、航行、汽车行驶控制等领域。

（5）娱乐：计算机游戏很有趣，人们普遍抱以欢迎的态度；网络游戏就更有趣，人们玩了网络游戏后几乎到了着迷的地步。网络游戏、网络视频为人们提供了新的娱乐方式。

❖ 动手做 4　计算机网络的产生与发展

计算机网络诞生于 20 世纪 50 年代中期，60 年代是广域网从无到有并迅速发展的年代；80 年代局域网取得了长足的进步并日趋成熟；90 年代，一方面广域网和局域网的紧密结合使得企业网络迅速发展，另一方面建造了覆盖全球的信息网络（Internet），为 21 世纪信息社会奠定了基础。

计算机网络的发展经历了一个从简单到复杂的过程，从为解决远程计算信息的收集和处理而形成的联机系统开始，发展到以资源共享为目的而互联起来的计算机群。计算机网络的发展又促进了计算机技术和通信技术的发展，使之渗透到社会生活的各个领域。到目前为止，其发展过程大体上可分为以下四个阶段。

第一阶段：以单台计算机为中心的远程联机系统，构成面向终端的计算机通信网（20 世纪 50 年代）。

第二阶段：多个自主功能的主机通过通信线路互联，形成资源共享的计算机网络（20 世纪 60 年代末）。

第三阶段：形成具有统一的网络体系结构、遵循国际标准化协议的计算机网络（20 世纪 70 年代末）。

第四阶段：向互联、高速、智能化方向发展的计算机网络（始于 20 世纪 80 年代末）。

❖ 动手做 5　计算机网络的组成

计算机网络系统由网络硬件和网络软件两部分组成。在网络系统中，硬件对网络的性能起着决定的作用，是网络运行的载体；而网络软件则是支持网络运行、提高效益和开发网络资源的工具。

1．网络硬件

网络硬件是计算机网络系统的物质基础。组建计算机网络，首先要将计算机及其附属硬件设备与网络中的其他计算机系统连接起来，实现物理连接。不同的计算机网络系统，在硬件方面是有差别的。随着计算机技术和网络技术的发展，网络硬件日趋多样化，且功能更强，结构更复杂。常见的网络硬件有下面一些。

1）网络服务器

网络服务器的功能是为网络上的其他计算机提供服务和共享的资源。对于小型网络，可以只有一台服务器，这台服务器既负责网络的管理功能也负责网络的通信功能，提供各种网络服务。对于大型网络，可以有多台服务器，分别完成各种网络功能，如网络数据库服务器、电子邮件服务器、WWW 服务器和 FTP 服务器。

2）网络工作站

网络工作站是使用网络服务器提供服务的计算机，是网络中个人使用的计算机，也称网络客户机。网络中的工作站和独立的计算机是有区别的，它们是网络的一部分，可以和网络中的其他工作站和服务器通信。其主要作用是为网络用户提供一个平台，访问网络服务器、共享网络资源。

3）传输介质

传输介质是网络中发送方与接收方之间的物理通道，它对网络数据通信质量有很大的影响。网络中使用的传输介质包括有线介质和无线介质。有线介质通常是双绞线、同轴电缆、光纤。最常用的无线传输介质有微波、红外线、激光和卫星等。

4）网络连接设备

（1）网络适配器：简称网卡，是将计算机连接到网络的硬件设备。网卡通过总线与计算机相连，再通过电缆接口与网络传输媒体连接，即网卡插在计算机或者服务器的扩展槽中，通过传输介质与网络连接。网卡是局域网的通信设备，选择网卡时，要考虑网络的拓扑结构。

（2）调制解调器：是 PC 通过电话线接入 Internet 的必备设备，它具有调制和解调两大功能。家庭用户上网最常用的方法是使用调制解调器经过电话线与 Internet 服务提供商（ISP）相连接。调制解调器将计算机输出的数字信号调制成模拟信号，又能将模拟信号调制成数字信号。

（3）集线器：是局域网中的一种连接设备，双绞线通过集线器将网络中的计算机连接在一起，完成网络的通信功能。在传统的局域网中，联网的节点通过双绞线与集线器连接，构成物理拓扑结构。对于共享型集线器来说，当一台计算机从一个端口将信息发送到集线器后，集线器就将信息广播到其他端口，其他端口上的计算机根据信息包含的接收地址来决定是否接收这个信息。目前共享式集线器的使用量已经很少，取而代之的设备是交换机。

（4）交换机（Switch）：是一种用于电信号转发的网络设备。它可以为接入交换机的任意两个网络节点提供独享的电信号通路。最常见的交换机是以太网交换机，其他常见的还有电话语音交换机、光纤交换机等。

（5）路由器：是实现局域网和广域网互联的主要设备，是将处于不同地理位置的局域网通过广域网进行互联的一种常见的方式。在广域网中从一个节点传输到另一个节点时要经过许多的网络，可以经过许多不同的路径。路由器在一个网络传输到另外一个网络时进行路径的选择，使信息的传输能经过一条最佳的通道。对于计算机网络来说，路由器是广域网的主要互联设备，路由器性能的好坏，对于广域网的传输性能有很大的影响。

2. 网络软件

没有软件的网络毫无用处，网络软件是实现网络各种功能不可缺少的软环境。正因为网络软件能够实现丰富的功能，才使得网络应用如此广泛。网络软件通常包括网络操作系统（Network Operating System，NOS）、网络通信协议和网络应用软件。

1）网络操作系统

网络操作系统是用以实现系统资源共享、管理用户对不同资源访问的应用程序，它是最主要的网络软件。网络操作系统的功能就是能让用户充分共享、使用网络资源，实现通信并对网络资源和用户通信过程进行有效的管理。常见的网络操作系统有 Windows 2000/XP、UNIX、Netware 等。

2）网络通信协议

网络通信协议（Protocol）是一种特殊的软件，是计算机网络实现其功能的最基本机制。网络协议的本质是规则，即各种硬件和软件必须遵循的共同守则。网络协议并不是一套单独的软件，它融合于其他所有的软件系统中，因此可以说，协议在网络中无所不在，从我们非常熟悉的 TCP/IP、HTTP、FTP 协议，到 OSPF、IGP 等协议，有上千种之多。对于普通用户而言，不需要关心太多的底层通信协议，只需要了解其通信原理即可。在实际管理中，底层通信协议一般会自动工作，不需要人工干预。但是对于高层的协议，就经常需要人工干预了，如 TCP/IP 协议就需要人工配置它才能正常工作。

在网络中，通信协议扮演着重要的角色。无论使用哪种网络连接方式，都需要相应的通信协议的支持。如果没有网络通信协议，资源就无法共享，那么网络连接就失去了意义。在局域网中，最常用的通信协议是 TCP/IP，此外还有 NetBEUI、NWLink IPX/SPX/NetBIOS 兼容传输协议和 AppleTalk 协议等。

3）网络应用软件

在网络应用软件中，有一部分是用于提高网络本身的性能，改善网络的管理能力；而更多的网络应用软件则是为了给用户提供更多的网络应用，这种网络应用软件往往也称为网络客户软件，如电子邮件、BBS、远程教学、远程医疗和视频点播等。

动手做 6　计算机网络的分类

计算机网络有多种不同的划分方式，可以按照覆盖地理范围、传输技术、传输介质等进行划分。

1. 按照网络覆盖的地理范围划分

1）局域网（Local Area Network，LAN）

局域网是在较小的范围内组建的网络，它覆盖的范围通常是几十米到几千米，如一个办公室、一栋楼房、一个园区、一个单位等。局域网的主要特点是覆盖的地理范围小、数据速率较高、误码率低等。

2）城域网（Metropolitan Area Network，MAN）

城域网的规模通常限制在一座城市内，覆盖的范围从几十千米到几百千米。在一个城市内，通过城域网可以将政府部门、大型企业、机关、部门等连接起来，可以实现大量用户的信息传递。

3）广域网（Wide Area Network，WAN）

广域网覆盖的范围从数百千米到数千千米，甚至上万千米，可以是一个地区，一个国家，甚至是全世界。广域网采用的技术、应用的范围和协议标准都与局域网不同，在广域网中常常采用的是各种公用交换网，它使用的主要技术是存储转发。

2. 按照网络的传输技术划分

1）广播式网络（Broadcast Network）

广播式网络通常使用一条共享的信道，当某台计算机在信道上发送数据包时，网络中的每台计算机都会收到这个数据包，收到数据包的计算机会将自己的地址和分组中的地址进行比较，如果相同则接收该数据包，反之则丢弃该数据包。

2）点到点网络

点到点网络是两条计算机之间的线路连接。如果两台计算机之间要经过多个节点才能将数据发送到目的地，这样选择路由就非常重要。

3. 按照网络的传输介质划分

1）有线网络

有线网络通常是指采用双绞线、同轴电缆以及光缆等有线传输介质组建的网络。

2）无线网络

无线网络就是使用无线传输介质进行传输的网络，主要包括微波、红外线等。

项目任务 10-2 Internet 基础

经过多年的发展，Internet 已经在社会的各个层面为全人类提供便利。电子邮件、即时消息、视频会议、网络日志（blog）、网上购物等已经成为越来越多人的一种生活方式。

动手做 1 了解 Internet

在英语中，"Inter"的含义是"交互的"，"net"是指"网络"。简单地讲，Internet 是一个计算机交互网络，又称网间网。它是一个全球性的巨大的计算机网络体系，它把全球数万个计算机网络，数千万台主机连接起来，包含了难以计数的信息资源，向全世界提供信息服务，但这并不是对 Internet 的一种定义，仅仅是对它的一种解释。

从网络通信的角度来看，Internet 是一个以 TCP/IP 网络协议连接各个国家、各个地区、各个机构的计算机网络的数据通信网。从信息资源的角度来看，Internet 是一个集各个部门、各个领域的各种信息资源为一体，供网上用户共享的信息资源网。今天的 Internet 已经远远超过了一个网络的含义，它是一个信息社会的缩影。虽然至今还没有一个准确的定义来概括 Internet，但是这个定义应从通信协议、物理连接、资源共享、相互联系和相互通信等角度来综合加以考虑。一般认为，Internet 的定义至少包含以下三个方面的内容：

（1）Internet 是一个基于 TCP/IP 协议簇的国际互联网络。

（2）Internet 是一个网络用户的团体，用户使用网络资源，同时也为该网络的发展壮大贡献力量。

（3）Internet 是所有可被访问和利用的信息资源的集合。

动手做 2 Internet 的发展

Internet 最初是由美国国防部为军事目的而建立的，后来许多大学、政府和个人为它的发展做出了贡献，并逐渐转为民用。下面来回顾一下 Internet 的发展历史。

（1）1969 年美国出于战略考虑建立了一个分散型的军事指挥中心，由美国国防部高级研究计划局组建 ARPAnet 网络。当初这个计算机网络仅仅连接军事机构的 4 台主机，便于科学家进行通信。

（2）截止到 1971 年，ARPANET 网有二十几个节点，包括麻省理工学院（MIT）、哈佛大学等大学。

（3）1973 年英国和挪威计算机加入了 ARPAnet。

（4）1974 年 Internet 上最重要的协议 TCP/IP 协议产生，并于 1978 年得到采用。

（5）1982 年美国 25 城市启动商业电子邮件。

（6）1985 年美国国家科学基金学会（NSF）把全美的 5 个超级计算机中心连成广域网 NSFnet，并采用了 TCP/IP 协议。此后很多大学和研究机构都把它们的计算机局域网并入 NSFnet。

（7）1991 年万维网（WWW）首次在 Internet 上使用。

（8）1994 年 Netscape 公司发布了 Netscape Navigator 浏览器，1995 年 Microsoft 推出了与之对抗的 Internet Explorer 浏览器。

（9）1995 年 NSFnet 的经营权移交给私营公司，Internet 从此走向商业化。

由于 Internet 在美国获得巨大成功，吸引了世界各国纷纷加入 Internet，特别是发展中国家把 Internet 看作提高本国教育、科研水平的捷径，从而使 Internet 成为全球的网际网。

▶▶ 动手做 3　Internet 的组成

Internet 是全球最大的、开放的、由众多网络和计算机互连而成的计算机互联网。它连接各种各样的计算机系统和网络，无论是微型计算机还是专业的网络服务器，局域网还是广域网。不管在世界的什么位置，只要共同遵循 TCP/IP 协议，即可接入 Internet。概括来讲，整个 Internet 主要由 Internet 服务器、通信子网和 Internet 用户 3 个部分组成，其结构示意如图 10-1 所示。

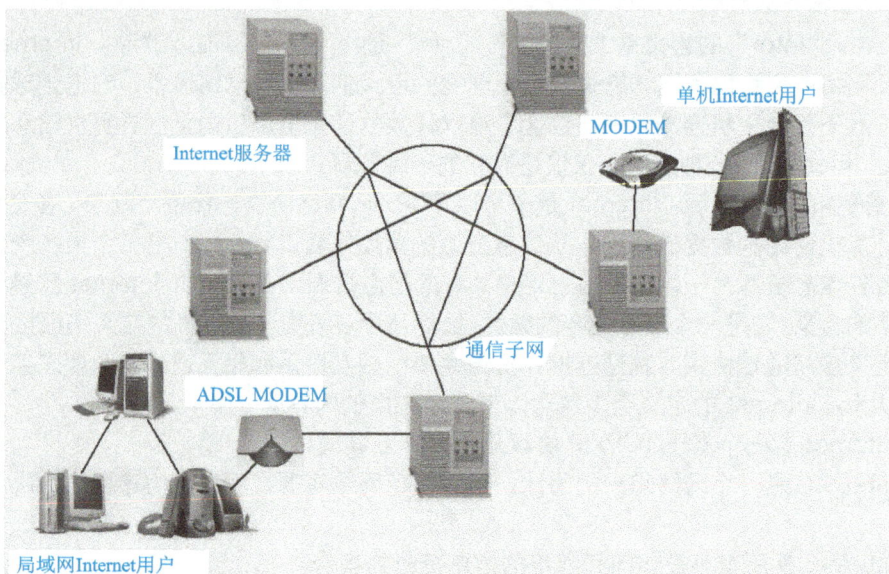

图10-1　Internet组成示意

1．Internet 服务器

Internet 服务器是指连接在 Internet 上提供给网络用户使用的计算机，用来运行用户端所需的应用程序，为用户提供丰富的资源和各种服务。Internet 服务器一般要求全天 24 小时运行，否则 Internet 用户可能无法访问该服务器上的资源。

一般来说，一台计算机如果要成为 Internet 服务器，需要向有关管理部门提交申请。获得批准后，该计算机将拥有唯一的 IP 地址和域名，从而为成为 Internet 服务器做好准备。有一点需注意，申请成为 Internet 服务器及 Internet 服务器的运行期间都需要向管理部门支付一定的费用。

2．通信子网

通信子网是指用来把 Internet 服务器连接在一起，供服务器之间相互传输各种信息和数据的通信设施。它由转接部件和通信线路两部分组成，转接部件负责处理及传输信息和数据，而通信线路是信息和数据传输的"高速公路"，多由光纤、电缆、电力线、通信卫星及无线电波等组成。

3. Internet 用户

只要通过一定的设备（如电话线和 ADSL MODEM 等）接入 Internet，即可访问 Internet 服务器上的资源，并享受 Internet 提供的各种服务，从而成为 Internet 用户。Internet 用户可以是单独的计算机，也可以是一个局域网。将局域网接入 Internet 后，通过共享 Internet，可以使网络内的所有用户都成为 Internet 用户。

动手做 4　TCP/IP 协议

TCP/IP(Transmission Control Protocol/Internet Protocol 的简写，中文译名为传输控制协议/互联网络协议）协议是 Internet 最基本的协议，简单地说，就是由底层的 IP 协议和 TCP 协议组成的。TCP/IP 协议的开发工作始于 20 世纪 70 年代，是用于互联网的第一套协议。

TCP/IP 协议广泛应用于各种计算机网络，实际名称是"Internet 协议系列"。它是最流行的网络通信协议，也是 Internet 的基础，可以跨越由不同硬件体系和不同操作系统的计算机相互连接的网络进行通信。

TCP/IP 是一个协议系列，包括 100 多个协议，TCP（传输控制协议）和 IP（网际协议）仅是其中的两个协议。由于它们是最基本和最重要的两个协议，且应用广泛并广为人知，因此通常用 TCP/IP 代表整个 Internet 协议系列。

TCP/IP 协议不仅规定了计算机如何进行通信，而且具有路由功能。通过识别子网掩码，可以为企业范围的网络提供更大的灵活性。TCP/IP 协议使用 IP 地址识别网络中的计算机，每台计算机必须拥有唯一的 IP 地址。

TCP/IP 协议采用分组交换方式的通信方式。TCP 协议把数据分成若干数据包，并写上序号，以便接收端能够把数据还原成原来的格式；IP 协议为每个数据包写上发送主机和接收主机的地址，这样数据包即可在网络上传输。在传输过程中可能出现顺序颠倒、数据丢失或失真，甚至重复等现象。这些问题都由 TCP 协议处理，它具有检查和处理错误的功能，必要时可以请求发送端重发。

Microsoft 的联网方案使用了 TCP/IP 协议，在目前流行的 Windows 版本中都内置了该协议，而且在 Windows XP/Windows 7/Windows 8 中是自动安装的。在 Windows Server 中，TCP/IP 协议与 DNS（域名系统）和 DHCP（动态主机配置协议）配合使用。DHCP 用来分配 IP 地址，当用户计算机登录网络时，自动寻找网络中的 DHCP 服务器，以从中获得网络连接的动态配置并获得 IP 地址。

动手做 5　IP 地址

所谓 IP 地址就是给每个连接在 Internet 上的主机分配的一个地址。IP 地址被用来给 Internet 上的计算机一个编号，大家日常见到的情况是每台联网的 PC 上都需要有 IP 地址，才能正常通信。我们可以把"个人电脑"比作"一台电话"，那么"IP 地址"就相当于"电话号码"，而 Internet 中的路由器，就相当于电信局的"程控式交换机"。

Internet 上的每台主机（Host）都有一个唯一的 IP 地址。IP 协议就是使用这个地址在主机之间传递信息，这是 Internet 能够运行的基础。IP 地址就像我们的家庭住址一样，如果你要写信给一个人，你就要知道他（她）的地址，这样邮递员才能把信送到。计算机发送信息就好比邮递员，它必须知道唯一的"家庭地址"才能不至于把信送错人家。只不过我们的地址使用文字来表示，计算机的地址用二进制数字表示。

IP 是由 32 位的 0、1 所组成的一组数据，因为只有 0 和 1，所以 IP 的组成就是计算机认识的二进制数的表示方式。不过，因为我们对二进制数不熟悉，为了顺应人们对于十进制数的依赖性，就将 32 位的 IP 分成 4 小段，每段含有 8 位，将 8 位二进制数计算成十进制数，并且每一段中间以小数点隔开，这就成了大家所熟悉的 IP 的模样了。

IP 的表示式为

00000000.00000000.00000000.00000000 ==0.0.0.0

11111111.11111111.11111111.11111111 ==255.255.255.255

所以 IP 的范围是 0.0.0.0~255.255.255.255。

动手做 6　理解域名

计算机在网络上寻找主机时，是利用 IP 来寻址的，而以 TCP/UDP/ICMP 等协议来进行传送，并且传送的过程中还会检验数据包的信息。总归一句话，网络是靠 TCP/IP 来进行连接的，所以必须知道 IP，之后计算机才能够接入网络并传送数据。但人类对于 IP 这一类的数字并不具有敏感性，用户如何能够记住这些没有什么关联的数字呢？不用担心，有一种给计算机确定地址的便利方式，这就是域名（Domain Name）。比如说，263 首都在线的 IP 地址是 211.100.31.92，而它的域名是 www.263.net，是不是更容易记一些呢？

域名地址和用数字表示的 IP 地址实际上是同一个东西，只是外表不同而已，在访问一个站点时，用户可以输入这个站点用数字表示的 IP 地址，也可以输入它的域名地址。这里就存在一个域名地址和对应的 IP 地址相转换的问题，这些信息实际上是存放在 ISP 中称为域名服务器（DNS）的计算机上的，当用户输入一个域名地址时，域名服务器就会搜索其对应的 IP 地址，然后访问到该地址所表示的站点。

域名在国际互联网上是国际通行的，全世界都可以用某个域名访问某一网站，同时域名也是唯一的。域名的形式是以若干英文字母和数字组成的，由"."分隔成几部分，如 sohu.com 就是一个域名。域名系统分不同的层来负责各子系统的名字，系统中每一层叫作一个域。域层数通常不多于 5 个，从左到右域级变高，高一级域包含低一级域。一般情况下，域名的最后一个或两个域为分类标志。例如，在域名 game.abc.com.cn 中，game 是 abc 的一个主机或子域名，com 和 cn 则是两个分类标志，分别代表商业机构和中国。

Internet 上的域名可谓千姿百态，但从域名的结构来划分，总体上可把域名分成两类，一类称为"国际顶级域名"（简称"国际域名"）；一类称为"国内域名"。

一般国际域名的最后一个后缀是一些诸如.com、.net、.gov、.edu 的"国际通用域"，这些不同的后缀分别代表了不同的机构性质。例如，.com 表示的是商业机构，.net 表示的是网络服务机构等。表 10-1 列出了不同性质机构的通用域名。

国内域名的后缀通常要包括"国际通用域"和"国家域"两部分，而且要以"国家域"作为最后一个后缀。以 ISO31660 为规范，各个国家都有自己固定的国家域，例如：cn 代表中国、ge 代表德国、uk 代表英国、jp 代表日本等。表 10-2 列出了不同国家的国家域名。

例如：www.abcd.com.cn 就是一个中国国内域名，www.abcd.com 就是一个国际顶级域名。

表 10-1　不同性质机构的通用域名

域　名	机 构 名 称
gov	政府机构
edu	教育机构
ini	国际组织
com	商业机构
net	网络管理组织
org	社会组织
mil	军事部门

表 10-2　不同国家的国家域名

域　名	国家或地区	域　名	国家或地区	域　名	国家或地区
au	澳大利亚	be	比利时	cn	中国大陆
ge	德国	es	西班牙	hk	中国香港

域　名	国家或地区	域　名	国家或地区	域　名	国家或地区
ie	爱尔兰	it	意大利	mo	澳门
nl	荷兰	ru	俄罗斯联邦	tw	中国台湾
uk	英国	ch	瑞士	fl	芬兰
ca	加拿大	sg	新加坡	in	印度
fr	法国	il	以色列	jp	日本

项目任务 10-3　接入 Internet

Internet 是通过网络运营商（或者称为 Internet 服务提供商，简称 ISP，是 Internet Service Provider 的缩写）接入的，目前我国的 ISP 主要有中国电信、中国移动、中国教育科研网等。对于个人用户来说，Internet 接入方式主要是通过宽带接入和单位局域网接入（单位已通过运营商接入 Internet）。

❖ 动手做 1　获取上网账号

Internet 世界丰富多彩，然而要想享受 Internet 提供的服务，就必须将计算机或整个局域网接入 Internet。

接入 Internet 之前首先要做的工作是找一个比较理想的 ISP，办理上网手续，申请一个属于自己的 Internet 账号。ISP 是 Internet Service Provider 的缩写，译成中文就是"互联网服务提供商"。简单地说，ISP 就是向用户提供连接到 Internet 服务的机构。

个人或企业是不能直接连入 Internet 的，不管以哪种方式接入 Internet，首先都要连到 ISP 的主机。从用户角度看，ISP 位于 Internet 的边缘，用户通过某种通信线路连接到 ISP，再通过 ISP 的连接通道接入 Internet。ISP 的作用主要有以下两个：

（1）为用户提供 Internet 接入服务，就是提供线路、设备等，将用户的计算机连入 Internet。

（2）为用户提供各种类型的信息服务，例如，提供电子邮件服务、替客户发布信息等。

当用户选定一家 ISP 之后，就可以向其提出上网的申请，得到一个上网账号后用户才能够上网。申请上网账号时，用户必须带上自己的有效证件，如身份证。ISP 确认后会给一张表格让用户填写，用户一般必须填写这几项信息：姓名、单位、联系方式等。

- 上网账号：即用户的标志，一般由几个字母组成，它是由用户自己设置的，用户所选择的账号不能与别人的账号重复。
- 上网账号的密码：这个密码也是由用户自己确定的，它可以是字符和数字的组合，如 zhao2005。在拨号时，用户必须同时输入上网的账号和密码，ISP 确认无误后，用户的计算机才能连上 Internet。要注意密码的安全性，如果其他人知道用户的账号和密码，就可以使用该账号来上网。

❖ 动手做 2　Internet 接入方式

如果用户想使用 Internet 所提供的服务，首先必须将自己的计算机接入 Internet，然后才能访问 Internet 中提供的各类服务与信息资源。

1. 通过电话网接入

所谓"通过电话网接入 Internet"，是指用户计算机使用 MODEM 通过电话网与 ISP 相连接，再通过 ISP 接入 Internet。用户的计算机与 ISP 的远程接入服务器（RAS）均通过 MODEM 与电话网相连。用户在访问 Internet 时，通过拨号方式与 ISP 的 RAS 建立连接，通过 ISP 的路由器访问 Internet。

电话网是为传输模拟信号而设计的，计算机中的数字信号无法直接在普通的电话线上传输，因此需要使用 MODEM。在发送端，MODEM 将计算机中的数字信号转换成能在电话线上传输的模拟信号；在接收端，它将接到的模拟信号转换成能在计算机中识别的数字信号。实际上，MODEM 是一个数字/模拟信号转换的设备。

ISP 能提供的电话中继线数目，将关系到与 ISP 建立连接的成功率。每条电话中继线在每个时刻只能支持一个用户接入，ISP 提供的电话中继线越少，用户与 ISP 的 RAS 建立连接的成功率越低。在用户端，既可以将一台计算机直接通过调制解调器与电话网相连，也可以利用代理服务器将一个局域网间接通过调制解调器与电话网相连。

通过电话网接入 Internet 主要有普通拨号上网和 ADSL 宽带接入两种方式。

普通拨号上网是 20 世纪 90 年代中国刚有互联网的时候，家庭用户上接入 Internet 的主要方式，拨号上网上网速度慢，连接不稳定，容易出现掉线现象。

目前家庭用户大多使用 ADSL 宽带接入 Internet。ADSL 是 Asymmetric Digital Subscriber Line（非对称性数字用户线路）的缩写。ADSL 仍旧以普通的电话线作为传输介质，但它采用先进的数字信号处理技术与创新的数据演算方法，在一条电话线上使用更高频率的范围来传输数据。并将下载、上传和语音数据传输的频道分开，形成一条电话线上可以同时传输 3 个不同频道的数据。这样，便突破了传统 MODEM 的 56Kb/s 最大传输速率的限制。

ADSL 能够实现数字信号与模拟信号同时在电话线上传输的关键在于上行和下行的带宽是不对称的。从网络服务器到用户端（下行通道）传输的带宽比较高，从用户端到网络服务器（上行通道）的传输带宽则比较低。这样设计，一方面是为了与现有电话网络频段兼容，另一方面也符合一般使用 Internet 的习惯。

除了计算机外，使用 ADSL 接入 Internet 需要的设备有一台 ADSL 分离器、一台 ADSL MODEM，一条电话线，连接起来的结构如图 10-2 所示。

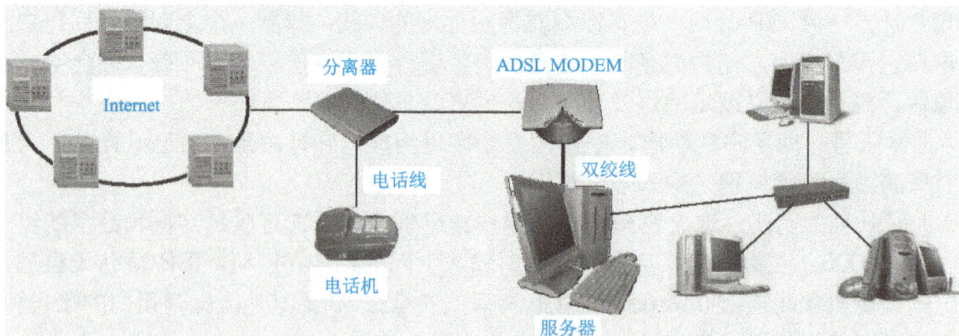

图10-2　ADSL宽带接入Internet示意图

2. 专线接入

如果需要 24 小时在线，使用专线接入 Internet 是一个不错的选择。所谓专线接入 Internet 是指从提供网络服务的服务器（一般从邮局）到用户的计算机之间通过路由器建立一条网络专线，24 小时享受 Internet 服务。图 10-3 为专线接入 Internet 示意图。

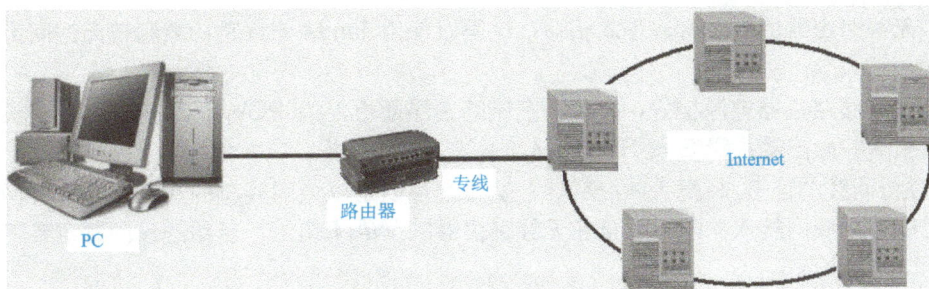

图10-3　专线接入Internet示意图

申请专线接入 Internet 时，通常选择包月或包年的计费方式。即不管上了多长时间的网，付出的上网费是固定的。因此，这种接入方式的用户群多属于企业或单位用户，对于普通的家庭用户，如果不需要长时间上网，使用专线是一种浪费。

3. 通过局域网接入 Internet

使用局域网连接时，只需要在用户的计算机上配制网卡，就可以将计算机连接到与 Internet 直接相连的局域网上。

在局域网中提供了统一的入网方式。一般来讲，只需要按照要求配置 IP 地址、子网掩码、网关和 DNS 服务器就可连上网络，有些收费的网络需要输入用户名和密码。

4. 无线上网

无线局域网 WLAN 是一种方便的上网方式，目前中国电信、中国移动和中国网通等运营商均在机场、酒店、会议中心和展览馆等商旅人士经常出入的场所铺设了无线局域网，用户只需使用内置了 WLAN 网卡的计算机或者 Pda，在 WLAN 覆盖的地方（俗称"热点"），就可以上网。

如果没有 WLAN 覆盖，自己可以购买无线路由器或 AP 铺设自己的无线局域网上网，也是目前家庭、学校、公司较为常见的无线上网方式。

⸭ 动手做 3　使用无线路由器共享 Internet

共享上网是指在一台主机可以上网的基础上，使局域网中其他未接入 Internet 的计算机在不增加投入或增加少量投入的前提下接入 Internet。共享上网既可以通过硬件方式实现，也可以通过软件方式实现。

随着无线网络质量与网速的提升，目前很多朋友都喜欢使用无线上网。无线上网最大的优点是计算机无须连接网线，尤其是在拥有多台计算机的公办室使用无线上网非常方便。局域网如果要连接互联网，其中最主要的是要有一个连接互联网的终端，这个终端就是无线路由器或无线 AP。两者最大的区别是无线路由器不仅有一个 WAN 口，而且一般还有 4 个 LAN 口，去除了无线的功能它就是有线的四口路由器，而无线 AP 则只有一个 WAN 口，只是单纯的无线覆盖。

1. 无线路由器的连接

通过无线路由器接入的硬件连接如图 10-4 所示。

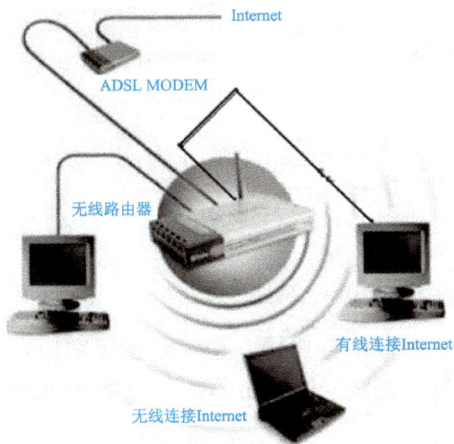

图10-4　无线路由器组网示意图

各种无线路由器的使用方法基本相似，这里以使用 Tenda 无线路由器组建无线网为例，连接的基本步骤如下：

（1）把无线路由器电源接好，接好后宽带路由器面板上的 POWER（电源）灯将长亮，宽带路由器系统开始启动，SYS 或 SYSTEM（系统）灯将闪烁。

（2）进行网线的连接，将宽带线（交叉线，宽带线可以是以太网接口的 ADSL/Cable MODEM 线，也可以是局域网接入的网线）接在无线路由器的 WAN 口上，若线缆没问题宽带路由器上的 WAN 口灯将长亮。

（3）用网线将计算机上的网卡和宽带路由器 LAN 中的任意一个接口连接，宽带路由器 LAN 指示灯中对应的指示灯将长亮。

（4）在无法使用网线与无线路由器相连的计算机上安装无线网卡。将 USB 接口的无线网卡插入计算机的 USB 接口，系统就会提示发现新硬件，弹出驱动安装界面（PCI 接口的内置无线网卡也是这样的，装完开机，进入系统后就会提示发现新硬件）。无线网卡一般不推荐自动安装。在光驱放入无线网卡带的驱动光盘安装驱动，安装完毕后在计算机系统右下角会显示无线网络的图标。

2．设置无线路由器

硬件连接好之后就要设置无线路由器了，用户可以在有线连接的计算机上设置，也可以在使用无线网卡的计算机上设置，第一次设置路由最好在有线连接的计算机上进行。

（1）打开 IE，在地址栏输入 192.168.0.1，打开登录页面，如图 10-5 所示。

提示

不同品牌无线路由器的初始地址是不一样的，用户应参见产品的说明书来输入初始地址。

（2）在密码文本框中输入原始密码，单击确定按钮，进入上网方式选择页面，如图 10-6 所示。

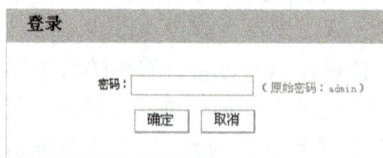

图10-5　登录页面　　　　　图10-6　选择上网方式

（3）如果选择 ADSL 拨号上网方式，则应在上网账号和上网口令中输入宽带运营商（如电信、联通等）提供的宽带用户名和密码，在密码文本框中输入无线网络的密码。

（4）单击确定按钮，打开设置成功提示框。

（5）单击高级设置选项，打开设置页面，在高级设置的系统状态页面显示了当前无线网络的连接状态，如图 10-7 所示。

（6）选择高级设置的 WAN 口设置页面，如图 10-8 所示，在模式列表中用户可以选择上网的模式。

- 如果宽带服务商确定使用 PPPoE，则用户需要输入上网账号和上网口令。该方式就是上网方式选择页面中拨号的 ADSL 方式。
- 如果宽带服务商提供的是固定 IP，则需选择静态 IP 模式，然后输入服务商提供的 IP 地址、子网掩码和网关。
- 如果宽带服务商正在运行 DHCP 服务器，则选择 DHCP。服务商会自动分配这些值（包括 DNS 服务器）。该方式就是上网方式选择页面中的自动获取方式。

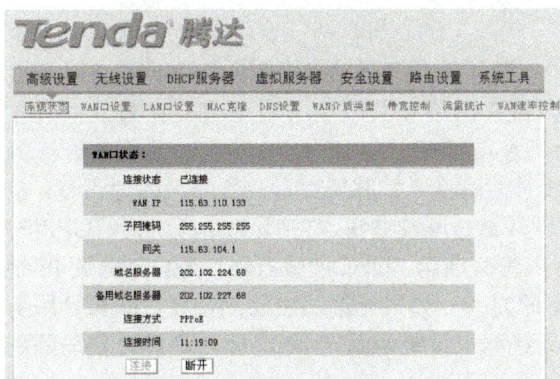

图10-7　无线网络的连接状态

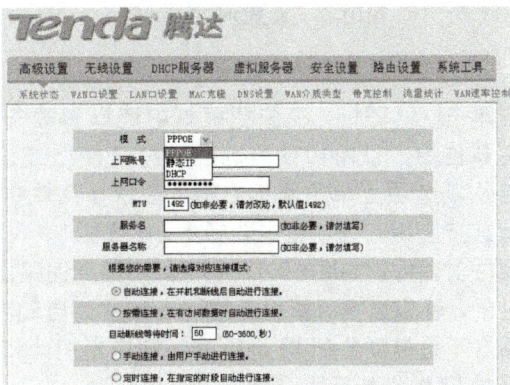

图10-8　设置上网模式

（7）选择无线设置中的无线基本设置页面，如图 10-9 所示。要选中启用无线功能复选框，如果不想使用无线，可以取消选择，所有与无线相关的功能将禁止；如果选择关闭路由器广播 SSID，无线客户端将无法扫描到路由器的 SSID。选择关闭后，客户端必须知道路由器的 SSID 才能与路由器进行通信，默认为开启。其他设置使用默认状态即可。设置完毕，单击页面中的确定按钮。

（8）选择无线设置中的无线安全页面，如图 10-10 所示。 从安全模式列表中选择相应的安全加密模式，无线路由器一般支持 Mixed WEP 加密、WPA-个人、WPA2-个人。一般建议选择 WPA2-个人，能有效防止被蹭网破解密码。WPA 加密规则则推荐使用 AES，选择了加密规则后请输入想使用的加密字符串，有效字符为 ASCII 码字符，长度为 8～63 个。设置完毕，单击页面中的确定按钮。

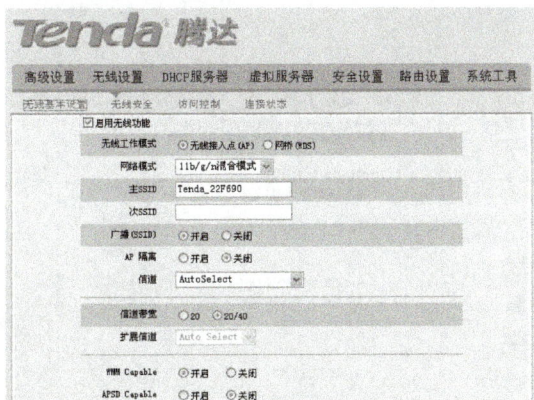

图10-9　无线设置

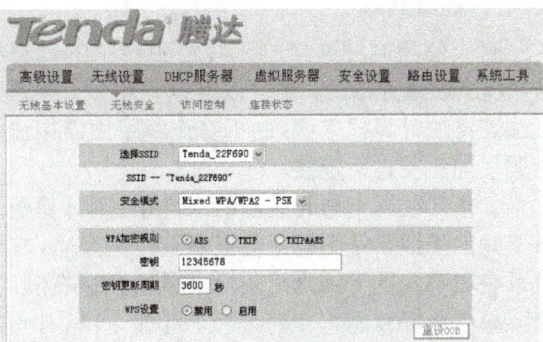

图10-10　无线安全

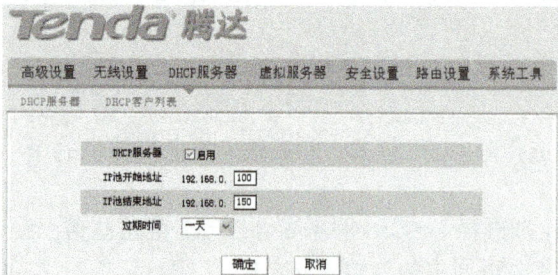

图10-11　设置DHCP服务器

（9）选择 DHCP 服务器中的 DHCP 服务器页面，如图 10-11 所示。DHCP 服务器提供为客户端自动分配 IP 地址的功能，如果使用本路由器的 DHCP 服务器功能，用户可以让 DHCP 服务器自动配置局域网中各计算机的 IP 地址。选中启用复选框，然后在 IP 地址池中输入一个起始 IP 地址和一个终止 IP 地址，以形成分配动态 IP 地址的范围。设置完毕，单击页面中的确定按钮。

（10）为各台计算机设置 IP 地址。在安装了无线网卡的计算机桌面上使用鼠标右键单击网络图标，在快捷菜单中选择属性命令，打开网络和共享中心对话框。在对话框的左侧单击更改适配器设置选项，打开网络连接对话框，如图 10-12 所示。在对话框的无线网络连接选项上单击鼠标右键，在快捷菜单中选择属性命令，打开无线网络连接属性对话框。在此连接使用下列项目中选择 Internet 协议（TCP/IP），单击属性按钮，打开 Internet 协议（TCP/IP）属性对话框，如图 10-13 所示。如果无线路由器中没有启用"DHCP 服务器"是自动分配 IP 地址的，就应当把计算机无线网卡设置为自动获取 IP 地址；如果无线路由器启用了"DHCP 服务器"不是自动分配 IP 地址的，则应当把计算机无线网卡设置为固定 IP 地址，IP 地址要与路由器的 IP 地址处于同一网段内。

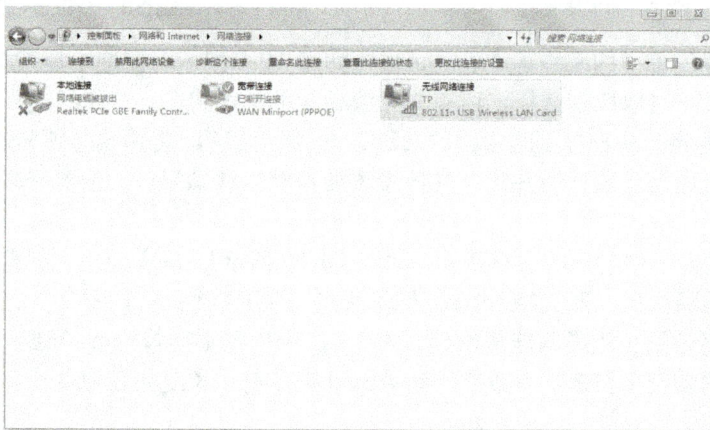

图10-12　网络连接对话框

3．连接网络

对于使用网线连接的无线路由器中的计算机而言，以上设置完成后，就可以连接网络了。但是对于无线连接的计算机来说，由于在无线路由器中设置了密码，则还要进行连接。

如果无线网卡与无线网络未连接，则计算机系统右下角的无线网络图标上会显示红色的叉号，在计算机系统右下角的无线网络图标上单击鼠标右键，在快捷菜单中选择查看可用的无线网络命令，打开无线网络连接窗口，如图 10-14 所示。

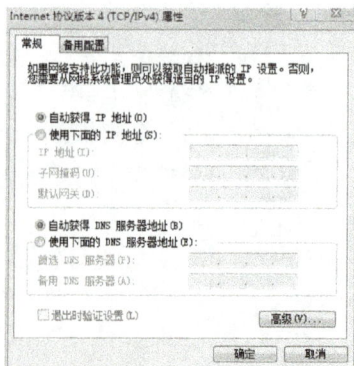

图10-13　Internet协议（TCP/IP）属性对话框

选中无线网卡搜索到的无线网络，单击连接按钮，打开无线网络连接对话框，如图 10-15 所示。在对话框中输入网络密钥并确认，单击连接按钮即可。

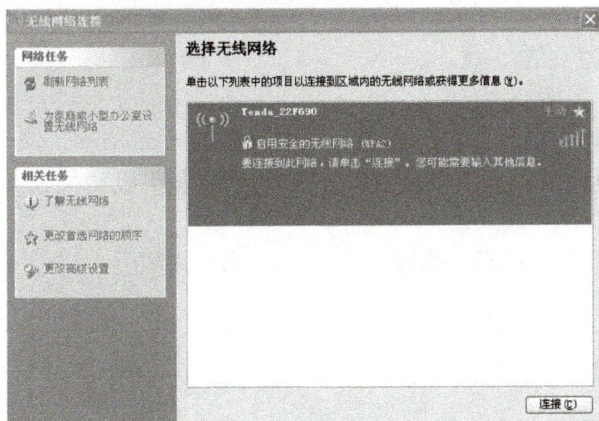

图 10-14　无线网络连接窗口

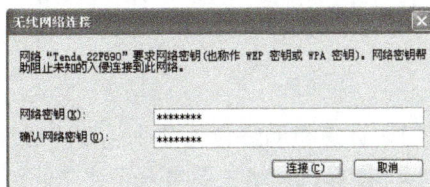

图 10-15　无线网络连接对话框

提示

如果用户的计算机附近有多个无线网络，则在无线网络连接窗口中会显示出搜索到的所有无线网络，如图 10-16 所示。选中要进行连接的无线网络，单击连接按钮即可。

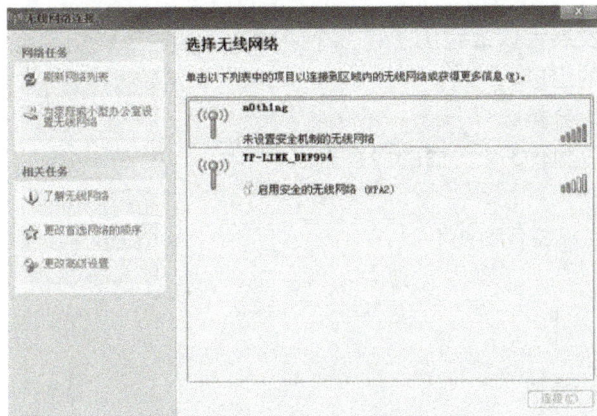

图10-16　多个无线网络

课后练习与指导

一、选择题

1．下面关于域名的说法正确的是（　　　）。

　　A．域名系统分不同的层来负责各子系统的名字，系统中的每一层叫作一个域

　　B．Internet 中的域名是唯一的

　　C．总体上可把域名分成两类，一类为"国际域名"，一类为"国内域名"

　　D．域名地址与 IP 地址的转换是由域名服务器（DNS）完成的

2. 下面说法正确的是（　　　）。

    A. TCP/IP 协议就是 IP 地址

    B. Internet 必须遵守 TCP/IP 协议

    C. Internet 最初是为军事目的而建立的

    D. 在 Internet 中一个域名对应一个 IP 地址

3. 以 gov 为后缀的域名表示的是（　　　）。

    A. 商业机构   B. 政府机构   C. 国际组织   D. 教育机构

4. 以 hk 为后缀的域名表示的是（　　　）。

    A. 英国   B. 中国香港   C. 德国   D. 法国

二、填空题

1. 计算机网络包含 3 个主要组成部分：_____、_____和_____。

2. 计算机网络主要具有下述功能：_____、_____、_____、_____、_____和_____。

3. 计算机网络的主要应用有以下一些：_____、_____、_____、_____和_____。

4. 计算机网络软件通常包括_____、_____和_____。

5. 概括来讲，整个 Internet 主要由_____、_____和_____ 3 个部分组成。

6. 在域名中，.com 表示的是_____、.net 表示的是_____、nl 表示的是_____、uk 表示的是_____。

三、简答题

1. 计算机网络的发展大体上经历了哪几个阶段？

2. 简述一下网络的组成。

3. 简述一下网络的分类。

4. Internet 至少包含哪 3 个方面的内容？

5. 什么是 IP 地址？

6. Internet 的接入方式有哪些？

模块 11

Internet 的应用——利用 Internet 安排会议日程

你知道吗

Internet，中文正式译名为因特网，又叫国际互联网。它是由那些使用公用语言互相通信的计算机连接而成的全球网络。Internet 目前的用户已经遍及全球，有超过几亿人在使用 Internet，并且它的用户数还在以等比级数上升，它现在已经完全跳出了当初创建时的意图，正在越来越深地介入人们的生活。

应用场景

小李是某公司总部行政部职员，近期公司总部将举办一个大型培训会议，要求各地分公司的骨干参与，小李使用电子邮件将培训会议的具体情况以及报名回执发送到各地分公司，要求分公司将报名回执以邮件的形式发送到总部，小李可以根据报名情况提前安排食宿。

小王是南方分公司即将参会的一名员工，由于小王是第一次去公司总部所在的城市，小王决定在网上查询火车车次和公交车的乘坐方法，这样小王可以在规定的时间内顺利到达会议举办地。

背景知识

互联网是全球性的。这就意味着这个网络不管是谁发明了它，都是属于全人类的。互联网的结构是按照"包交换"的方式连接的分布式网络。因此，在技术的层面上，互联网绝对不存在中央控制的问题。也就是说，不可能存在某一个国家或者某一个利益集团通过某种技术手段来控制互联网的问题。反过来，也无法把互联网封闭在一个国家之内——除非建立的不是互联网。然而，与此同时，这样一个全球性的网络，必须要有某种方式来确定连入其中的每一台主机。在互联网上绝对不能出现类似两个人同名的现象。这样，就要有一个固定的机构来为每一台主机确定名字，由此确定这台主机在互联网上的"地址"。然而，这仅仅是"命名权"，这种确定地址的权力并不意味着控制的权力。负责命名的机构除了命名之外，并不能做更多的事情。

毫无疑问，互联网的所有这些技术特征都说明对于互联网的管理完全与"服务"有关，而与"控制"无关。事实上，互联网还远远不是我们经常说到的"信息高速公路"。这不仅因互联网的传输速度不够，更重要的是互联网还没有定型，还一直在发展、变化。因此，任何对互联网的技术定义也只能是当下的、现时的。与此同时，在越来越多的人加入到互联网中、越来越多地使用互联网的过程中，也会不断地从社会、文化的角度对互联网的意义、价值和本质提出新的理解。

学习目标

- WWW 与网址；
- 浏览网页；
- 资料搜索与下载；
- 实用信息查询；
- 使用电子邮件；
- Outlook 邮件的收发与管理。

项目任务 11-1　WWW 与网址

我们在使用 Internet 浏览网页时还会听到万维网这个词，因特网并不等同于万维网，万维网只是一个基于超文本相互链接而成的全球性系统，且是因特网所能提供的服务之一。

动手做 1　什么是 WWW

WWW 是 World Wide Web（环球信息网）的缩写，中文名称为"万维网"。它起源于 1989 年 3 月，是由欧洲量子物理实验室 CERN（the European Laboratory for Particle Physics）所发展出来的主从结构分布式超媒体系统。通过万维网，人们可以简单、迅速地取得丰富的信息资料。

由于用户在通过 Web 浏览器访问信息资源的过程中，无须再关心一些技术性的细节，而且界面非常友好，因而 Web 在 Internet 上一推出就受到了人们的欢迎。WWW 解决了远程信息服务中的文字显示、数据连接以及图像传递的问题，使得 WWW 成为 Internet 上最为流行的信息传播方式。现在，Web 服务器成为 Internet 上最大的计算机群，Web 文档之多、链接的网络之广，令人难以想象。可以说，Web 为 Internet 的普及迈出了开创性的一步。

动手做 2　WWW 的工作原理

WWW 中的信息资源主要由一篇篇的 Web 文档构成。这些 Web 页采用超级文本（Hyper Text）的格式，即可以含有指向其他 Web 页或其本身内部特定位置的超级链接，或简称链接。可以将链接理解为指向其他 Web 页的"指针"。链接使得 Web 页交织为网状。这样，如果 Internet 上的 Web 页和链接非常多的话，就构成了一个巨大的信息网。

当用户从 WWW 服务器上取到一个文件后，用户需要在自己的屏幕上将它正确无误地显示出来。由于将文件放入 WWW 服务器的人并不知道将来阅读这个文件的人到底会使用哪一种类型的计算机或终端，要保证每个人在屏幕上都能读到正确显示的文件，必须以某种各类型的计算机或终端都能"看懂"的方式来描述文件，于是就产生了 HTML，超文本语言。

HTML（Hype Text Markup Language）的正式名称是超文本标记语言。HTML 对 Web 页的内容、格式及 Web 页中的超级链接进行描述，而 Web 浏览器的作用就在于读取 Web 网点上的 HTML 文档，再根据此类文档中的描述组织并显示相应的 Web 页面。

从上面的介绍中可以看出 WWW 也是客户端/服务器（C/S）工作模式，此时客户端程序是标准的浏览器程序。所以，WWW 的工作原理有三要素：WWW 服务器、WWW 浏览器和两者之间的协议规范。简单地说，WWW 服务器的功能是生成并传递文档；WWW 浏览器的功能是接收文档，并在客户端对文档进行解释表达。

由此，还可引入一个新的模式概念——浏览器/服务器（Browser/Server，简称 B/S）模式。和传统的 C/S 比较而言，B/S 是一种平面型多层次的网状结构，其最大的特点是与软硬件平台的无关性。浏览器、WWW 服务器、HTML、数据库资源等都可以做到和软硬件无关。而传统的 C/S 计算模式却不然，不同的操作系统与网络操作系统环境对应着不同的编程语言和开发工具。在 C/S 模式下，需要将数据库资源的访问形成一个统一的连接平台，因此客户端除负责图形显示和事件输入外，还负责应用逻辑和业务处理规则。由于客户端配置了大量的应用逻辑和业务处理规则软件，软件的变动与版本的升级以及硬件平台的适应能力牵动着系统中所有有关的客户端。这造成了系统使用资金开销和管理维护上难度的增加。而在 B/S 模式下，应用逻辑和业务处理规则放置在服务器的一侧，在这样的结构下，客户端可以做得尽可能简单，其功能可能只是一个多媒体浏览器。

❖ 动手做 3　认识网址

网址也就是 URL，URL 是统一资源定位符的缩写，它是定位 WWW 上信息的一种方式。这种方式使得信息的定位变得非常容易，不论用户身在哪里，只要使用相同的 URL 就可以访问到相同的信息。它所描述的信息包括多媒体（http://）、FTP 和 Gopher（ftp:// 和 gopher://）、新闻组（news://）等在内的多种资源。它的格式如下：

<协议>：//<主机地址>/<路径>/

下面是 URL 的一个例子：

http://www.sina.com.cn/download/

简单地说，WWW 中信息资源中的 Web 页可能存放在世界某个角落的某一台计算机中，这些 Web 页必须经由网址（URL）来识别与存取，当用户在浏览器中输入网址后，经过一段复杂而又快速的程序，Web 页文件会被传送到用户的计算机，然后再通过浏览器解释 Web 页的内容，最后展示到用户的眼前。

❖ 动手做 4　认识超链接

Web 上的页是互相链接的，单击被称为超链接的文本或图形就可以链接到其他页。超链接是带下划线或边框，并内嵌了 Web 地址的文字和图形，通过单击超链接，可以跳转到特定 Web 节点上的某一页。

❖ 动手做 5　认识 Web 节点

这是万维网中的一个概念，用户可以把 WWW 视为 Internet 上的一个大型图书馆，Web 节点就像图书馆中的一本书，而 Web 页则是书中的某一页。多个 Web 页合在一起便组成了一个 Web 节点。主页是某个 Web 节点的起始页，就像一本书的封面或者目录。

项目任务 11-2　浏览网页

我们平时所说的网页一般指的是"万维网"网页，在浏览网页时需要使用浏览器。浏览器是指可以显示网页服务器或者文件系统的 HTML 文件内容，并让用户与这些文件交互的一种软件。网页浏览器主要通过 HTTP 协议与网页服务器交互并获取网页，这些网页由 URL 指定，文件格式通常为 HTML，并由 MIME 在 HTTP 协议中指明。

⫸ 动手做 1 浏览网页

在 Windows 7 中集成了 Internet Explorer 浏览器，Internet Explorer 浏览器具有强大的功能，无论是搜索新信息还是浏览用户喜爱的站点，Internet Explorer 浏览器都可以使用户从因特网上轻松获得丰富的信息。

浏览网页最简单直接的办法是在地址栏中输入要浏览网页的地址，按后单击"转到"按钮，即可打开要浏览的网页。例如，在地址栏中输入搜狐的网址 http://www.sohu.com，按"Enter"键，即可进入搜狐的主页，如图 11-1 所示。

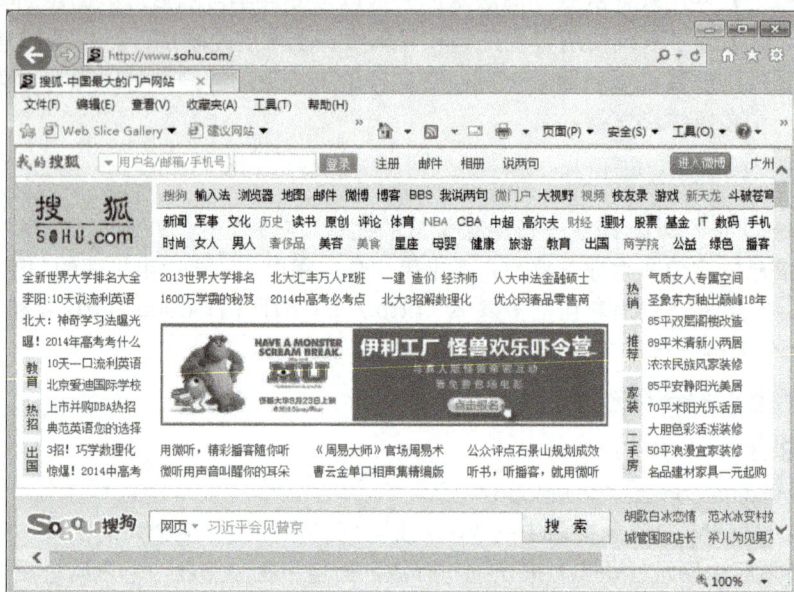

图11-1 在地址栏中输入网址

Web 网页中的最佳特性就是超链接的使用，超链接就是屏幕上的热区。当超链接被单击时，可以转向图像、视频、音频剪辑或其他 Web 网页。大多数超链接表现为带下划线的文本。其实任何文本，甚至是一幅图片的某部分，都可以是一个超链接。当鼠标指针触及一个超链接时，鼠标指针会变成小手状。此时在状态栏上一般会显示出超链接的地址，单击该链接即可链接到它的目的地网址。

教你一招

大多数的网址以 http://www 开头，其中 http 代表超文本传输协议，WWW 代表万维网。在大多数的浏览器中，包括 Internet Explorer 中，在输入以 http://开头的网址时，用户不必在地址栏的开始处输入 http://，因为浏览器默认的协议就是超文本传输协议。

⫸ 动手做 2 设置主页

主页就是刚启动 Internet Explorer 浏览器时出现的第一个网页，系统默认的主页是微软中文主页。大家都习惯把自己经常需要访问的网站设为 IE 首页，这样就可以在打开 IE 后，直接打开喜欢的网站，减少了在地址栏输入网址的时间，间接提高了工作效率。

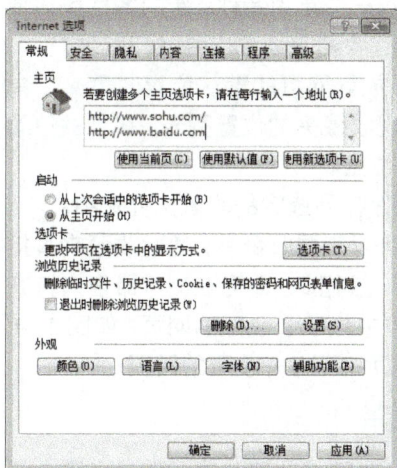

图11-2　设置主页

Internet Explorer 浏览器支持多个网页作为主页，设置主页的具体方法如下：

（1）启动 Internet Explorer 浏览器。

（2）打开要设置为默认主页的 Web 网页。

（3）选择工具菜单中的 Internet 选项命令，打开 Internet 选项对话框，选择常规选项卡，如图 11-2 所示。

（4）在主页选项组中单击使用当前页按钮，可将启动 Internet Explorer 浏览器时打开的默认主页设置为当前打开的 Web 网页；若单击使用默认值按钮，则在启动 IE 浏览器时打开默认的主页；若单击使用新选项卡按钮，则在启动 IE 浏览器时不打开任何网页。

（5）如果要设置多个主页，可在 Internet 选项对话框的地址文本框中直接输入网址，每个网址之间换行即可。

（6）设置完毕，单击确定按钮。

教你一招

在命令栏上单击主页按钮右侧的下三角箭头，在列表中选择添加或更改主页选项，打开添加或更改主页对话框，如图 11-3 所示。如果要将当前网页作为唯一主页，则选择将此网页用作唯一主页选项；如果要将当前网页作为主页中的一个，则选择将此网页添加到主页选项卡选项。

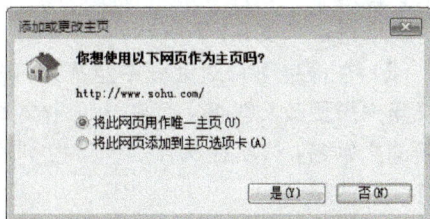

图11-3　添加或更改主页对话框

提示

如果用户设置了多个主页，在启动浏览器后会同时打开设置的主页。在使用浏览器浏览网页时，如果想进入某个主页，单击命令栏上主页按钮右侧的下三角箭头，在列表中单击相应的主页即可，如图 11-4 所示。

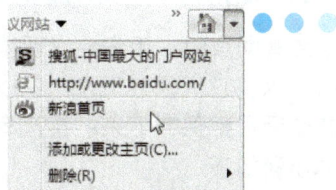

图11-4　多个主页列表

动手做 3　收藏网页

Internet Explorer 提供了收藏夹功能，用户在上网的时候可以利用收藏夹来收藏自己喜欢、常用的网站。把它放到一个文件夹里，想用的时候可以打开找到。

将喜爱的网页添加到收藏夹的步骤如下：

（1）打开要收藏的网页，选择收藏夹菜单中的添加到收藏夹命令，打开添加收藏对话框，如图 11-5 所示。

（2）在对话框的名称文本框中显示出了当前网

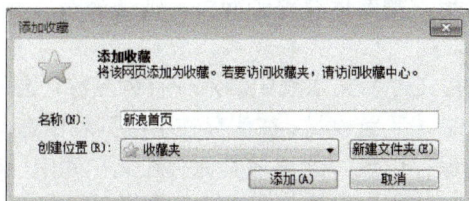

图11-5　添加收藏对话框

图11-6　收藏夹的应用

页的标题，如果需要，用户可以输入一个新的名称。新的名称应该便于识别并且简明扼要，以便于以后在收藏夹菜单中寻找和管理。

（3）在创建位置列表中显示了放置网页的默认位置收藏夹，单击创建位置右侧的下三角箭头，出现收藏夹的位置列表，在创建位置列表中用户可以选择该网页放置的位置。

（4）单击添加按钮，网页将会保存到选定的收藏文件夹中。

将网页添加到收藏夹后，用户可以查看收藏夹，通过收藏夹直接访问网页。单击地址栏右侧的收藏夹按钮☆，即可在浏览器窗口打开一个列表，单击收藏夹选项，在列表中显示了收藏的网页，如图11-6所示。在列表中单击想要查看的网页即可打开收藏的网页。

动手做 4　保存网页图片

当用户在网上遨游时，会发现一些精美的图片或一篇对自己有用的文章，此时用户可以把这些资源保存在自己的硬盘上。

保存网页中图片的具体步骤如下：

（1）在网页图片上单击鼠标右键，然后在弹出的快捷菜单中选择图片另存为命令，打开保存图片对话框，如图11-7所示。

（2）在保存图片对话框中选择正确的目录，如果用户想更改文件名，可在文件名文本框中输入新的文件名，然后在保存类型下拉列表中选择保存图片的格式。

（3）单击保存按钮，图片将被下载到用户的硬盘上。

图11-7　保存网页图片

动手做 5　保存网页

查看网页时，用户会发现很多有用的信息，此时可以将它们保存下来，供以后参考。有时用户只想保存网页中的文本内容，而有时用户想把整个网页都保存下来，甚至有时用户只想保存网页的源文件，这些都可以办到。保存网页的具体步骤如下：

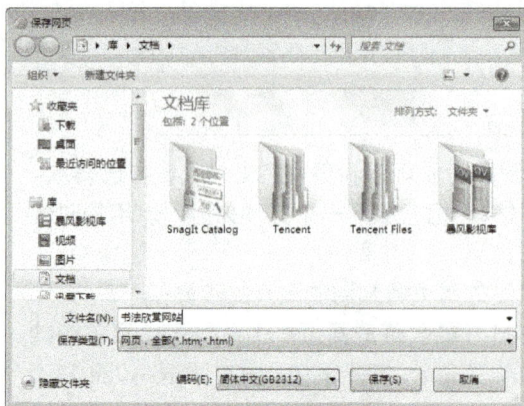

图11-8　保存网页对话框

（1）打开要保存的网页，这里打开书法欣赏网页。在要保存的网页中选择文件菜单中的另存为命令，打开保存网页对话框，如图11-8所示。

（2）在对话框中单击保存类型下拉列表右侧的下三角按钮，用户可以根据需要来选择保存的对象。如用户需要保存整个网页，则选择网页，全部选项。

（3）在文件名文本框中输入保存的名称，这里命名为书法欣赏网站；在保存在下拉列表中选择正确的保存位置，这里将其保存在文档库中；最后在编码文本框中选择保存文件的编码。

（4）单击保存按钮，显示保存网页进度对话框，待保存完毕，此对话框会自动关闭。

提示

保存网页后，打开"文档"库，会发现以"书法欣赏网站"命名的文件夹和网页文件，其中"书法欣赏网站"文件夹中保存的是此网页中的图片文件和样式表文件等。在保存时如果选择"文本文件"选项，则会以文本文档的方式保存页面中的文字信息。

项目任务 11-3 资料搜索与下载

Internet 上的信息繁多，涉及不同的主题，包括了商业、信息资讯、军事、科技、教育、工农业生产、娱乐休闲等人类活动的方方面面，真可谓是取之不尽用之不竭的信息源，这为人们的生活、工作和学习带来了极大的便利。

⁝⁝ 动手做 1　资料搜索

在许多大的网站中都提供了搜索服务，例如，搜狐、网易、新浪等。近两年由于商业利益的原因一些专门提供搜索服务的网站也应运而生，由于这些网站是专门提供搜索服务的，所以使用它们用户会得到更加详尽的搜索结果。目前国内有很多优秀的搜索网站，如百度（http://www.baidu.com）、搜狗（http://www.sogou.com）等。

百度是目前国内一个比较优秀的搜索引擎，这里我们简单介绍一下使用百度搜索资料的基本方法。

（1）在 Internet Explorer 的地址栏中输入百度的网址 http://www.baidu.com，按回车键，打开百度主页，如图 11-9 所示。

（2）在搜索框中输入关键词，如这里输入亚投行，单击百度一下按钮，百度会寻找所有符合查询条件的资料，并把最相关的网站或资料排在前列，如图 11-10 所示。

图11-9　百度主页	图11-10　查找到的资料列表

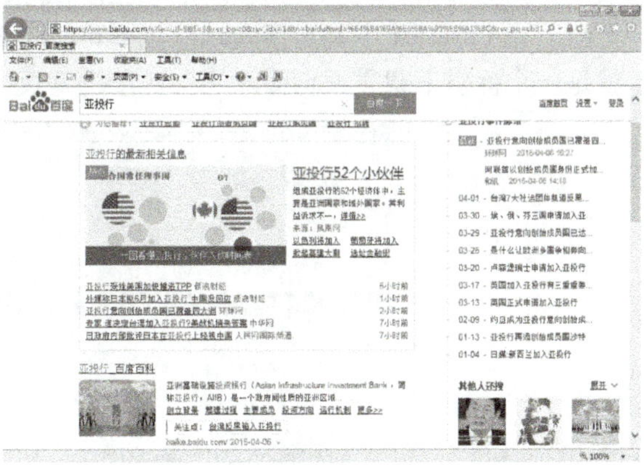

（3）在搜索结果列表中寻找自己需要的结果，然后单击链接打开相应的网页查看，如单击亚投行 百度百科链接，则打开百度百科对亚投行介绍的网页，如图 11-11 所示。

图11-11　查找到的详细资料

提示

　　默认情况下，使用百度搜索出来的是网页资料。如果用户需要搜索的资料是图片，则可以单击图片主题，然后在搜索栏中输入关键词，此时搜索出的结果为图片。当然，如果要搜索的是视频，则单击视频主题，然后在搜索栏中输入关键词，此时搜索出的结果为视频。

动手做 2　使用浏览器下载资源

　　如果用户在浏览时需要保存某些网页页面，执行"文件"菜单中的"另存为"命令，即可将该网页保存在本地硬盘上。但当用户要下载一些常用的软件时，就不能简单地使用"另存为"命令了。

　　一般而言，在 Internet 上允许下载的软件都是以压缩文件的形式链接到一个超链接，如果用户需要下载这些软件，需到相应的下载位置单击该超链接，然后会打开一个文件下载对话框。例如，在浏览器中下载"搜狗输入法"应用程序，基本步骤如下：

　　（1）在 Internet 中利用搜索功能找到可以下载"搜狗输入法"的相关网页，如图 11-12 所示就是一个提供下载"搜狗输入法"链接的网页。

图11-12　搜狗输入法下载页面

（2）将鼠标指针移到立即下载上，当鼠标变成手状图标时单击鼠标，在浏览器的下方将打开如图 11-13 所示的窗口。

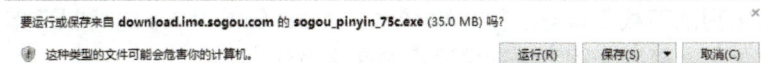

要运行或保存来自 **download.ime.sogou.com** 的 **sogou_pinyin_75c.exe** (35.0 MB) 吗？ ×

这种类型的文件可能会危害你的计算机。 运行(R) | 保存(S) ▼ | 取消(C)

图11-13 选择软件的下载方式

（3）单击保存按钮右侧的下三角箭头，在列表中选择另存为命令，打开另存为对话框，在对话框中选择文件的保存位置，单击保存按钮，则开始下载软件，如图 11-14 所示。

已下载 18%(sogou_pinyin_75c.exe) 剩余 58 秒 暂停(P) | 取消(C) | 查看下载(V) ×

图11-14 正在下载文件

（4）下载完毕，进入如图 11-15 所示的界面。单击运行按钮，则运行下载的文件，单击打开文件夹按钮，则打开保存下载文件的文件夹。

sogou_pinyin_75c.exe 下载已完成。 运行(R) | 打开文件夹(P) | 查看下载(V) ×

图11-15 下载完成

提示

在下载时直接单击保存按钮，则下载的文件保存在系统默认的文件夹中。

教你一招

目前在互联网上有一些专门提供软件下载的软件，如天空下载、华军软件园等。如果用户需要下载一些常用的软件，可以到这些专门的网站去下载。进入天空下载的主页（http://www.skycn.com），如图 11-16 所示。用户可以在页面中单击各个分类进入分类页面寻找自己需要的软件，也可以在全站搜索文本框中输入软件的名称进行搜索。

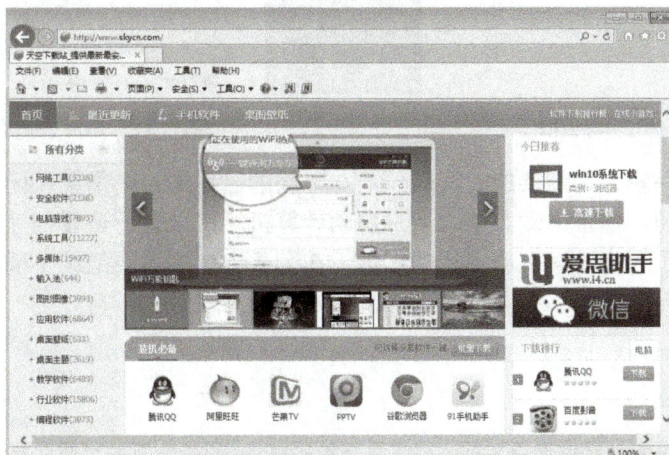

图11-16 天空下载网站首页

⚙ 动手做 3　使用下载工具下载资源

一般来说，使用浏览器下载文件比较慢，为了节约上网费用，用户可以使用专用的下载工具来下载。目前常用的下载工具有迅雷、NetAnts、FlashGet、WebZip 和 BT 等。

这里以迅雷为例，简要介绍下载软件迅雷的使用方法。

迅雷使用的多资源超线程技术基于网格原理，能够将网络上存在的服务器和计算机资源进行有效的整合，构成独特的迅雷网络，通过迅雷网络各种数据文件以最快的速度进行传递。多资源超线程技术还具有互联网下载负载均衡功能，在不降低用户体验的前提下，迅雷网络可以对服务器资源进行均衡，有效降低了服务器负载。

使用迅雷下载资源首先应该安装迅雷软件，迅雷软件是一个免费软件，用户可以到网上下载并根据说明进行安装。

安装了迅雷以后，在网页中找到要下载的链接，用户可以把鼠标移动到下载链接上，单击鼠标右键，在弹出的菜单中选择"使用迅雷下载"命令。

现在有些网页上的下载链接中会显示迅雷下载，有些浏览器也默认使用迅雷下载，此时用户单击下载链接则会使用迅雷进行下载。使用迅雷下载时会打开新建任务对话框，如图 11-17 所示。

在新建任务对话框的地址栏中显示的是迅雷默认的存储目录，如果用户需要将下载的资源放在特定的位置，可以单击地址栏右侧的按钮，打开浏览文件夹对话框。在该对话框中选择存储目录，然后单击立即下载按钮，即可开始下载，下载界面如图 11-18 所示。

图11-17　新建任务对话框　　　　　　　　　图11-18　迅雷下载页面

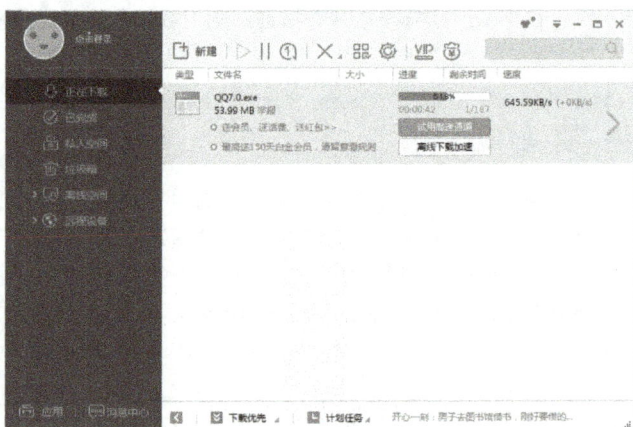

如果下载的软件较大、需要的时间较长，在下载的过程中用户需要关闭计算机离开，则可以单击暂停任务按钮，停止下载。下次用户启动计算机后可以运行迅雷程序，在迅雷窗口的正在下载列表中显示了原来没有下载完成的任务。在列表中选中需要继续下载的软件，单击开始下载按钮，迅雷会自动连接下载服务器，从断点处继续下载。

> 📖 **提示**
>
> 在某些下载页面会显示使用某种下载工具下载的链接，如某些下载页面会显示使用快车下载或使用迅雷下载等链接，用户在下载的时候一定要注意自己的计算机上是否安装了这种下载工具，如果没有安装则不要单击该链接进行下载。

项目任务 11-4 实用信息查询

在 Internet 上有很多信息可以为我们日常的衣食住行提供方便，如可以在网上查询列车车次，可以查看天气预报掌握天气情况，在去某个地方时如果路线不熟悉还可以在网上查询公交的换乘情况。

◆ 动手做 1 查询公交换乘或驾车路线

在网上查询公交换乘的网站有很多，这里以使用百度地图为例介绍如何换乘公交车，基本方法如下：

（1）在浏览器地址栏输入百度地图的网址 http://map.baidu.com，打开百度地图页面，首先在搜索框的下面单击公交选项；然后单击页面中的修改城市按钮，打开城市列表，在列表中选择城市如北京；在起始地址框中输入起始点如北京西客站，在终点地址框中输入到达的终点如北京交通大学。

（2）单击百度一下按钮，则进入公交换乘页面，如图 11-19 所示。

（3）在左侧列出了公交和地铁换乘的不同方案，单击具体的换乘方案，则会列出该方案的具体换乘方式，而且还会在地图中显示出相应的路线图，如图 11-19 所示。

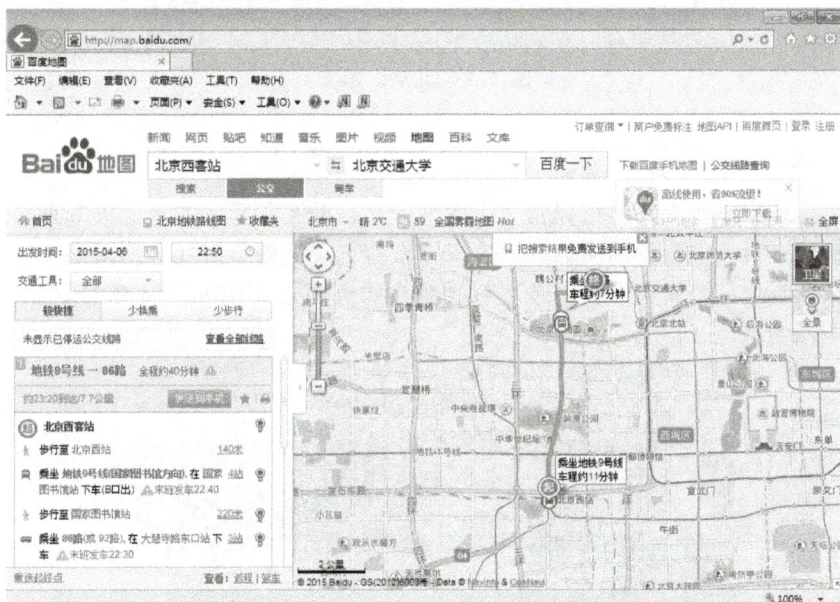

图 11-19 公交换乘查询结果列表

教你一招

默认情况下在页面左侧显示的方案是较快捷，用户还可以选择少换乘、少步行等方案，只需在左侧页面单击相应方案即可。另外，用户还可以对出发时间进行设置，这样可以清除已停运的公交方案。

提示

　　现在大多数城市都在网上发布了本地的网上地图和公交查询服务，为了能够使查找更为精确，用户在查找某个城市的地图或公交线路时可以使用本市发布的网上地图和公交查询服务，如用户在查询北京市的公交线路时，可以登录北京公交网进行查询，如图 11-20 所示。

图11-20　北京公交网

动手做 2　火车车票查询

　　通过网络查询火车车次为出行提供了很大方便，目前互联网上的专业火车车次查询网站很多，用户可直接在百度搜索引擎中输入"火车车次查询"关键字查找这些网站。这里着重介绍制作和信息比较专业、功能全面的 12306 铁路客户服务中心（http://www.12306.cn），网站首页如图 11-21 所示。

图11-21　12306铁路客户服务中心网站首页

　　在铁路客户服务中心查询火车票的基本方法如下：
　　（1）在网站首页页面的左侧可以看到一个列表，在这里单击旅客列车时刻表查询可进入列车时刻表查询页面，如图 **11-22** 所示。

（2）在<u>出发地</u>文本框中输入站名，如输入<u>郑州</u>；在<u>目的地</u>文本框中输入站名，如输入<u>广州</u>；在<u>出发日</u>文本框中选择出发的日期；在<u>车次类型</u>区域选择要乘坐的车次类型；在<u>出发车站</u>区域选择要出发的车站；单击<u>查询</u>按钮，即可得到车次的查询结果，如图 **11-22** 所示。

（3）在结果列表中，用户可以看到哪些车次还有什么样的票可购买。

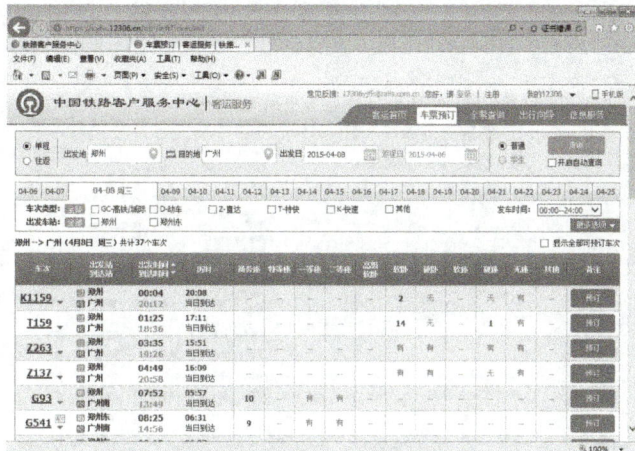

图11-22　车次查询结果

提示

如果用户想在网上订票，必须首先在网站上注册一个用户，然后使用用户名登录方可在网上进行车票的预订。

❖ 动手做 3　天气预报查询

现在，通过网络不听广播不看电视也可以随时知道全国各地的天气情况，这里推荐一个由中央气象局中央气象台开办的专业气象预报网站（http://www.nmc.gov.cn）。

在气象预报网站上查询天气预报的基本方法如下：

（1）在浏览器中输入网址打开网站的首页，如图 **11-23** 所示。

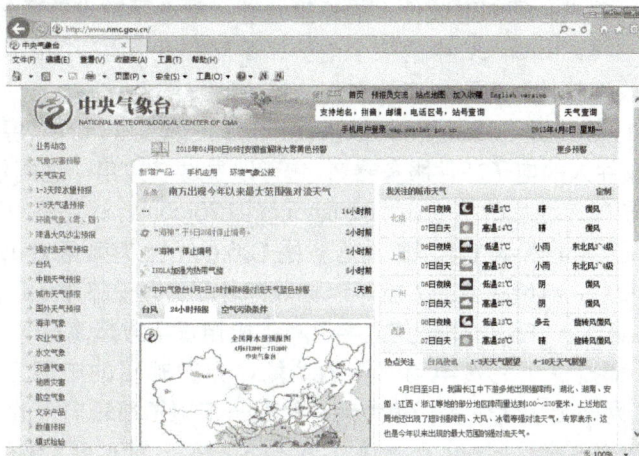

图11-23　中央气象台首页

（2）打开中央气象台首页后，在左侧单击城市天气预报链接，打开城市天气预报栏目。

（3）单击所要查询的城市所在的省份，如河南，单击河南后页面就会自动刷新成河南省天气预报，页面默认显示的是河南省省会郑州的天气预报，如图 11-24 所示。

（4）滚动右面的滚动条，在页面下方找到要查询的城市，如开封。单击开封打开新的网页，就可以看到开封市未来几天的天气。

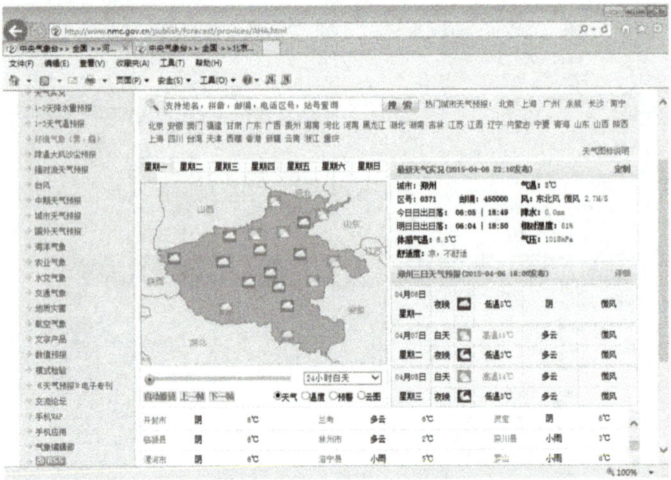

图 11-24　河南省天气预报

项目任务 11-5　使用电子邮件

电子邮件简称 E-mail，又称电子信箱。电子邮件是指用电子手段传送信件、单据、资料等信息的通信方法。通过网络的电子邮件系统，用户可以用非常低廉的价格、以非常快速的方式，与世界上任何一个角落的网络用户联系，这些电子邮件可以是文字、图像、声音等各种方式。同时，用户可以得到大量免费的新闻、专题邮件，并实现轻松的信息搜索。

❖ 动手做 1　申请免费电子邮箱

要发送电子邮件，首先必须知道收件人的邮箱地址，就像平常发普通信件时要在收信人栏内填写收信人的地址一样。Internet 中的每个电子邮箱都有一个唯一的邮箱地址，用户可以使用专门的客户端软件收发邮件，也可以直接在浏览器中收发邮件。

电子邮件地址的格式是 user@mail-server-name，其中，user 是收件人的账号，mail-server-name 是收件人的电子邮件服务器名，它可以是域名或用十进制数字表示的 IP 地址。现在用户较常用的电子邮件地址的格式如 zhaoshulin@126.com，这是在 126 网站的免费邮件服务器上申请的账号。该地址表示在电子邮件服务器 126.com 上有账号 zhaoshulin 的电子邮箱，当有邮件发送到该邮箱后，申请邮箱的人就可以接收邮件了。电子邮箱地址的账号由英文字母、0～9 的数字、下划线组成，开头必须是英文字母，不能用汉字或运算符号。

现在许多网站上都提供了免费申请邮箱的功能，免费邮箱的申请方法类似，下面以在 http://www.126.com 网站上申请免费邮箱为例，介绍一下电子邮箱申请的大体步骤。

（1）在浏览器地址栏中输入 http://www.126.com，按下"Enter"键即可连接到该网站，在网站的最上方提供了电子邮箱功能，如图 11-25 所示。

图11-25　126网站的首页

（2）单击注册按钮，打开用户注册界面，如图 11-26 所示。在该界面中用户可以选择使用字母或者手机注册，然后按照注意事项仔细填写各项内容。

（3）内容填写完毕，单击立即注册按钮，即可注册成功。注册成功后，将自动转到新注册的邮箱中。

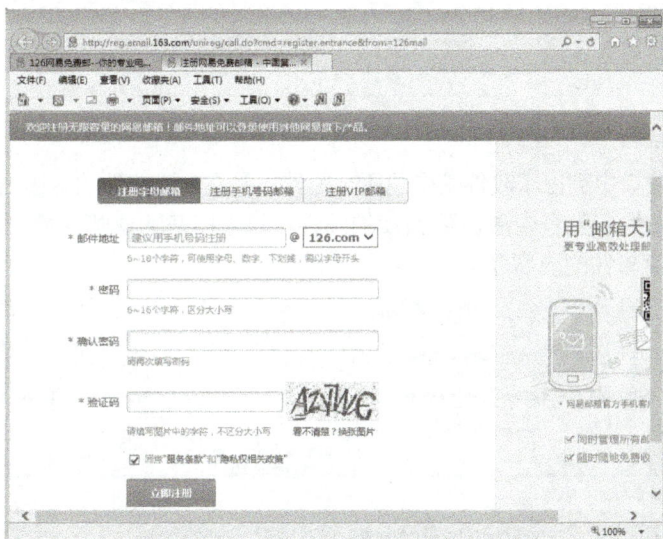

图11-26　用户注册界面

提示

　　由于在 Internet 中的每个电子邮箱的邮箱地址都是唯一的，因此在注册页面输入邮件地址时如果输入的地址已被注册，则会出现邮件地址被注册的提示，此时用户需要重新注册邮件地址。因为手机号是唯一的，因此用户可以使用手机号码注册邮箱，这样好友知道你的手机号就能给你发邮件。

❖❖ 动手做 2　阅读邮件

申请了新的电子邮箱后，用户就可以在 Web 上使用自己的电子邮箱了。在 http://www.126.com 主页的"用户名"文本框中输入用户名，在"密码"文本框中输入设置的密码，然后单击"登录"按钮，即可登录到用户的电子信箱中。

登录到电子邮箱窗口后，窗口会提示"收件箱"中的未读邮件数。在邮箱中阅读邮件的基本步骤如下：

（1）在邮箱窗口左侧的文件夹选项组中单击收件箱按钮，打开收件箱窗口，如图 11-27 所示。

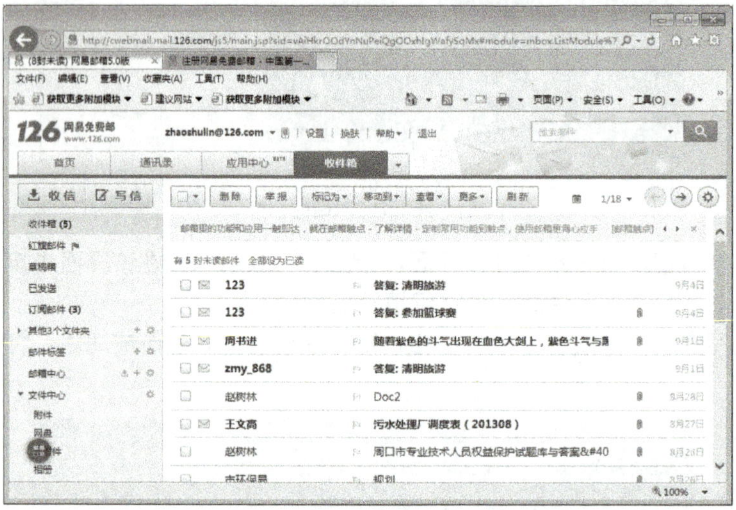

图11-27　收件箱窗口

（2）在收件箱窗口中列出了收件箱中的所有邮件，并在未读邮件的旁边出现 ✉ 图标。

（3）在主题或发件人列表中单击要阅读的邮件，即可打开阅读邮件窗口，如图 11-28 所示，此时用户就可以阅读邮件的内容了。

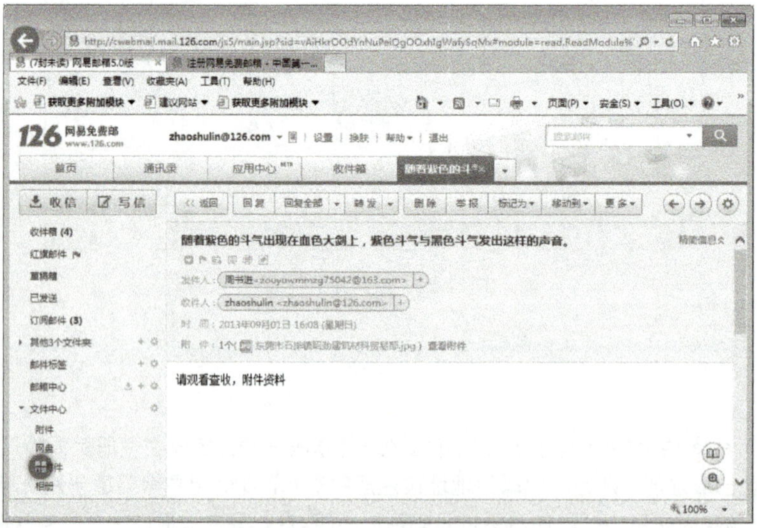

图11-28　阅读邮件窗口

模 块

提示

在阅读邮件时如果邮件中带有附件，将鼠标指向附件，则会打开一个列表，如图 11-29 所示。在列表中用户可以选择预览附件还是下载附件。

图11-29　电子邮件中的附件

◆ 动手做 3　撰写和发送邮件

撰写和发送邮件的方法也很简单，具体步骤如下：

（1）在邮箱窗口左侧单击写信按钮，打开新邮件窗口，如图 11-30 所示。

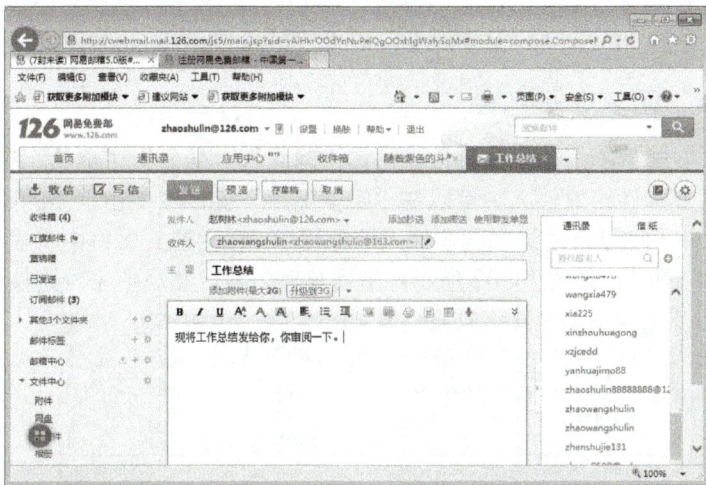

图11-30　新邮件窗口

（2）在收件人文本框中填写收件人的电子邮件地址，如果要发送的电子邮件地址在右侧的通讯录中，用户可以将鼠标定位在收件人文本框中，然后在通讯录中单击要发送的电子邮件地址，在收件人文本框中会自动显示出要发送的电子邮件地址。

（3）在主题文本框中填写邮件的主题。

（4）在正文文本框中填写邮件内容。

（5）审核无误后，单击发送按钮，即可将邮件发送出去。发送操作完成后打开发送成功窗口。

（6）单击返回按钮返回到电子邮箱窗口，单击再写一封按钮，再次打开新邮件窗口，用户可以继续撰写邮件。

提示

在发送电子邮件时，除了信件的内容以外，用户还可以采用附件的方法将资料或其他的文件发送给收件人。在撰写和发送窗口中单击添加附件按钮，打开选择文件对话框，在文件列表中选择要插入的文件，然后单击打开按钮将文件以附件的方式添加到邮件中。在插入附件后，会在电子邮件添加附件的下方显示出插入的附件，如图 11-31 所示。用户还可以继续单击添加附件按钮添加其他的附件。添加附件后在发送邮件时，附件会一同被发送。

图11-31 添加的附件

动手做 4　回复电子邮件

打开邮件后，在邮件的上边有一排按钮，如"回复"、"转发"、"删除"等。在阅读电子邮件后，如果需要回复邮件给发件人，可以在"阅读邮件"窗口中单击上方的回复按钮，打开回复邮件页面。原发件人地址自动添加到收件人地址栏中，在主题文本框中将显示原邮件的主题，并且会在主题前加"Re"，如图 11-32 所示。编辑邮件内容，然后单击发送按钮即可完成回复。

图11-32 回复邮件

教你一招

在回复时用户可以单击回复全部按钮，此时不但回复发给发件人，同时还发给原邮件所有的接收人。

❖ 动手做 5　转发电子邮件

转发邮件有两种形式，可以直接转发邮件，也可以作为附件转发。在"阅读邮件"窗口中单击转发按钮，打开转发邮件页面，原邮件主题被添加到主题文本框中并在主题前加"FW:"，原邮件正文内容将自动添加到邮件正文的文本框内，如图 11-33 所示。在收件人文本框中输入收件人地址，然后单击发送按钮即可完成转发。

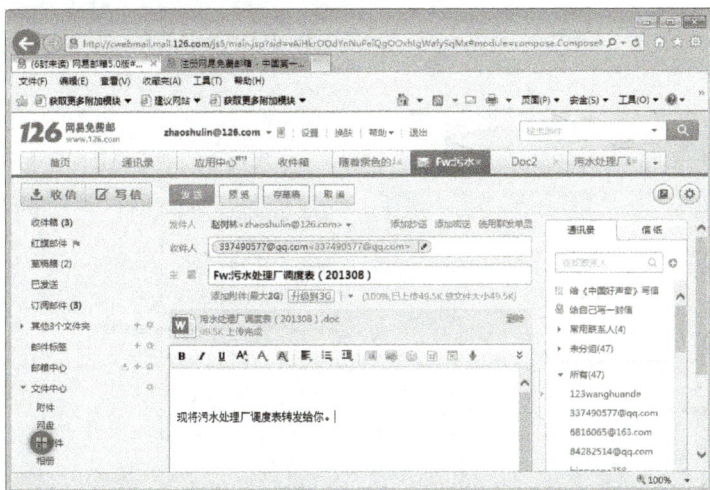

图 11-33　转发邮件

项目任务 11-6　Outlook 邮件的收发与管理

为了使用户更加方便地收发邮件，几乎所有的邮件服务提供者都提供"Webmail"服务，该服务就是使用户能够通过网页进行电子邮件的收发和管理。实际上，还可以通过专门的电子邮件客户端软件进行电子邮件的收发和管理，如 Outlook、Foxmail 等。

❖ 动手做 1　配置 Outlook

Outlook 是微软公司提供的电子邮件客户端软件。

在 Windows XP 操作系统之中默认是存在 Outlook 的，但是在 Windows 7 操作系统中默认不存在 Outlook，在微软公司的办公自动化软件 Office 2010 中是带有 Outlook 的，如果用户安装了 Office 2010 就可以使用 Outlook 2010。

这里以 Outlook 2010 为例介绍 Outlook 的使用方法，具体操作步骤如下：

（1）选择开始→所有程序→Microsoft Office→Microsoft Outlook 2010 命令，即可启动 Outlook 2010。如果是首次使用 Outlook，会打开如图 11-34 所示的对话框，用户可以按照提示进行设置。

（2）单击下一步按钮，进入如图 11-35 所示的对话框，该对话框提示用户是否配置电子邮件账户。

（3）选择是单选按钮，单击下一步按钮，进入如图 11-36 所示的对话框。

（4）您的姓名就是邮件在接收方显示的发件人的姓名，电子邮件地址就是在网上注册的电子邮件账户，密码就是电子邮件的密码。配置完毕，单击下一步按钮，进入如图 11-37 所示的对话框。

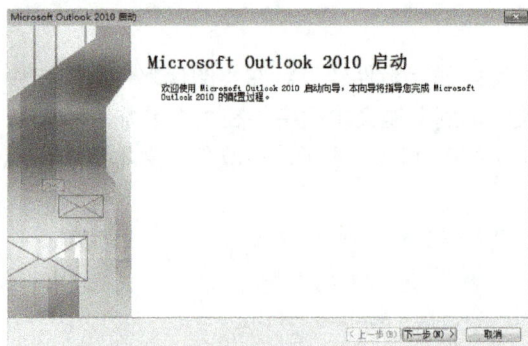

图11-34 Outlook 2010启动对话框

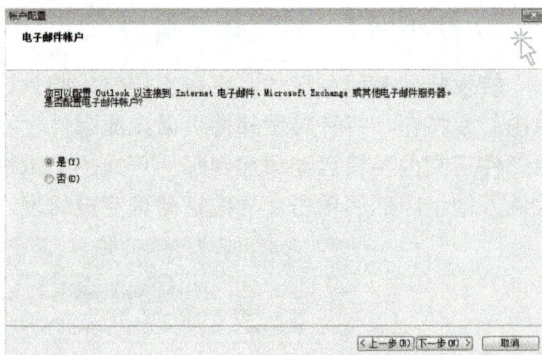

图11-35 提示是否配置电子邮件账户

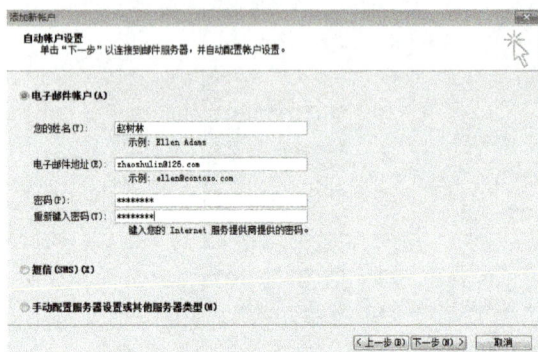

图11-36 配置电子邮件

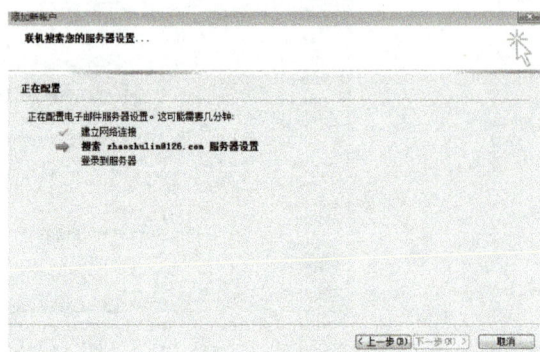

图11-37 检测配置

（5）检测完毕，单击完成按钮，Outlook 2010 配置完成并启动。Outlook 2010 的界面如图 11-38 所示。

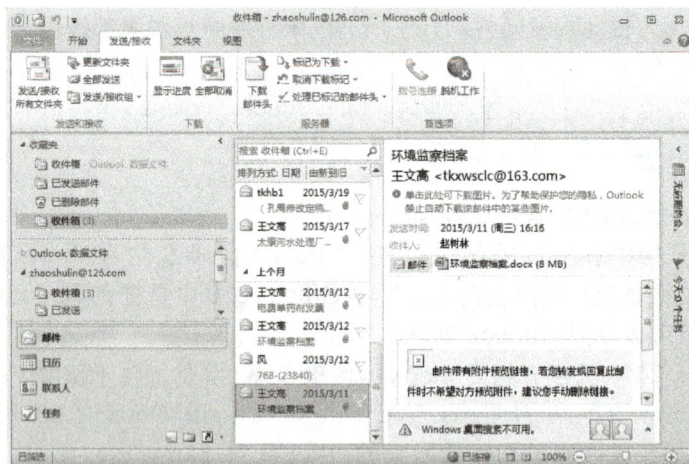

图11-38 Outlook 2010的界面

✨ 动手做 2 使用 Outlook

用户可以使用 Outlook 2010 轻松地管理电子邮件，基本方法如下：

（1）如果用户拥有多个电子邮箱，可以使用 Outlook 同时进行管理。在 Outlook 2010 中单击文件选项卡，如图 11-39 所示。单击添加账户按钮，打开添加新账户对话框，用户可以在对话框中添加新的账户。

图11-39　添加新账户

（2）添加多个账户后，在 **Outlook 2010** 界面左侧会显示出多个账户，如图 **11-38** 所示。如果用户要查看某个账户下的电子邮件，可以切换到开始选项卡，在左侧界面单击账户下面的收件箱选项，在中间的窗口将显示出该电子邮箱中的电子邮件列表，选中某一个邮件，则在右侧的窗口中将显示出该邮件的内容，如图 **11-40** 所示。

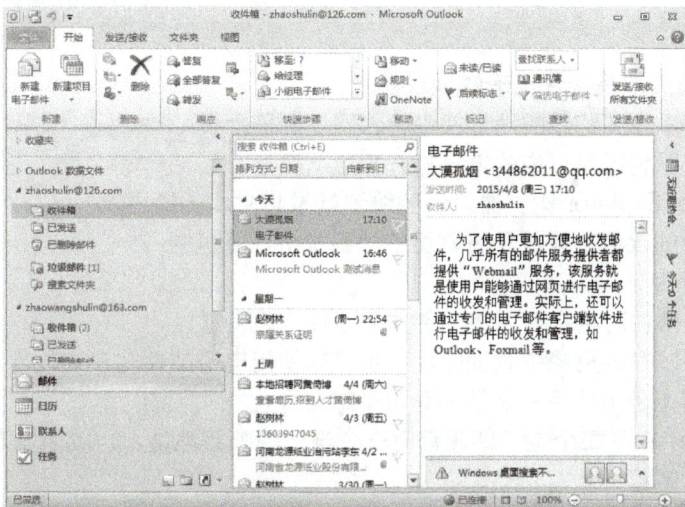

图11-40　阅读电子邮件

（3）如果要发送电子邮件，在开始选项卡下的新建组中单击新建电子邮件按钮，打开新建电子邮件窗口，如图 **11-41** 所示。在发件人右侧显示了发件人的电子邮箱地址，如果用户在 **Outlook** 中添加了多个电子邮箱，可以单击发件人右侧的下三角箭头，在列表中选择发件人的电子邮件地址。添加收件人的电子邮件地址和邮件正文内容后，单击发送按钮即可将电子邮件发送。

（4）如果计算机与 Internet 连接，启动 Outlook 后则 Outlook 自动接收电子邮件，在单击发送电子邮件时 Outlook 将自动发送电子邮件。如果计算机与 Internet 没有连接，则在发送电子邮件时 Outlook 不能将电子邮件发送。在发送/接收选项卡下的发送和接收组中单击发送/接收所有文件按钮，则 Outlook 可以接收或发送电子邮件。

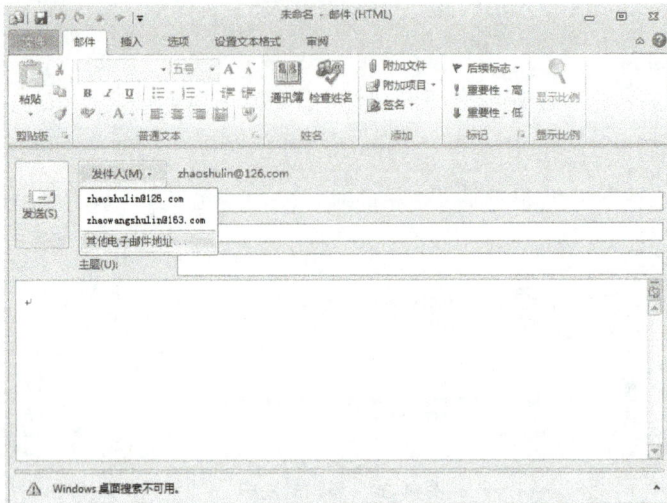

图11-41　创建新的电子邮件

课后练习与指导

一、选择题

1. 关于浏览网页下列说法正确的是（　　）。
   A．用户可以在浏览器的地址栏中输入网址浏览网页
   B．用户可以利用网页中的链接打开相应网页
   C．Internet Explorer 浏览器默认的协议就是超文本传输协议
   D．浏览器的收藏功能就是将网页下载到本机计算机中

2. 关于电子邮件下列说法正确的是（　　）。
   A．在发送邮件时用户可以将文件作为附件一起发送
   B．用户可以在浏览器中收发邮件，也可以使用电子邮件客户端软件收发邮件
   C．要使用电子邮件用户必须要有电子邮箱地址
   D．Internet 中的每个电子邮箱都有一个唯一的邮箱地址，也就意味着每个人只能有一个电子邮箱

3. 下面关于网络资料的搜索与下载说法错误的是（　　）。
   A．使用搜索引擎可以搜索网页、图片、音乐等各种信息
   B．所有的网站都提供了搜索引擎服务
   C．用户可以使用浏览器下载资源
   D．使用下载工具下载资源必须安装相应的下载工具软件

4. 关于查询公交换乘或驾车路线下列说法正确的是（　　）。
   A．在使用百度地图进行查询时，首先应选择城市
   B．用户还可以使用本地的网上地图和公交查询服务查询公交换乘或驾车路线
   C．在使用百度地图进行查询时，用户还可以选择不同的方案
   D．在使用百度地图进行查询时，无论选择哪种方案，搜索结果只显示一个最佳结果

5. 如果给下面这 4 个邮箱发邮件，哪个能收到？（　　）
   A．信息技术 234@sohu.com　　　　　　B．jhxx520@yahoo.com

C．jhxx*-*@163.com   D．999jhxx@21cn.com

二、填空题

1．在 Windows 7 中集成了_____浏览器。

2．在网页图片上单击鼠标右键，在弹出的快捷菜单中选择_____命令可将图片保存。

3．在要保存的网页中选择_____菜单中的_____命令可将网页保存。

4．百度网站的网址是_____。

5．大多数的网址以 http://www 开头，其中 http 代表_____，www 代表_____。

6．选择_____菜单中的_____命令，打开"Internet 选项"对话框，在对话框的_____选项卡中用户可以设置主页。

7．在网页中选择_____菜单中的_____命令，打开"添加收藏"对话框，用户可以利用该对话框来收藏网页。

8．铁路客户服务中心的网址为_____。

三、简答题

1．在 Internet Explorer 中如何收藏喜爱的网页？

2．电子邮箱地址的账号由哪两部分组成？

3．如何在浏览器中接收邮件？

4．如何将某个网页设置为主页？

5．使用迅雷下载资源有哪些特点？

6．如何通过出发到达站查询列车车次？

7．什么是超链接？有哪些作用？

8．如何将网页中喜爱的图片保存在自己的计算机中？

四、实践题

练习 1：在 http://www.126.com 网站中申请一个免费的邮箱。

练习 2：利用申请的邮箱向好友发送电子邮件并添加附件。

练习 3：使用迅雷下载工具下载一个媒体播放器。

练习 4：利用余票查询功能查询一下北京到广州的哪些车次在未来三天还有余票。

练习 5：按照下列要求进行操作。

（1）用 IE 浏览器打开如下地址：HTTP：//LOCALHOST/ ExamWeb / INDEX.HTM，浏览有关"语言"的网页，将该页内容以文本文件的格式保存，文件名为"Test.txt"。

（2）用 Outlook 编辑电子邮件。

收件地址：mail2test@163.com

主题：语言编译器

将 Test.txt 作为附件粘贴到信件中。

信件正文如下：

您好！

我们讨论语言，附件是对这个问题的介绍，请参考，收到请回信。

此致

敬礼！

你知道吗

计算机和国际互联网的发展正一天天改变着我们的生活和工作方式，人们对计算机和网络的依赖也日益增强。在我们享受到计算机和互联网带来的高速信息传递、高效事务处理的时候，却往往忽视了对计算机和网络自身的保护。

应用场景

目前网络上可以下载的资源五花八门，很多网友喜欢在网上下载东西，但在下载东西的同时问题也随之浮现，不少网友反映下载东西后计算机会出现病毒，严重者甚至导致计算机瘫痪，计算机中的重要信息被窃取。提醒各位网友在下载完成后第一时间用杀毒软件进行扫描，确认无毒再打开。

背景知识

计算机安全中最重要的是存储数据的安全，其面临的主要威胁包括计算机病毒、非法访问、计算机电磁辐射、硬件损坏等。

学习目标

- 计算机病毒的防治；
- 计算机木马的防治；
- 流氓软件；
- 防火墙的使用。

项目任务 12-1 计算机病毒的防治

计算机病毒是一种特殊的程序，这种程序能将自身传染给其他的程序，并能破坏计算机系统的正常工作，如系统不能正常引导，程序不能正确执行，文件莫明其妙地丢失，干扰打印机正常工作等。

动手做 1 计算机病毒的定义

计算机病毒（Computer Virus）在《中华人民共和国计算机信息系统安全保护条例》中被

明确定义为："编制或者在计算机程序中插入的破坏计算机功能或者破坏数据，影响计算机使用并且能够自我复制的一组计算机指令或者程序代码。"

像生物病毒一样，计算机病毒有独特的复制能力。计算机病毒可以很快地蔓延，又常常难以根除。它们能把自身附着在各种类型的文件上。当文件被复制或从一个用户传送到另一个用户时，它们就随同文件一起蔓延开来。伴随着互联网的发展，病毒传播起来更为方便、迅速，这也为反病毒软件制造了更多的"挑战"。

❧ 动手做 2　计算机病毒的特征

计算机病毒具有以下几个特征。

（1）寄生性。计算机病毒寄生在其他程序之中，当执行这个程序时，病毒就起破坏作用，而在启动这个程序之前，它是不易被人发觉的。

（2）传染性。计算机病毒不但本身具有破坏性，更有害的是具有传染性，一旦病毒被复制或产生变种，其速度之快令人难以预防。传染性是病毒的基本特征。在生物界，病毒通过传染从一个生物体扩散到另一个生物体。在适当的条件下，它可得到大量繁殖，并使被感染的生物体表现出病症甚至死亡。同样，计算机病毒也会通过各种渠道从已被感染的计算机扩散到未被感染的计算机，在某些情况下造成被感染的计算机工作失常甚至瘫痪。与生物病毒不同的是，计算机病毒是一段人为编制的计算机程序代码，这段程序代码一旦进入计算机并得以执行，它就会搜寻其他符合传染条件的程序或存储介质，确定目标后再将自身代码插入其中，达到自我繁殖的目的。只要一台计算机染毒，如不及时处理，那么病毒就会在这台机子上迅速扩散，其中的大量文件（一般是可执行文件）会被感染。而被感染的文件又成了新的传染源，再与其他机器进行数据交换或通过网络接触，病毒会继续进行传染。正常的计算机程序一般是不会将自身的代码强行连接到其他程序之上的。而病毒却能使自身的代码强行传染到一切符合传染条件的未受到传染的程序之上。计算机病毒可通过各种可能的渠道，如 U 盘、计算机网络去传染其他的计算机。当在一台机器上发现了病毒时，往往曾在这台计算机上用过的 U 盘已感染上了病毒，而与这台机器联网的其他计算机也许已被该病毒染上了。是否具有传染性是判别一个程序是否为计算机病毒的最重要条件。病毒程序通过修改磁盘扇区信息或文件内容并把自身嵌入到其中的方法达到病毒的传染和扩散。被嵌入的程序叫宿主程序。

（3）潜伏性。有些病毒像定时炸弹一样，让它什么时间发作是预先设计好的。比如黑色星期五病毒，不到预定时间一点都觉察不出来，等到条件具备的时候就一下子爆炸开来，对系统进行破坏。一个编制精巧的计算机病毒程序，进入系统之后一般不会马上发作，可以在几周或者几个月甚至几年内隐藏在合法文件中，对其他系统进行传染，而不被人发现，潜伏性越好，其在系统中存在的时间就越长，病毒的传染范围就会越大。潜伏性的第一种表现是指，病毒程序不用专用检测程序是检查不出来的，因此病毒可以静静地躲在磁盘里待上几天，甚至几年，一旦时机成熟，得到运行机会，就又要四处繁殖、扩散，继续为害。潜伏性的第二种表现是指，计算机病毒的内部往往有一种触发机制，不满足触发条件时，计算机病毒除了传染外不做什么破坏。触发条件一旦得到满足，有的在屏幕上显示信息、图形或特殊标识，有的则执行破坏系统的操作，如格式化磁盘、删除磁盘文件、对数据文件进行加密、封锁键盘以及使系统死锁等。

（4）隐蔽性。计算机病毒具有很强的隐蔽性，有的可以通过病毒软件检查出来，有的根本就查不出来，有的时隐时现、变化无常，这类病毒处理起来通常很困难。

（5）破坏性。计算机中毒后，可能会导致正常的程序无法运行，把计算机内的文件删除或使其受到不同程度的损坏。通常表现为增、删、改、移。

（6）计算机病毒的可触发性。病毒因某个事件或数值的出现，诱使病毒实施感染或进行攻击的特性称为可触发性。为了隐蔽自己，病毒必须潜伏，少做动作。如果完全不动，一直潜伏的话，病毒既不能感染也不能进行破坏，便失去了杀伤力。病毒既要隐蔽又要维持杀伤力，它必须具有可触发性。病毒的触发机制就是用来控制感染和破坏动作的频率的。病毒具有预定的触发条件，这些条件可能是时间、日期、文件类型或某些特定数据等。病毒运行时，触发机制检查预定条件是否满足，如果满足，启动感染或破坏动作，使病毒进行感染或攻击；如果不满足，使病毒继续潜伏。

▶ 动手做 3 病毒感染的判断依据

判断计算机是否已感染了病毒，可通过人工检测和自动检测两种方式来进行。当计算机感染了某种病毒后，会出现一些异常现象，下面列举几种：

（1）无法正常启动硬盘。

（2）引导系统的时间变长，或者出现死机现象。

（3）开机运行几秒后突然黑屏。

（4）计算机的某些系统设备不能用，如无法找到硬盘或外部设备。

（5）计算机经常无故死机或重新启动。

（6）访问磁盘的时间比平时长，处理速度变慢。

（7）显示屏幕上经常出现一些异常提示，或者有规律地出现异常信息，如一些图形、雪花等。

（8）磁盘的空间突然变小。

（9）可执行文件的大小发生变化，系统自动生成一些特殊的文件，出现不知来源的隐藏文件或无用文件。

（10）程序或数据丢失，平时能正常运行的文件无法再使用，或者文件变长，文件保存时间和属性发生改变。

（11）应用程序安装的时间比平时长，启动程序时出现错误提示。

（12）蜂鸣器发出异常的声音。

（13）打印速度变慢或打印出异常字符，无法正常打印汉字。

▶ 动手做 4 计算机病毒的防范

计算机病毒的形式及传播途径日趋多样化，因此在日常的工作中要注意计算机病毒的防范。

（1）重要资料，必须备份。资料是最重要的，程序损坏了可重新复制甚至再买一份，但是自己的资料，可能是 3 年的会计资料，可能是画了 3 个月的图片，结果某一天硬盘坏了或者因为病毒而损坏了资料，会让人欲哭无泪，所以对于重要资料经常备份是必要的。

（2）安装一种，并且只安装一种杀毒软件。安装多于一个的杀毒软件不但不会加强对计算机的保护，反而会因为不同杀毒软件之间的冲突，造成很多不可预料的问题，某些问题甚至比病毒本身造成的问题更加严重；杀毒软件应随时保持更新，旧版本的杀毒软件很难有效保证计算机的安全。

（3）各种可移动存储设备被用在不同的计算机之间交换数据，所以难免携带病毒。在可移动存储设备接入自己计算机的时候，在打开设备之前务必使用杀毒软件进行扫描，确认无毒后，才能打开设备，进行操作。

（4）尽量不要打开不知名的超链接，如果是朋友告诉你的，请确认确实是他本人告诉你的链接地址。往往病毒会假借用户的名义向外散发包含病毒的文件或者链接，所以，即便是好友，也要加强防范。

（5）使用新软件时，先用扫毒程序检查，可减少中毒机会。主动检查，可以过滤大部分病毒。

（6）下载小软件，请尽量去大型的软件下载站点。病毒的一大传播途径就是 Internet，病毒潜伏在网络上的各种可下载程序中，如果随意下载、随意打开，对于制造病毒者来说，可真是再好不过了。如果不得不去一些不知名的站点下载文件，请在下载完成后第一时间用杀毒软件进行扫描，确认无毒再打开。

（7）不要轻易打开电子邮件的附件。近年来造成大规模破坏的许多病毒都是通过电子邮件传播的。不要以为只打开熟人发送的附件就一定保险，有的病毒会自动检查受害人计算机上的通讯录并向其中的所有地址自动发送带毒文件。最妥当的做法是先将附件保存下来，然后用查毒软件彻底检查。

（8）要定期（一个月为佳）对系统进行一次全面的杀毒，注意留意杀毒软件弹出的提示并做出正确的反应。

❖ 动手做 5　感染病毒后的处理方法

当用户不幸遭遇病毒入侵之后，也不必惊惶失措，只要采取一些简单的方法就可以杀除大多数的计算机病毒，恢复被计算机病毒破坏的系统。

下面介绍一下计算机病毒感染后的一般处理方法：

（1）备份数据。在对病毒进行处理前，尽可能再次备份重要的数据文件。目前防杀计算机病毒软件在杀毒前大多都能保存重要的数据和被感染的文件，以便在误杀或造成新的破坏时可以恢复现场。但是对那些重要的用户数据文件等还是应该在杀毒前手工单独进行备份，备份不能放在被感染破坏的系统内，也不应该与平时的常规备份混在一起。

（2）在对病毒进行处理前还必须对系统被破坏程度有一个全面的了解，并以此来决定采用哪些有效的计算机病毒清除方法和对策。如果受破坏的大多是系统文件和应用程序文件，并且感染程度较深，那么可以采取重装系统的办法来达到清除计算机病毒的目的。而当感染的是关键数据文件，或受破坏比较严重时，就可以考虑请防杀计算机病毒专家来进行清除和数据恢复工作。

（3）启动防杀计算机病毒软件，并对整个硬盘进行扫描。某些计算机病毒在 Windows 状态下无法完全清除（如 CIH 计算机病毒），此时应使用事先准备的未感染计算机病毒的 DOS 系统软盘启动系统，然后在 DOS 下运行相关杀毒软件进行清除。

（4）发现计算机病毒后，一般应利用防杀计算机病毒软件清除文件中的计算机病毒，如果可执行文件中的计算机病毒不能被清除，一般应将其删除，然后重新安装相应的应用程序。

（5）杀毒完成后，重启计算机，再次用防杀计算机病毒软件检查系统中是否还存在计算机病毒，并确定被感染破坏的数据确实被完全恢复。

（6）对于杀毒软件无法杀除的计算机病毒，还应将计算机病毒样本送交防杀计算机病毒软件厂商的研究中心，以供详细分析。

❖ 动手做 6　杀毒软件的使用

目前，中国软件市场中的反病毒软件种类繁多，用户应根据自身的情况进行选购。反病毒软件有其特殊性，不是一买来就具有"终身免疫性"，它的功能必须依赖于软件提供商不断地对新的病毒代码的发现、研究才能得到保持。如果没有了提供商的继续服务，软件本身的生命也就意味着结束。因此在选购时应注意它能否在不同平台体系下全面防毒，能否保持长期有效的病毒库升级服务，以及保持公司的实力和技术支持的力度。

另外，反病毒软件的实时监控技术也很重要，实时监控能使反病毒程序在每次系统启动后均被自动加载，并监视所有对文件的操作，包括复制、运行、改名、创建、从网上下载、打开E-mail 附带文件等，自动检测文件是否被病毒感染。如果发现病毒则采用一定的处理手段，从而防止病毒的感染和破坏行为。

目前计算机中经常使用的杀毒软件有很多，如 360 杀毒、瑞星、金山、卡巴斯基、诺顿、微点等，这些杀毒软件的使用方法大体相同。

这里简要介绍一下 360 杀毒软件的使用方法。其他杀毒软件的使用方法和 360 杀毒软件大同小异。

（1）在 360 安全中心首页（http://www.360.cn/）下载 360 杀毒软件并进行安装。启动 360 杀毒软件，如图 12-1 所示。

（2）快速扫描。360 杀毒软件的快速扫描会扫描计算机中病毒易于存在的系统位置，如内存等关键区域，查杀速度快，效率高。通常利用快速查杀就可以杀掉大多数病毒，防止病毒发作。

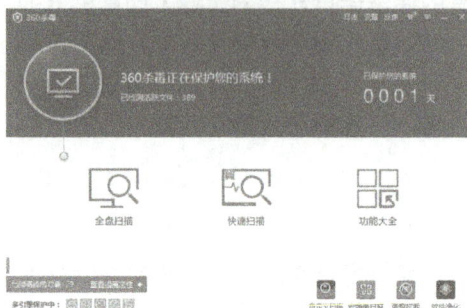

图12-1　360杀毒软件界面

在主程序界面单击快速扫描图标按钮，则开始查杀相应目标。扫描过程中可随时单击暂停按钮来暂时停止查杀病毒，单击继续按钮则继续查杀，或单击停止按钮停止查杀病毒。查杀病毒过程中，已扫描对象（文件）数、平均扫描速度和扫描进度等将显示在下面；如果发现病毒或可疑文件，则将在项目列表中显示出来。扫描完毕，出现如图 12-2 所示的界面，在项目列表中选中要处理的项目，然后单击立即处理按钮即可。

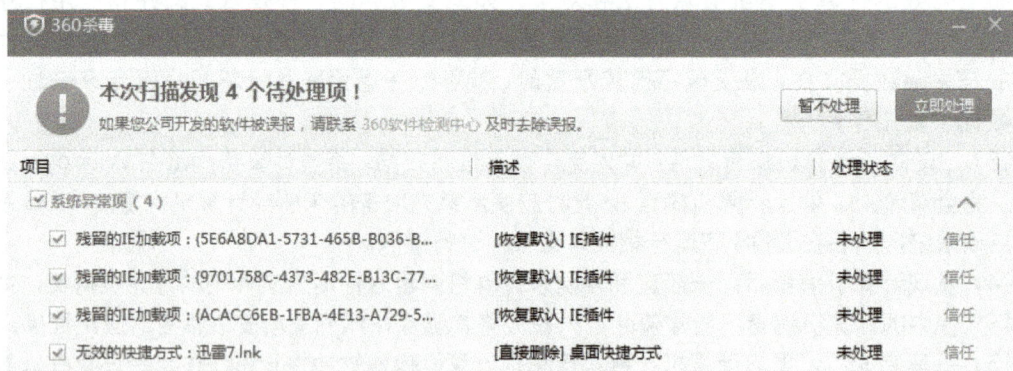

图12-2　快速扫描的结果

（3）全盘扫描。全盘扫描会扫描用户计算机的系统关键区域以及所有磁盘，全面清除病毒。在主程序界面单击全盘扫描图标按钮，则开始对计算机进行全盘扫描。

（4）自定义扫描。自定义扫描会扫描用户指定的范围，用户可以根据需要确定查杀目标后进行病毒查杀，适用于有一定计算机安全知识的用户。在主程序界面单击自定义扫描图标按钮，打开选择扫描目录页面，如图 12-3 所示。选择查杀目标，则开始查杀相应目标。

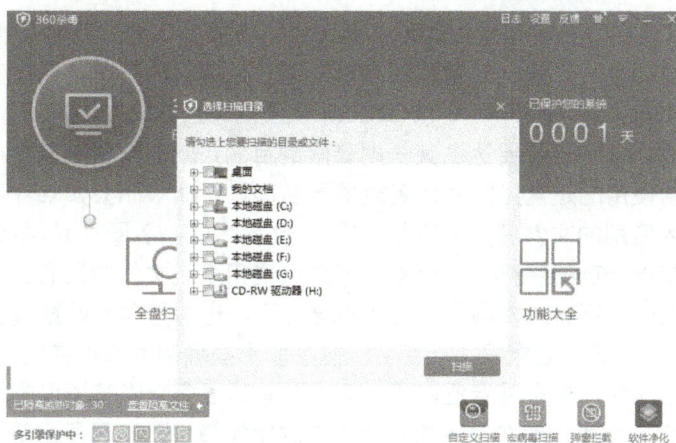

图12-3 自定义扫描

项目任务 12-2　计算机木马的防治

特洛伊木马是一个程序，它驻留在目标计算机里，可以随计算机自动启动并在某一端口进行侦听，在对接收的数据识别后，对目标计算机执行特定的操作。

动手做 1　计算机木马的定义

计算机木马的名称来源于古希腊的特洛伊木马（Trojan Horse）的故事，希腊人围攻特洛伊城，很多年不能得手后想出了木马的计策。他们把士兵藏匿于巨大的木马中，在敌人将其作为战利品拖入城内后，木马内的士兵爬出来，与城外的部队里应外合而攻下了特洛伊城。现今计算机术语借用其名，意思是"一经进入，后患无穷"。

计算机网络世界的木马是一种能够在受害者毫无察觉的情况下渗透到系统的程序代码，在完全控制了受害系统后，能进行秘密的信息窃取或破坏。它与控制主机之间建立起连接，使得控制者能够通过网络控制受害系统，它的通信遵照 TCP/IP 协议，它秘密运行在对方计算机系统内，像一个潜入敌方的间谍，为其他人的攻击打开后门。这与战争中的木马战术十分相似，因而得名木马程序。

木马程序与一般的病毒不同，它不会自我繁殖，也并不"刻意"地去感染其他文件，它的主要作用是向施种木马者打开被种者计算机的门户，使对方可以任意毁坏、窃取你的文件，甚至远程操控你的计算机。木马与计算机网络中常常要用到的远程控制软件是有区别的。虽然二者在主要功能上都可以实现远程控制，但由于远程控制软件是"善意"的控制，因此通常不具有隐蔽性。木马则完全相反，木马要达到的正是"偷窃"性的远程控制，因此如果没有很强的隐蔽性的话，那么木马简直就是"毫无价值"的。

动手做 2　计算机木马的特征

计算机木马主要具有以下特征。

（1）隐蔽性。如其他所有的病毒一样，木马也是一种病毒，它必须隐藏在你的系统之中，它会想尽一切办法不让你发现它。它的隐蔽性主要体现在以下两个方面：

● 不产生图标。它虽然在系统启动时会自动运行，但它不会在"任务栏"中产生一个图标。

● 木马程序自动在任务管理器中隐藏，并以"系统服务"的方式欺骗操作系统。

（2）具有自动运行性。它是一个当系统启动时即自动运行的程序，所以它必须潜入在启动配置文件中，如 win.ini、system.ini、winstart.bat 以及启动组等文件之中。

（3）具有欺骗性。木马程序要达到其长期隐蔽的目的，就必须借助系统中已有的文件，以防被你发现，它经常使用的是常见的文件名或扩展名，如"dll\win\sys\explorer"等字样，或者仿制一些不易被人区别的文件名，如字母"l"与数字"1"、字母"o"与数字"0"，常修改基本文件中的这些难以分辨的字符，更有甚者干脆就借用系统文件中已有的文件名，只不过它保存在不同的路径之中。还有的木马程序为了隐藏自己，也常把自己设置成一个 ZIP 文件式图标，当你一不小心打开它时，它就马上运行。这些手段那些编制木马程序的人还在不断地研究、发掘，总之是越来越隐蔽，越来越专业，所以有人称木马程序为"骗子程序"。

（4）具备自动恢复功能。现在很多木马程序中的功能模块已不再是由单一的文件组成，而是具有多重备份，可以相互恢复。

（5）能自动打开特别的端口。木马程序潜入计算机中的目的不主要为了破坏你的系统，更是为了获取你的系统中有用的信息，因此必须在你上网时能与远端客户进行通信，这样木马程序就会用服务器/客户端的通信手段把信息告诉黑客们，以便黑客们控制你的机器，或实施更进一步的入侵。

（6）功能的特殊性。通常木马的功能都是十分特殊的，除了普通的文件操作以外，还有些木马具有搜索 cache 中的口令、设置口令、扫描目标机器人的 IP 地址、进行键盘记录、进行远程注册表的操作以及锁定鼠标等功能。上面所讲的远程控制软件的功能是不具备的，毕竟远程控制软件是用来控制远程机器，方便自己操作而已，而不是用来黑对方的机器的。

⁙ 动手做 3　计算机中木马后的状况

计算机中木马后往往会出现以下一些症状：

（1）Windows 系统配置总是自动莫名其妙地被更改，如屏保显示的文字，时间与日期，声音大小，鼠标灵敏度，还有 CD-ROM 的自动运行配置。

（2）当浏览一个网站时，弹出来一些广告窗口是很正常的事情，可是此时你根本没有打开浏览器，而览浏器突然自己打开，并且进入某个网站。

（3）硬盘老没缘由地读盘，软驱灯经常自动亮起，网络连接及鼠标屏幕出现异常现象。

（4）正在操作计算机，突然一个警告框或者询问框弹出来，问一些你从来没有在计算机上接触过的问题。

当然，没有上面的种种现象并不代表你的计算机绝对安全。有些人攻击你的机器不过是想寻找一个跳板，做更重要的事情，可是有些人攻击你的计算机纯粹是为了好玩。对于纯粹出于好玩目的的攻击者，你可以很容易地发现攻击的痕迹；对于那些隐藏得很深，并且想把你的机器变成一台他可以长期使用的"肉鸡"的黑客们，你的检查工作将变得异常艰苦并且需要你对入侵和木马有超人的敏感度，而这些能力都是在平常的计算机使用过程中日积月累而成的。

⁙ 动手做 4　计算机木马的传播途径

木马的传播途径很多，常见的有如下几类：

（1）通过电子邮件的附件传播。这是最常见，也是最有效的一种方式，大部分病毒（特别是蠕虫病毒）都用此方式传播。首先，木马传播者对木马进行伪装，方法很多，如变形、压缩、脱壳、捆绑、取双后缀名等，使其具有很大的迷惑性。一般的做法是先在本地机器将木马伪装，再使用杀毒程序将伪装后的木马查杀测试，如果不能被查到就说明伪装成功。然后利用一些捆绑软件把伪装后的木马藏到一幅图片内或者其他可运行脚本语言的文件内，发送出去。

（2）通过下载文件传播。从网上下载的文件，即使大的门户网站也不能保证任何时候其文件都安全，一些个人主页、小网站等就更不用说了。下载文件传播方式一般有两种，一种是直接把下载链接指向木马程序，也就是说你下载的并不是需要的文件；另一种是采用捆绑方式，将木马捆绑到你要下载的文件中。

（3）通过网页传播。大家都知道很多 VBS 脚本病毒就是通过网页传播的，木马也不例外。网页内如果包含了某些恶意代码，使得 IE 自动下载并执行某一木马程序，这样你在不知不觉中就被人种上了木马。顺便说一句，很多人在访问网页后 IE 设置被修改甚至被锁定，也是网页上用脚本语言编写的恶意代码在作怪。

（4）通过聊天工具传播。目前，QQ、ICQ、MSN、EPH 等网络聊天工具盛行，而这些工具都具备文件传输功能，不怀好意者很容易利用对方的信任传播木马和病毒文件。

❖ 动手做 5　计算机木马的防范

随着网络的普及，硬件和软件的高速发展，网络安全显得日益重要。对于网络中比较流行的木马程序，传播时间比较快，影响比较严重，因此对于木马的防范就更不能疏忽。我们在检测清除木马的同时，还要注意对木马的预防，做到防范于未然。

（1）不要随意打开来历不明的邮件。现在许多木马都是通过邮件来传播的，当你收到来历不明的邮件时，请不要打开，应尽快删除。另外，要加强邮件监控系统，拒收垃圾邮件。

（2）不要随意下载来历不明的软件。最好是在一些知名的网站下载软件，不要下载和运行那些来历不明的软件。在安装软件的同时最好用杀毒软件查看有没有病毒，之后再进行安装。

（3）及时修补漏洞和关闭可疑的端口。一般木马都是通过漏洞在系统上打开端口留下后门，以便上传木马文件和执行代码，在把漏洞修补上的同时，需要对端口进行检查，将可疑的端口关闭。

（4）尽量少用共享文件夹。如果必须使用共享文件夹，最好设置账号和密码保护。注意千万不要将系统目录设置成共享，最好将系统下默认共享的目录关闭。Windows 系统默认情况下将目录设置成共享状态，这是非常危险的。

（5）运行实时监控程序。在上网时最好运行反木马实时监控程序和个人防火墙，并定时对系统进行病毒检查。

（6）经常升级系统和更新病毒库。经常关注厂商网站的安全公告，这些网站通常都会及时地将漏洞、木马和更新公布出来，并第一时间发布补丁和新的病毒库等。

❖ 动手做 6　使用软件查杀木马

查杀木马的软件很多，这里简要介绍如何使用 360 安全卫士查杀木马。

360 安全卫士拥有查杀木马、清理插件、修复漏洞、计算机体检等多种功能，并独创了"木马防火墙"功能，依靠抢先侦测和云端鉴别，可全面、智能地拦截各类木马，保护用户的账号、隐私等重要信息。目前木马威胁之大已远超病毒，360 安全卫士运用云安全技术，在拦截和查杀木马的效果、速度以及专业性上表现出色，能有效防止个人数据和隐私被木马窃取。

使用 360 安全卫士查杀木马的基本方法如下：

（1）在 360 安全中心首页（http://www.360.cn/）下载 360 安全卫士，并进行安装。

（2）双击 360 安全卫士图标启动该软件，单击查杀修复按钮进入木马查杀界面，在这里有三种扫描方式：快速扫描、全盘扫描和自定义扫描，如图 12-4 所示。

（3）单击快速扫描则扫描系统内存、开机启动项等关键位置；单击全盘扫描则扫描计算机的所有位置；单击自定义扫描则打开扫描区域设置对话框，在对话框中用户可以设置扫描的位置。

（4）扫描木马的界面如图 12-5 所示，如果单击取消扫描按钮则停止扫描。

图12-4 查杀木马　　　　　　　　　　　　　　　　图12-5 扫描木马

（5）扫描结束后便可以看到查杀结果，在扫描的过程中如果发现木马，则会在下面的列表框中显示扫描出来的木马，并列出其威胁对象、威胁类型、处理状态等，之后根据软件提示对木马进行处理即可。

项目任务 12-3 流氓软件

流氓软件是介于病毒和正规软件之间的软件，通俗地讲是指在使用计算机上网时，不断跳出的窗口让自己的鼠标无所适从；有时计算机浏览器被莫名修改增加了许多工作条，当用户打开网页却变成不相干的奇怪画面，甚至是黄色广告。

动手做 1 流氓软件的起源

"流氓软件"起源于国外的"Badware"一词，在著名的网站上，对"Badware"的定义为：是一种跟踪你上网行为并将你的个人信息反馈给"躲在阴暗处的"市场利益集团的软件，并且，他们可以通过该软件向你弹出广告。

"流氓软件"的最大商业用途就是散布广告，并形成整条灰色产业链：企业为增加注册用户、提高访问量或推销产品，向网络广告公司购买广告窗口流量，网络广告公司用自己控制的广告插件程序，在用户计算机中强行弹出广告窗口。而为了让广告插件神不知鬼不觉地进入用户计算机，大多数时候广告公司是通过联系热门免费共享软件的作者，以每次几分钱的价格把广告程序通过插件的形式捆绑到免费共享软件中，用户在下载安装这些免费共享软件时广告程序也就趁虚而入。

据称，网络广告的计费是按弹出次数进行的，使用"流氓软件"可以在用户根本没有授权的情况下随意弹出广告，提高广告弹出次数，借此提高广告收益。一个"装机量"大的广告插件公司，凭"流氓软件"月收入在百万元以上。

动手做 2 流氓软件的分类

"流氓软件"同时具备正常功能（下载、媒体播放等）和恶意行为（弹广告、开后门），给用户带来实质危害。这些软件也可能被称为恶意广告软件（Adware）、间谍软件（Spyware）、恶意共享软件（Malicious Shareware）。与病毒或者蠕虫不同，这些软件很多不是小团体或者个人秘密编写和散播的，而是有很多知名企业和团体涉嫌此类软件。其中以雅虎旗下的 3721 最为知名和普遍，也比较典型。该软件采用多种技术手段强行安装和对抗删除。很多用户投诉是在不知情的情况下遭到安装，而其多种反卸载和自动恢复技术使得很多软件专业人员也感到难以对付，以至于其卸载成为内地网站上常常被讨论和咨询的技术问题。

根据不同的特征和危害，困扰广大计算机用户的流氓软件主要有如下几类：

（1）广告软件（Adware）

广告软件是指未经用户允许，下载并安装在用户计算机上，或与其他软件捆绑，通过弹出式广告等形式牟取商业利益的程序。

此类软件往往会强制安装并无法卸载；在后台收集用户信息牟利，危及用户隐私；频繁弹出广告，消耗系统资源，使其运行变慢等。

例如：用户安装了某下载软件后，会一直弹出带有广告内容的窗口，干扰正常使用。还有一些软件安装后，会在 IE 浏览器的工具栏位置添加与其功能不相干的广告图标，普通用户很难清除。

（2）间谍软件（Spyware）

间谍软件是一种能够在用户不知情的情况下，在其计算机上安装后门，收集用户信息的软件。 用户的隐私数据和重要信息会被"后门程序"捕获，并被发送给黑客、商业公司等。这些"后门程序"甚至能使用户的计算机被远程操纵，组成庞大的"僵尸网络"，这是网络安全的重要隐患之一。例如：某些软件会获取用户的软硬件配置，并发送出去用于商业目的。

（3）浏览器劫持

浏览器劫持是一种恶意程序，通过浏览器插件、BHO（浏览器辅助对象）、Winsock LSP 等形式对用户的浏览器进行篡改，使用户的浏览器配置不正常，被强行引导到商业网站。

用户在浏览网站时会被强行安装此类插件，普通用户根本无法将其卸载，被劫持后，用户只要上网就会被强行引导到其指定的网站，严重影响正常上网浏览。

例如：一些不良站点会频繁弹出安装窗口，迫使用户安装某浏览器插件，甚至根本不征求用户意见，利用系统漏洞在后台强制安装到用户计算机中。这种插件还采用了不规范的软件编写技术（此技术通常被病毒使用）来逃避用户卸载，往往会造成浏览器错误、系统异常重启等。

（4）行为记录软件（Track Ware）

行为记录软件是指未经用户许可，窃取并分析用户隐私数据，记录用户计算机使用习惯、网络浏览习惯等个人行为的软件。

这些软件危及用户隐私，可能被黑客利用来进行网络诈骗。

例如：一些软件会在后台记录用户访问过的网站并加以分析，有的甚至会发送给专门的商业公司或机构，此类机构会据此窥测用户的爱好，并进行相应的广告推广或商业活动。

（5）恶意共享软件（Malicious Shareware）

恶意共享软件是指某些共享软件为了获取利益，采用诱骗手段、试用陷阱等方式强迫用户注册，或在软件体内捆绑各类恶意插件，未经允许即将其安装到用户机器里。

这类软件使用"试用陷阱"强迫用户进行注册，否则可能会丢失个人资料等数据。软件集成的插件可能会造成用户浏览器被劫持、隐私被窃取等。

例如：用户安装某款媒体播放软件后，会被强迫安装与播放功能毫不相干的软件（搜索插件、下载软件）而不给出明确提示；并且用户卸载播放器软件时不会自动卸载这些附加安装的软件。

❖ 动手做 3　屏蔽恶意广告

有些流氓软件只是为了达到某种目的，比如广告宣传，这些流氓软件不会影响用户计算机的正常使用，只不过在启动浏览器的时候会多弹出来一个网页，从而达到宣传的目的。这些弹出窗口严重影响了计算机的正常使用，甚至可能会造成IE的"假死"现象。

IE 浏览器带有屏蔽自动弹出窗口的功能，默认情况下该功能是开启的。如果没有开启，用户可以开启，具体方法如下：

（1）启动 IE 浏览器。

（2）选择工具菜单中的弹出窗口阻止程序命令，此时将显示子菜单，如图 12-6 所示。

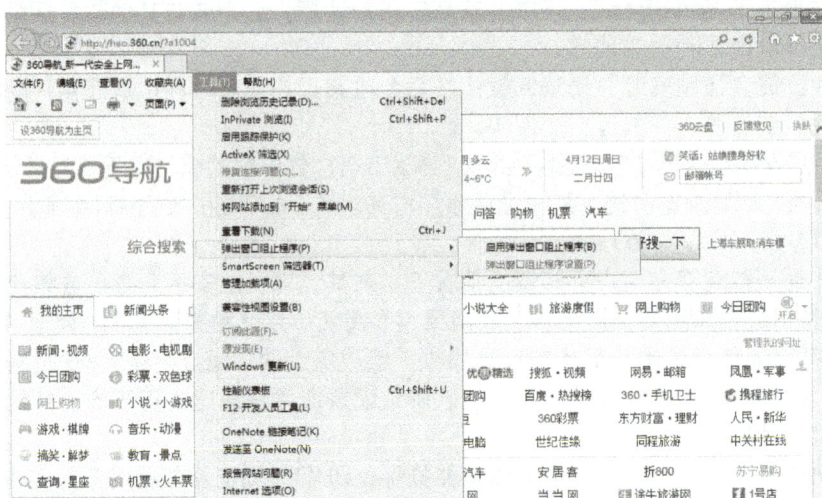

图12-6　启用弹出窗口阻止程序

（3）在子菜单中选择启用弹出窗口阻止程序，即可启用屏蔽自动弹出窗口的功能。

弹出窗口阻止程序的默认设置允许用户查看通过单击网站上的链接或按钮打开的弹出窗口。如果希望查看某些特定网站显示的弹出窗口，可进行如下操作：

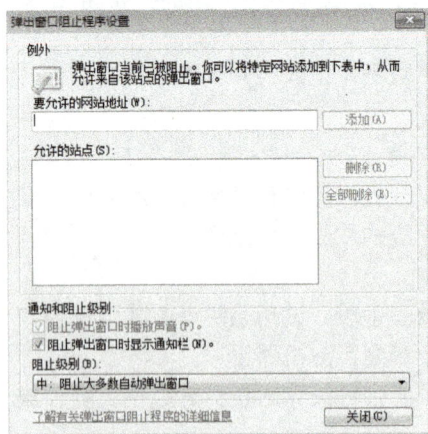

图12-7　弹出窗口阻止程序设置对话框

（1）选择工具菜单中的弹出窗口阻止程序命令，此时将显示子菜单。

（2）在子菜单中选择弹出窗口阻止程序设置命令，打开弹出窗口阻止程序设置对话框，如图 12-7 所示。

（3）在阻止级别列表中可以设置筛选的级别，默认为中，用户可以根据需要进行选择。

（4）用户还可以选择在阻止弹出窗口时是否显示通知栏和播放声音。

（5）在要允许的网站地址文本框中输入允许查看其中的弹出窗口的网站地址（或 URL），然后单击添加按钮。

（6）被添加的网址显示在允许的站点列表中，完成设置后单击关闭按钮即可。

教你一招

在设置时如果选中了阻止弹出窗口时显示通知栏复选框，则在阻止弹出窗口时在浏览器的下方显示一个信息栏，如图 12-8 所示。如果选择允许一次，则允许临时弹出窗口。

图12-8　阻止弹出窗口时显示的信息栏

项目任务 12-4 ▶ 防火墙的使用

防火墙的功能是保护计算机中各种文件数据的安全性，如果在计算机中开启了防火墙，则可以有效阻止黑客或网络中的恶意程序通过网络或 Internet 侵入个人计算机并展开攻击。

❖ 动手做 1　了解防火墙

防火墙的本义原是指古代人们房屋之间修建的那道墙，这道墙可以防止火灾发生的时候蔓延到其他房屋。这里所说的防火墙当然不是指物理上的防火墙，而是指隔离在本地网络与外界网络之间的一道防御系统，是这一类防范措施的总称。应该说，在互联网上防火墙是一种非常有效的网络安全模型，通过它可以隔离风险区域（即 Internet 或有一定风险的网络）与安全区域（局域网）的连接，同时不会妨碍人们对风险区域的访问。防火墙可以监控进出网络的通信量，从而完成看似不可能的任务。仅让安全、核准了的信息进入，同时又抵制对企业构成威胁的数据。随着安全性问题上的失误和缺陷越来越普遍，对网络的入侵不仅来自高超的攻击手段，也有可能来自配置上的低级错误或不合适的口令选择。因此，防火墙的作用是防止不希望接收的、未授权的通信进出被保护的网络，迫使单位强化自己的网络安全政策。一般的防火墙都可以达到以下目的：

（1）可以限制他人进入内部网络，过滤掉不安全服务和非法用户。

（2）防止入侵者接近防御设施。

（3）限定用户访问特殊站点。

（4）为监视 Internet 安全提供方便。

❖ 动手做 2　启用 Windows 防火墙

对于大的网络来说防火墙是一个重要的防护措施，防火墙分为硬件防火墙和软件防火墙，并且防火墙的机理也很复杂。对于个人计算机用户来说，用户可以使用个人版的防火墙软件来防护计算机，如果是 Windows 系统用户，则可以使用 Windows 系统防火墙来防护计算机。

这里以启用 Windows 7 系统防火墙为例介绍 Windows 防火墙的开启方法，具体操作步骤如下：

（1）在开始菜单中单击控制面板选项，打开控制面板窗口，在查看方式列表中选择小图标，然后单击 Windows 防火墙选项，打开 Windows 防火墙窗口，如图 12-9 所示。

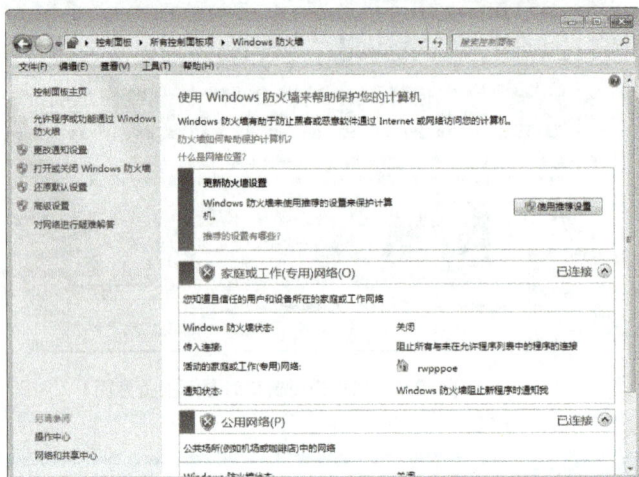

图12-9　Windows防火墙窗口

（2）单击窗口左侧的打开或关闭 Windows 防火墙选项，进入自定义设置窗口，如图 12-10 所示。

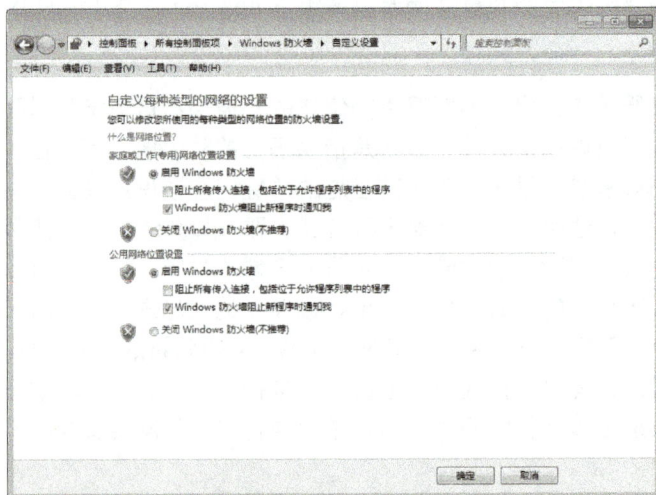

图12-10　自定义设置窗口

（3）用户可以分别对局域网和公网采用不同的安全规则，两个网络中用户都有启用和关闭两个选择，也就是启用或者禁用 Windows 防火墙。当启用了防火墙后，还有两个复选框可以选择，其中阻止所有传入连接……在某些情况下是非常实用的，当用户进入到一个不太安全的网络环境时，可以暂时选中这个复选框，禁止一切外部连接，即使是 Windows 防火墙设为"例外"的服务也会被阻止，这就为处在较低安全性的环境中的计算机提供了较高级别的保护。

（4）设置完毕，单击确定按钮。

（5）在开启防火墙之后，如果需要单独设置某个程序允许通过防火墙进行通信，可以在 Windows 防火墙窗口左侧单击允许程序或功能通过 Windows 防火墙选项，进入允许的程序窗口，如图 12-11 所示。

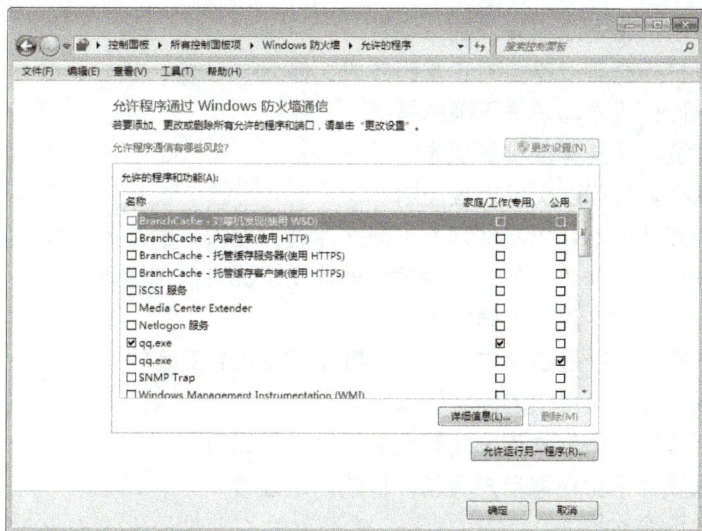

图12-11 允许的程序窗口

（6）在允许的程序和功能列表中选择允许通过防火墙的程序即可。如果发现在列表框中没有所需的程序，则可以单击允许运行另一程序按钮，在打开的添加程序对话框中选择要添加的程序。

提示

启用了防火墙的保护功能后，每当计算机中运行一个要与 Internet 连接的程序时，都会弹出 Windows 安全警报对话框，要求用户确认是否允许程序与网络连接，如图 12-12 所示。在对话框中选择允许通信的网络，单击允许访问按钮即可允许程序与 Internet 连接。

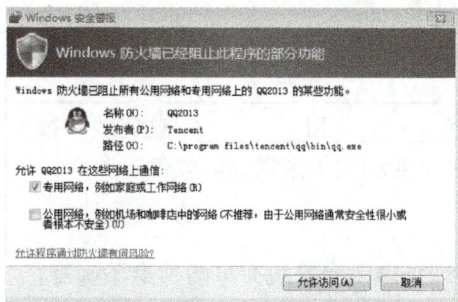

图12-12 Windows安全警报对话框

课后练习与指导

一、选择题

1. 下面关于计算机病毒说法正确的是（　　）。
   A. 计算机病毒可以通过 U 盘进行传播
   B. 计算机病毒具有自我复制能力

  C．计算机病毒是随机爆发的

  D．计算机病毒可以寄生在正常程序或文件之中

2．下面关于计算机木马说法正确的是（　　　）。

  A．计算机木马具有自我复制能力

  B．计算机木马可以实现远程控制

  C．电子邮件的附件以及在网上下载文件是传播木马的常见方式

  D．在使用 QQ 聊天时好友发送的文件或网页都可能传播木马

3．下面关于流氓软件说法正确的是（　　　）。

  A．流氓软件一般是在用户不知情的情况下被强制安装的

  B．流氓软件会使用户的计算机系统崩溃

  C．大部分的流氓软件用户能轻而易举地将其卸载

  D．流氓软件不会窃取用户资料，目的只是宣传

4．下列说法正确的是（　　　）。

  A．计算机只要安装了防毒、杀毒软件，上网浏览就不会感染病毒

  B．木马也可以通过网页进行传播

  C．防火墙是一种杀毒软件

  D．对计算机病毒必须以预防为主

二、填空题

1．计算机病毒（Computer Virus）在《中华人民共和国计算机信息系统安全保护条例》中被明确定义为＿＿＿＿＿＿＿＿＿＿＿＿＿＿＿＿＿＿＿＿＿＿＿＿＿＿＿。

2．计算机病毒具有＿＿＿＿、＿＿＿＿、＿＿＿＿、＿＿＿＿、＿＿＿＿、＿＿＿＿等特征。

3．计算机木马主要具有＿＿＿＿、＿＿＿＿、＿＿＿＿、＿＿＿＿、＿＿＿＿、＿＿＿＿等特征。

4．根据不同的特征和危害，困扰广大计算机用户的"流氓软件"主要有如下几类：＿＿＿＿＿、＿＿＿＿＿、＿＿＿＿＿、＿＿＿＿＿、＿＿＿＿＿。

5．"流氓软件"同时具备＿＿＿＿和＿＿＿＿，这些软件很多不是小团体或者个人秘密编写和散播的，而是有很多知名企业和团体涉嫌此类软件。

三、简答题

1．计算机出现哪些异常现象表明计算机有可能感染了病毒？

2．在日常的工作和学习中如何预防计算机病毒？

3．计算机感染病毒后如何进行处理？

4．计算机木马有哪些常见的传播途径？

5．如何防范计算机木马？

6．如何启用 Windows 防火墙？

7．如何在浏览器中屏蔽恶意广告？